KB135010

한국의 균류
•자낭균류•

Fungi of Korea
Vol.1: Ascomycetes

한국의 균류 ①

: 자낭균류

초판인쇄   2016년 9월 30일
초판발행   2016년 9월 30일

지은이   조덕현
펴낸이   채종준
펴낸곳   한국학술정보(주)
주 소   경기도 파주시 회동길 230 (문발동)
전 화   031) 908-3181(대표)
팩 스   031) 908-3189
홈페이지   http://ebook.kstudy.com
E-mail   출판사업부 publish@kstudy.com
등 록   제일산-115호(2000.6.19)

I S B N   978-89-268-7450-9 94480
            978-89-268-7448-6 (전6권)

Fungi of Korea Vol.1: Ascomycetes

Edited by Duck-Hyun Cho

© All rights reserved First edition, 09.2016.

Published by Korean Studies Information Co., Ltd., Seoul, Korea.

이 책은 한국학술정보(주)와 저작자의 지적 재산으로서 무단 전재와 복제를 금합니다.
책에 대한 더 나은 생각, 끊임없는 고민, 독자를 생각하는 마음으로 보다 좋은 책을 만들어갑니다.

한국의 균류

•자낭균류•

Fungi of Korea
Vol.1: Ascomycetes

| 머리말

균류는 생태계에서 분해자로서의 기능을 훌륭히 수행하는 생물이다. 그 덕분에 우리의 환경은 깨끗하게 생태계를 유지하고 있다. 하지만 균류가 가진 물질 분해의 기능을 제대로 이해하는 사람은 많지 않다. 다만 균류 중 버섯에 대한 먹거리로서의 관심이 높아 식용버섯이냐 독버섯이냐에 관심이 모아졌을 따름이다. 최근에는 균류에서 여러 가지 새로운 신물질, 특히 항암 성분이 밝혀짐으로써 그와 관련한 연구가 활발하게 진행되고 있다.

한국에서의 균류 연구는 여러 분야에서 이뤄지고 있지만 기초적인 분류를 연구하는 학자는 상대적으로 많지 않다. 또 균류 가운데서도 담자균류는 많은 조사 보고가 이뤄진 반면 자낭균류는 덜 다뤄져 왔다. 자낭균류가 담자균류에 비하여 그 크기가 작고 확대경을 통하여 자실체가 보이는 것이 많은 것도 한 요인이다.

저자는 45년간 한국의 국립공원과 도립공원을 비롯한 크고 작은 산야에서 버섯을 채집해 왔다. 특히 최근에는 백두산 일대의 연구를 비롯하여 수십 편의 논문을 발표하였다. 또한 채집품 10만 점 이상, 사진 10만 매 이상을 확보하고 있다. 이 방대한 자료로부터 우선 자낭균류만을 골라 도감 작업을 하였다. 아직 분류가 끝나지 않은 것들은 차후에 펴낼 예정이다.

최신 분류방식이 분자생물학적으로 바뀌면서 과거의 학명도 전혀 다르게 바뀌었다. 전체를 하나하나 대조 확인하는 일은 꽤나 힘든 작업이었다. 바뀐 학명이 하루가 다르게 또다시 바뀌어 재배치하는 작업 역시 어려움이 많았다. 이미 발표된 종들(species)이 누락되어 있는 경우도 있고 임시 배치하여 소속이 없거나 분명치 않은 것도 있다.

세계는 생물자원을 확보하기 위한 말 없는 전쟁을 하고 있다. 백두산에서 두만강변의 삼합(三合)을 갈 때, 그 한적한 도로에 걸린 '생물다양성을 보호하자'는 현수막을 본 적이 있다. 생물자원을 보호하는 일에 중국 정부가 얼마나 심혈을 기울이는지 알 수 있는 좋은 본보기였다.

세계에서도 자낭균류만을 도감으로 발행한 나라는 손에 꼽을 정도다. 본 도감이 한국의 미래 생물자원 확보와 활용에 도움이 되기를 바란다. 저자 한 사람의 노력으로 이뤄진 것이 아닌 45년간 채집 관찰을 한 정재연 큐레이터의 노력과 우리 가족의 헌신적인 격려, 그리고 그동안 함께 연구에 임해주었던 많은 학부 학생들과 대학원생들의 노력이 담겼다. 언제나 주위에서 격려해주는 많은 분들이 있었기에 가능한 일이었다. 머리 숙여 고마움과 감사를 드린다.

조덕현

감사의 글

· 균학 공부의 길로 인도하고 아시아 균학자 3명 중 한 사람으로 선정해주신 이지열 박사(전 전주교육대학교 총장)에게 고마움을 드리며 늘 무언의 격려를 해주시는 이영록 고려대학교 명예교수(대한민국학술원)에게도 고마움을 드린다.

· 이태수 박사(전 국립산림환경연구원)에게 분자생물학적 분류체계에 대한 도움과 사진을 제공해주신 것에 대하여 깊이 감사드린다.

· 정재연 큐레이터는 사진 촬영을 도와주었음은 물론 현미경적 관찰 및 버섯표본과 방대한 사진 자료를 정리하여 주었다.

· 박성식(전 마산 성지여자고등학교), 왕바이(王柏 中國吉林長白山國家及自然保護區管理硏究所), 이창영(전 군산여자고등학교), 최민섭 선생으로부터 사진의 일부를 제공받았다.

일러두기

· 분류체계는 Fungi(10판)를 따른 『한국 기록종 버섯의 총정리』를 변형하여 배치하였다.

· 한국 미기록종은 라틴어 어원을 기본으로 신칭하였다.

· 한국 보통명이 적절치 못한 것은 라틴어 어원을 근간으로 개칭하였다.

· 한국 보통명이 여러 개인 것은 국제명명규약에 따라 출판권의 우선을 채택하였다.

· 학명은 영국의 www.indexfungorum.org (2015.10)에 의거하였다. 과거의 학명도 병기하여 참고하도록 하였으며 등재되지 않은 것은 과거의 학명을 그대로 사용하였다.

· www.indexfungorum.org에 의하여 동종이명(synonium)으로 바뀐 것도 수록 기재하여 분류에 도움이 되도록 하였다.

· 학명이 바뀜으로써 동종이명으로 된 것 중에서 과거에 사용하던 종의 특징도 병기하였다. 예를 들어 곰보버섯의 경우 기본 학명을 서술하고 과거에 다른 종으로 분류하였던 종도 곰보버섯(○○형)으로 기재하였다.

· 문헌에 따라 한 종류에 대하여 다르게 분류한 것은 www.indexfungorum.org의 것을 준용하였다.

· 학명은 편의상 이탤릭체가 아닌 고딕체로 하였고 신칭과 개칭의 표기는 편집상 생략하였다.

· 각 균류의 한국 보통명 상단에 해당 균류가 속한 생물분류를 일괄 표기[예: ○○강(아강) 》○○목 》○○과 》○○속]하였다. 다만 목, 과 등이 분명치 않은 분류 항목이 있는 경우에는 해당 표기를 생략하였다. 예컨대 자작나무구멍방패버섯은 '종기버섯강 》종기버섯아강 》작은방패버섯과 》구멍방패버섯속'으로 표기하여 목이 불분명함을 나타내었다.

· 자주 사용되는 용어는 부록에 정리 수록하여 읽는 데 도움을 주고자 하였다.

차 례

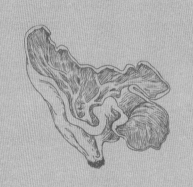

자낭균문

Ascomycota

⌄

주발버섯아문

Pezizomycotina

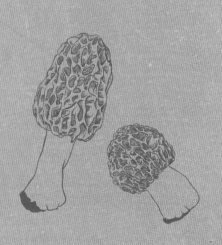

깨진좁쌀버섯

Scirrhia rimosa (Alb. & Schwein.) Fuckel

형태 자실체의 지름은 0.5mm 정도며 원생자낭각은 흑회색, 자좌
는 볼록하며 맨 위는 백색으로 움푹 파였다. 자실체인 자좌는 기
주의 외피조직을 길게 갈라지게 하면서 나온다. 성숙한 자좌는 기
주의 표면을 불규칙하게 갈라지게 한다. 포자의 크기는 17~24×
5~6㎛이고 타원-원통형 또는 약간 곤봉형이다. 2-세포성으로 1
개의 격막이 중앙에 있으며 기름방울이 격막 양쪽에 2개씩 또는
1개씩 있다. 표면은 매끈하고 투명하며 한쪽 끝이 둥글고 다른 한
쪽은 거의 뾰족하다. 자낭은 8-포자성이고 원통-곤봉형에 길이
는 110~14㎛이다. 포자는 자낭에 2열로 배열한다. 측사는 관찰이
안 되며 털은 없다.

생태 여름~겨울 / 보통 죽은 갈대 잎의 엽초 위에 속생한다.

분포 한국, 유럽

맥오목종기버섯

Dothiora ribesia (Pers.) M.E. Barr

형태 자실체(자좌)는 지름(높이)이 3*mm* 정도며 편평한 방석 모양
에 살색의 갈색이다. 자실체는 기주의 검은 껍질에서 나오므로 표
면은 갈라지며 오목한 자좌로 된다. 자실체의 꼭대기는 하나의 층
으로 수많은 방으로 닫혀 있다. 자실체가 성숙하면 포자분출구멍
은 표피를 뚫고 포자를 방출한다. 포자의 크기는 18~25×6~8*μm*
로 타원-원통형 또는 약간 곤봉형이며 1개의 격막을 가지고 약간
응축하지만 나중에 3개의 격막으로 되며 갈색이다. 표면은 매끈
하고 투명하며 연한 갈색으로 양 끝은 둥글다. 자낭은 원통-곤봉
형이고 자루가 있으며 길이는 100×14*μm*이다. 자낭포자는 2열로
배열한다.

생태 겨울~봄 / 아까시나무 등 여러 식물의 죽은 줄기에 군생
한다.

분포 한국, 유럽

실방패버섯

Microthyrium ciliatum Gremmen & De Kam

형태 자실체는 지름이 0.2㎜ 정도로 크기가 매우 작은 버섯이다. 자낭각은 방패 모양으로 흑갈색 또는 검은색이다. 자실체는 원반 모양에 편평하고 고른 색의 세포들로 구성되며 가장자리는 들쑥날쑥하고 뾰족하며 중앙에 포자분출구멍이 있다. 포자의 크기는 12~14×2.5~5㎛로 원주형이고 1개의 격막이 있으며 표면은 매끄럽고 투명하며 양 끝은 둥글다. 큰 포자(세포)의 한쪽에 2개의 술타래가 있으며 여기에 부서지기 쉬운 3~8개의 깃털이 있다. 자낭은 원통-곤봉형에 8-세포성이고 측사는 안 보인다. 털은 없다.

생태 연중 / 기주에서 속생하고 가끔 큰 집단을 이루며 군생·속생한다. 기주는 호랑가시나무의 죽은 잎 양쪽 표면에 발생한다. 보통종.

분포 한국, 유럽(영국)

15

반점둥근입술버섯

Mycosphaerella punctiformis (Pers.) Starbäck

형태 자실체는 매우 작아서 지름이 0.1~0.2mm 정도며 구형에 검은색이다. 주둥이(포자분출구멍)는 자실체의 표면 아래에 대부분 터져 있다. 부분적으로 나뭇잎 조직에 파묻히고 거기로부터 반 정도가 올라오기도 한다. 포자의 크기는 6~8×2~2.5μm로 방추형에 표면은 매끈하고 투명하며 중앙에 1개의 격막이 있고 응축한다. 자낭은 약간 곤봉형 또는 약간 원주형이며 8-포자성으로 포자들은 1열에서 2열로 배열하며 크기는 30~57×4.5~6μm이다. 측사는 관찰이 안 되며 털은 없다.

생태 봄~여름 / 전해에 떨어진 참나무, 단풍나무, 너도밤나무 같은 활엽수의 낙엽에 점점이 발생한다. 특히 비가 온 후에 떨어진 낙엽에 산생하며 집단으로 군생을 이루기도 한다. 흔히 나뭇잎의 아래쪽에 난다. 보통종.

분포 한국(전국), 유럽 등 전 세계

점둥근방버섯

Botryosphaeria dothidea (Moug.) Ces. & De Not.

형태 개개 자실체(원생자낭각)의 지름은 0.3~0.5㎜이다. 소형 버섯으로 구형에서 서양배 모양이다. 표면은 거칠고 검은색이며 꼭대기에 젖꼭지 모양의 포자분출구멍을 가지고 있다. 포자분출구멍은 밀생하며 작은 집단으로 크기는 5~10㎜이다. 딱딱한 껍질이고 검은색의 둥근형 또는 난형의 자좌에 파묻혀 있다가 껍질을 뚫고 나타난다. 포자의 크기는 20~30×8~12㎛로 타원형의 서양배 모양이다. 표면은 매끈하고 투명하며 약간 노란색이다. 가끔 작은 알갱이를 함유하며 격막은 없다. 자낭은 곤봉형이며 8-포자성이고 포자들은 자낭 속에 불규칙하게 2열로 배열되며 이중벽에 크기는 160~175×17~20㎛이다. 측사는 안 보이고 털은 없다.

생태 봄 / 활엽수의 잎, 관목의 죽은 잎과 가지에 일렬로 군생한다. 흔한 종은 아니다.

분포 한국, 유럽

둥근이중방버섯

Diplodia pyrenophora (Berk. ex Sacc.) Crous & M.E. Palm
Dothiora pyrenophora (Fr.) Fr.

형태 자실체의 지름은 1mm 정도로 렌즈 모양에서 불규칙한 방석 모양이며 검은색이다. 기주의 껍질로부터 나오며 자실체의 표면은 밋밋하고 약간 톱니 모양이다. 자좌의 단면도는 흑갈색으로 2개의 작고 둥근 백색의 점이 있다. 촘촘히 밀집되어 속생하여 기주 전체를 피복한다. 포자의 크기는 25~29×6~7㎛로 곤봉-타원형에 표면은 매끈하고 밝은 갈색으로 6~7개의 격막이 있다. 포자 중앙에는 1~2개의 세로로 된 긴 격막이 있으며 응축한다. 자낭은 8-포자성으로 포자들은 자낭 속에 불규칙하게 2열로 배열하며 크기는 100~120×15~17㎛이다. 측사는 안 보이며 털은 없다.
생태 여름 / 마가목류의 죽은 가지에 속생 · 군생하여 기주 전체를 덮는다. 보통종.
분포 한국, 유럽 등 전 세계

가는검은입술버섯

Hysterium angustatum Alb. & Schwein.

형태 자실체는 길이가 1mm 정도로 자낭반은 검은색에 표면은 밋밋하다. 중앙에 가로의 가늘고 긴 구멍이 있고 보통 긴 홈이 양옆에 있다. 자실체들은 기주의 표면에 군생하며 흔히 뚜렷하게 굽었다. 포자의 크기는 15~24×5~7μm로 원주형에 가까우며 3개의 격막이 있고 갈색이며 표면은 매끈하고 양 끝은 둥글다. 자낭은 8-포자성으로 요오드용액 반응에서 포자분출구멍의 색 변화는 없다. 측사는 가늘고 끝은 둥글다. 털은 없다.

생태 봄~가을 / 주로 활엽수의 죽은 가지의 껍질에 난다. 단풍나무, 개암나무, 자작나무, 검은 딸기, 물푸레나무, 자두나무 등에 군생한다.

분포 한국, 유럽

19

검은입술버섯

Hysterium pulicare Pers.

형태 자실체의 크기는 0.5~1×0.3~0.5mm로 매우 작으며 타원형에서 둥글게 되며 곧거나 굽었다. 표면은 흑색으로 거칠고 양옆에 긴 홈선이 있으며 가늘고 길다. 자실체는 자루 없이 기주에 부착한다. 포자의 크기는 28~38×8~10μm로 원통형에 가늘고 길며 가끔 휘어진다. 표면은 매끈하며 처음엔 투명하고 중앙에 갈색의 격막이 있으며 성숙하면 양쪽 격막 끝의 세포는 백색이 된다. 기름방울을 여러 개 함유하며 격막은 4~6개로 약간 응축한다. 자낭은 8-세포성이고 포자들은 불규칙한 2열로 배열하며 곤봉형에 가깝다. 짧은 자루가 있으며 크기는 150~170×12~20μm이다. 측사는 실 모양이며 끝은 여러 갈래로 분지한다.

생태 살아 있는 활엽수의 껍질에 나는데 주로 자작나무, 참나무류, 포플러 등의 껍질에 단생 또는 밀집하여 군생·속생한다.

분포 한국, 유럽

조개방버섯

Mytilidion mytilinellum (Fr.) Zogg

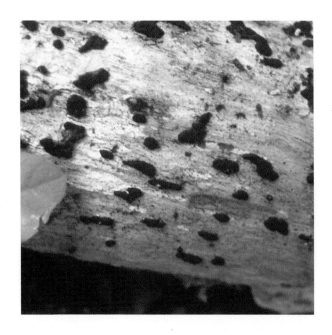

형태 자실체의 크기는 0.5~1×0.2~0.3㎜로 표면은 검은색이고 홍합 모양에서 주상꼴(배) 모양, 물레의 방추처럼 양 끝이 뾰족한 방추형으로 곧거나 약간 굽었다. 윗면은 쐐기처럼 길게 터진 긴 틈이 있다. 자루 없이 기질에 붙는데 부서지기 쉽다. 포자의 크기는 21~25×3~4㎛로 방추상의 원주형이며 표면은 매끄럽고 약간 굽었다. 갈색으로 3개의 격막이 있으며 가끔 응축한다. 자낭은 8-포자성이며 포자들은 2열로 배열하고 크기는 67~76×5~5.5㎛로 이중벽이다. 측사는 필라멘트처럼 가늘고 길다. 털은 없다.

생태 봄~여름 / 관목류의 죽은 가지의 껍질이 벗겨진 곳에 단생 또는 군생한다. 드문 종.

분포 한국, 유럽

자작나무구멍방패버섯

Stomiopeltis betulae J.P. Ellis

형태 자실체의 지름이 0.25mm 정도인 매우 작은 버섯이다. 반구형으로 중앙에 포자분출구멍이 있다. 자낭각은 방패 모양이며 흑갈색에서 흑색이 되며 작다. 포자의 크기는 17~25×3.5~5μm로 1개의 격막이 있고 4~5개의 기름방울을 함유하며 투명하고 약간 굽었다. 포자의 양단이 뾰족하여 방추형이다. 자낭은 8-포자성이다. 측사는 관찰이 안 되며 털은 없다.

생태 겨울~여름 / 보통 기주의 껍질 위 좁은 지역에 속생하는데 주로 자작나무의 죽은 가지와 등걸 등에 발생한다.

분포 한국, 유럽

붉은방패버섯

Thyridaria rubronotata (Berk. & Broome) Sacc.

형태 자실체는 지름이 0.3mm로 매우 작은 버섯이다. 원생자낭각은 검고 갈색의 자좌에 집단적으로 파묻히며 기주 껍질의 갈라진 틈 사이로 나온다. 싱싱할 때는 붉은빛의 오렌지색이며 알갱이가 자낭각의 포자분출구멍 사이에 보인다. 포자의 크기는 14~19×4.5~6㎛로 원주형에 3개의 격막이 있고 경계는 응축하며 약간 갈색이다. 표면은 매끈하고 양 끝은 둥글다. 자낭은 8-포자성이며 요오드 반응에도 자낭의 꼭대기 포자분출구멍은 청색으로 변색하지 않는다. 측사는 상당히 가늘고 길며 끝은 둥글다. 털은 없다.

생태 겨울~초여름 / 주로 낙엽송, 단풍나무, 느릅나무, 자작나무 등에서 발생한다.

분포 한국, 유럽

23

붉은가는포자

Leptospora rubella (Pers.) Rabenh.

형태 자실체의 지름은 0.2~0.4㎜로 둥근 서양배 모양이며 검은 색으로 표면은 밋밋하고 새부리 같은 포자분출주둥이를 갖는다. 자실체는 기주의 외피 아래에서 발생하고 성숙하면 외피를 뚫고 나와 표면에 펴지며 집단으로 자라면서 뭉쳐진다. 때때로 기질이 붉은 반점으로 변색되기도 한다. 포자의 크기는 105~110×1~1.5㎛로 실 모양이며 가늘고 길다. 표면은 매끈하고 거의 투명하며 격막이 많다. 자낭의 크기는 124~139×6㎛로 8-포자성이며 자낭포자들은 소용돌이처럼 다발을 이뤄 배열한다. 측사는 관찰되지 않는다.

생태 연중 / 묵은 고목의 껍질을 뚫고 나온다.

분포 한국, 유럽

검은오이덩이버섯

Cucurbitaria berberidis (Pers.) Gray

형태 자실체(위자낭반)는 지름이 0.3~0.8mm로 작은 버섯이며 둥글고 흑색이다. 표면은 거칠고 흙덩어리 모양인 각각의 자실체가 3~20개 모여서 덩어리 모양의 큰 자실체를 형성한다. 자실체 집단은 나무껍질 아래에서 자라 나무껍질을 뚫고 나온다. 나무껍질 잔존물이 자실체를 감싸고 있으며 지름은 3mm 정도에 이른다. 포자의 크기는 25~40×20~25μm로 불규칙한 타원형이다. 표면은 매끈하고 갈색이며 중앙이 잘록한 모양으로 6~7개의 가로 격막이 있고 세로로도 2~3개의 격막이 있다. 자낭의 크기는 200~250×20~25μm로 8-포자성이며 자낭포자들은 1열로 배열한다. 측사는 실처럼 가늘고 길며 분지하지만 관찰이 어렵다.
생태 연중 / 매자나무류, 매발톱나무류 등 관목의 죽은 가지에 군생한다.
분포 한국, 유럽

뾰족얇은공버섯

Leptosphaeria acuta (Fuckel) P. Karst.

형태 자실체의 지름은 0.3~0.4mm로 매우 작은 버섯이다. 둥근 원추형 또는 물방울 모양으로 바깥 표면은 밋밋하고 광택이 나는 검은색이다. 표면은 밋밋하고 광택이 나는 검은 껍질에서 발생한다. 성숙하면 나무의 표피를 뚫고 나와 무리가 뭉쳐진 형태로 된다. 포자의 크기는 40~50×6μm로 방추형이다. 표면은 매끈하고 황색이며 (4)6~11(13)개의 격막이 있다. 중앙의 격막은 응축하여 잘록하며 흔히 작은 기름방울을 함유한다. 자낭의 크기는 150~170×10~11μm이고 8-포자성으로 포자는 2열로 배열한다. 측사는 실처럼 가늘고 격막이 있으며 포크형이다.

생태 겨울~봄 / 죽은 침엽수의 줄기에 군생하여 나무줄기 전체를 덮는다.

분포 한국, 유럽

26

얇은공버섯

Leptosphaeria doliolum (Pers.) Ces. & De Not.

형태 자실체의 지름은 0.3~0.5㎜로 매우 작고 반구형-둥근 산 모양 또는 원추형으로 밑면이 기질에 넓게 부착한다. 표면은 흑색에 밋밋하며 표면의 중앙에 젖꼭지 모양의 포자분출구멍이 있고 그 주위에 작은 줄 모양의 요철 홈선이 있다. 포자의 크기는 18~22.5×5.5~6㎛로 넓은 방추형이며 표면은 매끄럽고 연한 황색이다. 3개의 격막이 있고 응축되어 약간 휘었으며 기름방울을 함유한다. 자낭의 크기는 110~130×8~9㎛이고 8-포자성으로 자낭포자들은 1열로 배열하며 자낭벽은 이중벽이다. 측사는 실처럼 가늘고 길며 격막이 있고 선단(꼭지)은 포크형이다.

생태 가을~봄 / 각종 초본류의 죽은 줄기 또는 나무껍질에 부착하여 발생한다. 수십 개가 점 모양으로 발생하여 집단을 이룬다.

분포 한국, 유럽

푸른벼슬구멍버섯

Lophiostoma viriddarium Cooke
L. desmazieri Sacc. & Speg.

형태 자실체의 크기는 0.5~0.6×0.3~0.4mm로 난형에서 둥근형 또는 돛단배 모양이다. 돌출된 부분은 검은색으로 틈새가 벌어지면서 포자들을 방출하는 역할을 한다. 포자의 크기는 27~40×8~10μm로 방추형이며 표면에 거친 반점을 갖는데 길고 불규칙하게 배열하며 갈색이다. 격막은 3개이고 경계는 응축하며 불분명한 투명한 점질로 싸여 있다. 자낭은 8-포자성이고 자낭포자는 1열로 배열하며 크기는 200~300×10~12μm이다. 측사는 실처럼 가늘고 길며 격막은 없다.

생태 봄 / 여러 관목의 죽은 가지에 군생하며 어떤 나무에서는 재질을 녹색으로 변색시킨다. 보통 강가의 나무, 부분적으로 파묻힌 나무에서 발생한다.

분포 한국, 유럽

가루검은공버섯

Melanomma pulvis-pyrius (Pers.) Fuckel

형태 자실체의 크기는 0.3~0.5mm로 둥근 모양에서 원추형으로 되며 검은색이다. 표면은 거칠고 십자형의 홈선이 있으며 명확한 포자분출구멍은 없다. 자실체는 개별적으로 나오며 서로 집단으로 엉키거나 이불처럼 고목 또는 껍질 위에 넓게 펴진다. 드물게 기주에 묻히는 것도 있다. 포자의 크기는 15~18×4.5~5.5μm로 원통형이며 표면은 매끈하고 3개의 격막을 갖는다. 격막의 경계면은 응축되고 가끔 작은 기름방울을 함유한다. 자낭은 8-포자성이고 자낭포자들은 1열로 배열하며 크기는 105~115×8~8.5μm이다. 측사는 실처럼 가늘고 길며 격막이 있다.

생태 겨울~봄 / 여러 종류의 죽은 활엽수의 고목에 군생한다. 흔한 종.

분포 한국, 유럽

민포자버섯

Winterella hypodermia (Fr.) Reid & Booth
Cryptosporella hypodermia (Fr.) Sacc.

형태 자좌 없이 갈라진 껍질 안에 자낭각이 송이 모양으로 밀집해 들어 있으며 그 수는 10개 정도에 이른다. 자낭각의 지름은 0.5mm 정도며 검은색이다. 자낭각의 포자분출구멍(포자 방출)이 함께 뭉쳐져서 1mm 정도의 찢어진 작은 껍질 사이로 튀어나온다. 포자의 크기는 20~60×8~9μm로 불규칙한 방추형이며 끝이 뾰족하다.
생태 겨울 / 느릅나무나 비슬나무의 죽은 잔가지 껍질에 난다.
분포 한국, 유럽

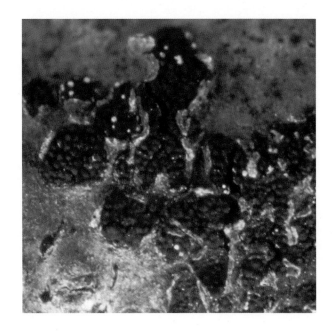

포도열매버섯

Pyrenophora tritici-repentis (Died.) Drechsler

형태 자실체의 지름이 0.5mm 정도인 매우 작은 버섯이다. 원생자 낭각은 거의 구형에 검은색으로 기부는 편평하고 기주 속에 매몰되며 방사상으로 펴지고 부서지기 쉬운 검은색 털이 있으며 표면 위에 나타난다. 기주는 길게 갈라지고 표피는 각각의 자실체 주위로 솟아난다. 포자의 크기는 38~50×20~24μm로 3개의 격막이 있으며 1개 또는 2개의 긴 격막이 있는 경우도 있다. 격막의 경계는 웅축한다. 표면은 매끈하고 황갈색이며 양단은 둥글다. 자낭은 8-포자성이며 측사는 안 보인다. 털은 검은색이고 두꺼운 벽으로 표면은 매끈하고 빳빳하며 아래로 갈수록 점점 가늘고 연한 색이 되고 둥근 형태에서 거의 뾰족하게 된다. 일반적으로 길이는 100~150μm이다.

생태 가을~봄 / 기주는 주로 닭의장풀, 개밀, 보리 등 죽은 풀의 줄기 위에 자란다. 때에 따라서는 엉겅퀴의 줄기에서도 발견된다.

분포 한국, 유럽

병든돌기포자버섯

Apiosporium morbosa (Schwein.) Schört.

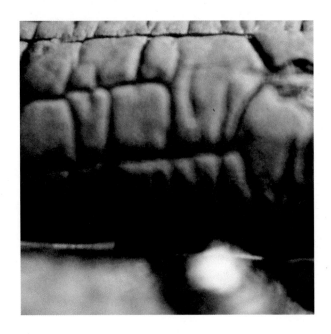

형태 자실체는 길이 3.5~14cm, 두께 1~2.5cm로 방추형에서 곤봉형 또는 불규칙하게 늘어난다. 바깥 면은 단단하고 내부는 올리브-녹색이나 금방 검게 되는데 석탄처럼 검게 되었다가 거칠게 되며 전형적으로 골(이랑)이 있고 갈라진다. 자루는 없다. 육질은 아주 어릴 때 백색에서 검게 되고 부서지기 쉽다. 자낭각은 껍질 단층의 표면 근처에 파묻혀 있다. 포자의 크기는 13~19×4~7.5μm로 좁은 타원형에서 곤봉형으로 되며 1~3개의 격막이 있다. 표면은 매끈하고 연한 황갈색이다. 자낭은 8-포자성이고 크기는 50~75×10~15μm이며 곤봉형으로 이중벽이다. 측사는 위(거짓)측사로 격막이 있고 투명하다.

생태 연중 / 벚나무나 포도나무의 가지나 등걸에 단생 또는 서로 엉켜서 군생한다. 흔한 종.

분포 한국, 북아메리카, 캐나다

32

입술버섯

Hysterographium fraxini (Pers.) De Not.

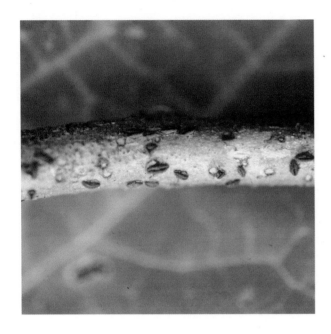

형태 자실체는 길이 2mm, 폭 0.5mm 정도의 매우 작은 버섯으로 타원형 또는 보리쌀 모양이며 가운데에 홈선이 파져 있다. 자실체 전체가 검은색이고 표면은 밋밋하며 성숙하면 나무껍질로부터 솟아나온다. 포자의 크기는 30~50×12~20μm로 불규칙한 타원형이며 두께가 길이의 반 정도다. 표면은 매끈하고 황금색-밤갈색이다. 길고 가로로 된 5~10개의 격막이 있으며 세로로는 1~3개의 격막이 있다. 자낭에 6개 또는 8개의 포자가 들어 있으며 불규칙하게 2열로 배열한다. 크기는 180~200×29~30μm이다. 자낭은 이중벽을 가지고 있다. 측사는 관찰되지 않는다.
생태 연중 / 활엽수의 껍질을 찢고 나오며 특히 죽은 물푸레나무의 가지에 많이 난다.
분포 한국, 유럽

거친사슴털버섯

Elaphomyces cf. **asperulus** Vittad.

형태 자실체는 거의 공 모양이고 바깥 표피는 연한 갈색, 안의 표피는 적회색에서 적색으로 된다. 성숙한 포자는 지름이 25~38μm로 구형이며 식별이 어려운 높이 1μm 정도의 가시가 있다. 포자벽은 금이 가 있다. 자실체 속의 표피는 대리석 같으며 바깥 표면은 밋밋하다가 백색에서 회색으로 된다. 표면은 사마귀점으로 덮이고 연한 황색의 균사가 많다.

생태 여름 / 숲속 길가의 흙 속에서 단생 또는 군생한다.

분포 한국, 북아메리카

가시사슴털버섯

Elaphomyces muricatus Fr.

형태 자실체의 지름은 10~25mm로 구형에서 난형이며 살은 단단하고 가죽질이다. 표피는 황토색에서 오렌지-갈색이며 두께는 2~3mm이다. 표면은 작고 원추상의 사마귀점이 밀집하여 피복하며 기부는 흔히 가느다란 뿌리 모양으로 흙의 조그만 알갱이가 외피를 덮고 있다. 칼로 잘라보면 외피는 얼룩이 있고 백색, 핑크-오렌지색, 갈색이다. 기본체는 어릴 때 불분명한 방으로 되고 솜털상이며 백색이다. 성숙하면 가루상의 흑갈색 포자로 되고 일부는 백색의 불염성을 가진 물질로 채워진다. 주축은 없고 불염성의 기부도 없다. 냄새와 맛은 불분명하다. 포자의 크기는 18~25μm로 구형에 표면의 돌기물의 높이는 2~3μm이고 둔한 가시가 있고 흑갈색이다. 자낭은 구형으로 4-6(4 또는 6)포자성이며 쉽게 소실된다.

생태 가을~겨울 / 참나무류, 구과식물의 등의 단단한 나무 아래의 땅에 빈지중생으로 산생 또는 군생한다. 흔한 종이 아니며 식용 여부는 모른다.

분포 한국, 북아메리카(캘리포니아)

사마귀사슴털버섯

Elaphomyces verruculosus Castellano

형태 자실체에 자루는 없고 기부에 균사체가 있다. 불규칙한 아구형에서 콩팥 모양으로 길이 27㎜, 높이 22㎜이다. 외피막의 표피는 얇고 표피에는 반둥근형의 각진 또는 긴 사마귀점이 있다. 외피막은 어릴 때 연한 황갈색, 다음에 갈색의 얼룩으로 되며 성숙하면 황갈색, 연한 갈색, 갈색, 또는 황갈색 균사로 뒤덮이고 흙부스러기 같은 불분명한 사마귀점이 있다. 외피막의 절단면의 두께는 약 140㎛이며 외피층은 적갈색에서 검은 적갈색의 층이 있다. 세포(외피층) 아래는 연한 황갈색에서 황백의 조직으로 두께는 300~350㎛이다. 기본체는 황백색, 미성숙 시 솜털상이며 포자덩어리의 가루상, 성숙하면 흑갈색에서 검게 된다. 냄새와 맛은 분명치 않다. 포자는 성숙하면 지름 35~46㎛, 평균 41.1㎛로 구형이다. 포자의 표면은 지름 2~3㎛, 높이 2~3㎛의 가시 같은 막대와 덤불 같은 것으로 피복되며 KOH 용액에서는 갈색에서 적갈색, 흑적갈색을 나타낸다. 자낭은 지름 42~50㎛, 두께 약 2㎛로 구형이고 투명하며 4-8(4 또는 8)포자성이다.

생태 늦봄~가을 / 소나무 등의 침엽수림의 땅에 반지중생하며 매우 흔한 종이다. 식용이 불가능하다.

분포 한국, 미국, 캐나다

나방흰가시동충하초

Akanthomyces aculeatus Lebert

형태 자실체의 자좌 길이는 10~35×1mm로 흰색, 연한 갈색 또는 연한 회색 등을 띤다. 불완전세대의 균이며 분생자병속(分生子柄束)으로 알려져 있고 분생자병속 표면에 분말상으로 덮여 있는 것이 분생자로 알려져 있다. 이 버섯의 완전세대는 검은흑동충하초(Cordyceps tuberculate)로 알려져 있다.

생태 봄~가을 / 나방의 성충에서 발생한다. 기주인 성충의 표면 위에 긴 가시 모양 또는 실 모양의 자실체를 총생으로 형성한다.

분포 한국, 일본

수지요강버섯

Sarea resinae (Fr.) Kuntze
Biatorella resinae (Fr.) Th. Fr.

형태 자실체의 지름이 0.5~1㎜인 작은 버섯으로 어릴 때는 구형의 요강 모양이다. 오래되면 위쪽이 열린 사발 모양이었다가 얇은 접시 모양이 된다. 나무껍질에 자루 없이 부착한다. 자실층 면은 밋밋하고 연한 오렌지색이며 가장자리가 약간 밝은색이다. 아랫면(바깥 면)은 약간 거칠고 자실층과 같은 색이다. 포자의 크기는 지름이 2㎛로 구형이며 표면은 매끄럽고 투명하다. 자낭의 크기는 90×20㎛로 곤봉형에 가깝고 포자가 수없이 많이 들어 있으며 자낭벽은 두껍다. 측사는 원통형으로 몇 개의 격막이 있다. 선단은 가끔 포크형이고 끝이 두껍다.

생태 연중 / 참나무류의 송진 같은 분비물에 군생한다.

분포 한국, 유럽

돌기반점버섯

Stictis elevata (P. Karst.) P. Karst.

형태 자실체는 지름이 0.3mm로 구형이며 자낭반은 짙은 노란색의 자실층이고 엽편(나뭇잎) 모양이다. 자실체 표면은 하얀색이고 가장자리는 엽편 모양이다. 자낭반 하나하나가 각각 자라서 군집을 이룬다. 포자의 크기는 150~180×1μm로 격막이 있고 투명하며 표면은 매끈하다. 포자는 총알 모양으로 한쪽 끝은 뾰족하고 다른 한쪽은 둥글다. 자낭은 8-포자성이며 포자분출구멍은 요오드용액으로 염색해도 색이 변하지 않는다. 측사는 실 모양으로 가늘고 길며 많은 격막이 있다. 가끔 선단 쪽으로 포크형으로 부푼다. 털은 없다.

생태 봄~여름 / 연한 골풀을 포함한 여러 종류의 골풀의 젖고 죽은 줄기에 군생한다. 흔한 종은 아니다.

분포 한국, 유럽(영국)

방사반점버섯

Stictis radiata (L.) Pers.

형태 자실체의 지름이 0.4~0.8mm인 매우 작은 버섯으로 불규칙한 둥근형이며 자실층은 기주에 파묻혀 있다. 표면은 난황-노란색에서 밝은 오렌지-적색으로 된다. 가장자리는 백색인데 위로 부풀고 두꺼우며 갈라져서 엽편 모양으로 된다. 자실층의 기부는 멜저액으로 염색하면 청색으로 된다. 포자의 크기는 180~200×2μm로 실 모양에 표면은 매끈하고 투명하며 많은 기름방울을 함유한다. 성숙하면 많은 격막이 생긴다. 자낭의 크기는 200~220×10μm로 8-포자성이고 자낭포자들은 자낭 속에서 평행으로 배열하며 마치 다발 모양으로 된다. 요오드용액으로 염색하면 포자분출구멍은 청색으로 변색한다. 측사는 실 모양으로 가늘고 길며 어떤 것들은 선단이 포크형이다.

생태 가을~겨울 / 활엽수의 썩은 고목에 군생하며 하나하나가 자라서 집단으로 된다. 흔한 종은 아니다.

분포 한국, 유럽

원시거미줄주발버섯

Arachnopeziza aurata Fuckel
A. nivea Lorton

형태 자실체의 지름이 0.4㎜ 정도인 작은 버섯으로 확대경을 사용하지 않으면 자실체를 보기 어려울 정도다. 처음에는 자실층의 윗면이 닫혀 있으나 점차 열리며 종지 모양이다가 접시 모양으로 펴진다. 자실층이나 바깥 면은 모두 흰색이고 희미하게 노란색을 나타내기도 한다. 자실층 면은 밋밋하고 바깥 면은 미세한 털이 나 있다. 자루는 없다. 포자의 크기는 60~75×1.5~3㎛로 솔잎과 같은 바늘 모양의 침형이다. 표면은 매끈하고 투명하며 많은 격막이 있고 한쪽 끝에 반점이 있다. 자낭의 크기는 100×12㎛로 자낭포자들은 평행으로 배열한다. 측사는 실 모양으로 가끔 포크형도 있으며 격막이 있고 굵기는 1㎛ 정도다.

생태 봄 / 참나무, 오리나무류, 포플러 등 활엽수의 부후목 또는 껍질 위에 산생 또는 군생한다. 땅에 버려진 목재에 흔히 나며 부후목이나 오래된 껍질 위에 하얀색의 균사가 그물처럼 얽혀서 발생한다.

분포 한국, 유럽

거미줄주발버섯

Arachnopeziza aurelia (Pers.) Fuckel

형태 자실체의 지름이 0.3~1㎜인 매우 작은 버섯이다. 자실층은 어릴 때는 종지 모양 또는 컵 모양으로 오목하나 나중에 원반 모양으로 된다. 자루 없이 썩은 고목 또는 낙엽에 노란색을 띤 균사가 그물처럼 얽혀 그 위에 발생한다. 자실체의 윗면은 황색이고 밋밋하다. 가장자리와 바깥 면은 금빛 황색-주황색의 털이 덮여 있다. 포자의 크기는 17~22×3.5~5㎛로 타원형이고 표면은 매끈하고 투명하다. 성숙하면 1~3개의 격막이 생기며 간혹 돌출된 부속물이 있다. 자낭의 크기는 90×9~10㎛로 곤봉형에 8-포자성이며 자낭포자들은 2열로 배열한다. 측사는 실처럼 가늘고 길며 격막이 많다.

생태 봄~가을 / 저습지의 썩은 고목의 아래쪽이나 낙엽층에 군생 또는 속생한다.

분포 한국, 유럽

변형술잔녹청균

Chlorociboria aeruginascens (Nyl.) Kan. ex Ram., Korf & Batra
Chlorosplenium aeruginascens (Nyl.) Karst.

형태 자실체의 지름이 2~6mm인 작은 버섯이다. 두부와 자루로 구분되며 전체가 청록색이다. 두부는 편평한 접시 모양 또는 부채 꼴 모양이다. 가끔 표면에 황색 등의 반점이 생기는 것도 있다. 바 깥 면에는 미세한 털이 있다. 자루는 가늘며 편심생으로 착생한 목재를 청록색으로 물들인다. 포자의 크기는 6~10×2~2.5μm로 방추형이며 포자의 양 끝에 2개의 기름방울을 함유한다. 자낭의 크기는 60~70×5μm로 곤봉형이며 자낭포자들은 위쪽은 2열, 아 래쪽은 1열로 배열한다. 측사는 원통형이고 폭은 1.5μm이다.

생태 여름~가을 / 저습지 활엽수의 그루터기 또는 썩은 고목에 산생 또는 군생하는데 자실체가 분비한 청색 색소가 기주를 청 색으로 물들기도 한다.

분포 한국, 일본, 유럽, 온대지방

참고 녹청균은 자루 대부분이 중심생이다.

녹청균

Chlorociboria aeruginosa (Oeder) Seav. ex Ram., Korf & Batra
Chlorosplenium aeruginosum (Oeder) De Not.

형태 자실체의 지름은 2~5mm로 구형이며 처음에는 입을 다문 술잔 모양에서 얇은 접시 모양으로 된다. 전체가 밝은 녹청색이며 안쪽의 자실층은 밋밋하고 황색의 반점이 약간 있는 것도 있다. 바깥쪽 면은 간혹 백색을 나타내기도 하며 가루 같은 것이 있다. 자루는 짧고 가늘다. 포자의 크기는 10~14×1.5~3μm로 무색이며 긴 방추형으로 2~3개의 기름방울을 가진 것도 있다.
생태 봄~가을 / 썩은 활엽수에 무리지어 나며 부생생활을 한다. 목재부후균으로 목재를 분해하여 자연에 환원시키는 역할을 한다. 청색의 효소를 분비하여 버섯이 발생한 주위가 청색으로 물들어 있다.
분포 한국(지리산, 한라산, 가야산, 백두산 등 전국), 전 세계

배꼽녹청균

Chlorociboria omnivirens (Berk.) J.R. Dixon
Chlorosplenium omnivirens (Berk.) Cooke

형태 자낭반의 지름이 2~5mm인 구형의 소형 버섯이며 흑남색 또는 남백색이다. 자루의 길이는 0.1~1mm이고 남록색이다. 자루는 자낭반의 중심생이다.

생태 활엽수림 또는 산중의 습기 찬 고목에 군생·산생하며 목재를 남색으로 물들인다. 목재부후균으로 고목 등을 썩히는 기능을 가지고 있다.

분포 한국, 일본, 중국

털황녹청균

Chlorosplenium cenangium (De Not.) Korf

형태 자실체의 지름이 1~2㎜로 컵 모양에서 찻잔 모양으로 되며 가장자리는 위로 올라간다. 나무껍질로부터 나오고 기질에 부착하며 짧은 자루를 가지고 있다. 자실층은 다소 밋밋하며 녹색에서 올리브-노란색이 된다. 가장자리와 바깥 면은 갈색이며 비듬이 있다. 포자의 크기는 16~18×4.5~5.5㎛로 좁은 타원형에 표면이 매끈하고 투명하다. 기름방울은 없으며 1개의 격막을 가지고 있다. 자낭은 8-포자성으로 자낭포자들은 1열로 배열하며 크기는 110~120×9~11㎛이다. 측사는 실 모양으로 가늘고 길며 끝은 약간 곤봉형이고 두껍다.

생태 여름 / 땅에 넘어진 고목의 젖고 죽은 가지에 군생 혹은 속생한다. 흔한 종은 아니다.

분포 한국, 유럽

황녹청균

Chlorosplenium chlora (Schw.) Curt.

형태 자실체는 지름이 1~3mm로 얕은 컵 모양이다. 자루는 없고 안쪽 면(자실층)은 어릴 때는 노란색이지만 노쇠하면 황록색으로 된다. 표면은 밋밋하다. 바깥 면은 밝은 노란색이며 미세한 털이 있다. 포자의 크기는 7~9×1.5~2μm로 좁은 타원형에서 방추형으로 되며 표면이 매끄럽고 포자들은 2열로 배열하며 투명하다. 자낭의 크기는 40~50×6~8μm이고 곤봉형이다. 측사는 실 모양으로 매우 가늘고 길며 선단은 부풀지 않는다.

생태 여름~가을 / 썩은 고목에 단생 · 산생 · 군생 또는 속생한다. 집단으로 발생하기도 한다.

분포 한국, 유럽

겉고무버섯

Dermea cerasi (Pers.) Fr.

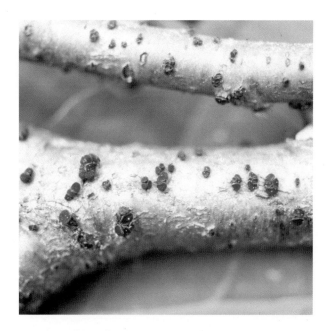

형태 자실체는 지름이 2~5㎜로 구형의 것들이 나무껍질의 찢어진 틈으로 여러 개의 덩어리가 함께 나온다. 어릴 때는 팽이 모양이다가 둥근 산-방석 모양으로 된다. 표면은 약간 거칠고 흑색-흑갈색이며 둘러싸고 있는 바깥 가장자리 쪽은 흑갈색이다. 잘라보면 속의 내용물은 황색-녹황색이다. 포자의 크기는 15~25×4~5㎛이고 방추상의 타원형에 표면은 매끈하고 투명하다. 1개에서 여러 개의 기름방울을 함유하고 성숙하면 1개의 격막이 생긴다. 자낭의 크기는 100~125×10㎛로 8-포자성이며 자낭포자들은 1열로 배열한다. 측사는 필라멘트 모양이고 가끔 선단이 포크형이며 격막이 있다.

생태 여름 / 썩은 고목 껍질의 찢어진 틈새에 군생한다.

분포 한국, 유럽

원반겉고무버섯

Dermea padi (Albertini & Schweinitz) Fr.

형태 자실체는 지름이 1.5mm로 구형이며 자낭반은 편평하다. 자실층은 검은색이며 분명한 가장자리가 있다. 바깥 면은 가죽질이다. 자낭반은 각각 자라서 군집을 이루고 짧은 자루가 있다. 포자의 크기는 14~20×4.5~6μm로 원주형이다. 표면은 많은 점들이 있고 양 끝은 둥글다. 자낭은 8-포자성으로 요오드로 염색하면 포자분출구멍은 청색으로 변색한다. 측사는 가늘고 길며 선단은 약간 부푼다. 털은 없다.

생태 봄 / 기주는 자두나무나 산사나무, 벚나무, 오얏나무에서 발생한다. 드문 종.

분포 한국, 유럽

하얀겹버섯

Diplonaevia bresadolae (Rehm) B. Hein

형태 자실체는 지름이 0.5mm로 자낭반은 핑크-크림색의 자실층이고 바깥 면도 핑크-크림색으로 백색인 것도 있다. 가장자리는 톱니상이다. 자실체는 기주조직이 묻힌 곳에서 발생하여 성숙하면 표피조직을 뚫고 나온다. 자루 없이 집단으로 자란다. 포자의 크기는 10~12.5×2~2.5μm로 류원주형이며 양 끝에 작은 기름방울을 다수 함유한다. 표면은 매끈하고 투명하며 양 끝이 둥글다. 자낭은 8-포자성으로 요오드 반응에도 포자분출구멍은 색이 변색하지 않는다. 측사는 필라멘트형으로 가늘고 길다. 격막이 있고 가끔 분지하며 선단은 부푼다. 털은 없다.

생태 늦봄~이른 여름 / 침엽수의 죽고 젖은 줄기에서 나며 기주가 제한적이다. 드문 종.

분포 한국, 유럽

잣연한살갗버섯

Mollisia amenticola (Sacc.) Rehm

형태 자실체는 지름이 0.3~1㎜로 불규칙한 잔받침 모양에서 원반 모양이다. 자루는 없어도 하나하나가 기주식물의 인편 위에 부착한다. 자실층은 밋밋하고 노란 황토색이다. 바깥 표면은 자실층과 같은 색이고 기부 쪽은 갈색이다. 포자의 크기는 5~5.5× 1.5~2㎛로 타원형이며 때때로 약간 굽는다. 2개의 기름방울을 함유하며 표면은 매끈하고 투명하다. 자낭은 8-포자성이고 포자들은 1열로 배열하며 크기는 40~45×4㎛이다. 측사는 원통형이며 격막이 있다.

생태 봄~가을 / 땅에 넘어진 오리나무의 솔방울 같은 열매에 군생한다. 때로는 단생에서 집단으로 발생하며 속생하기도 한다.

분포 한국, 유럽

물연한살갗버섯

Mollisia hydrophila (P. Karst.) Sacc.
Tapesia hydrophila (P. Karst.) Rhem

형태 자실체의 지름이 0.5~1.5㎜로 편평하고 찻잔받침 모양에서 원반 모양으로 되며 노쇠하면 불규칙하게 변형된다. 매우 짧은 자루에 의하여 흑갈색 균사 펠트(털들이 뭉쳐진 것)로 기주에 부착한다. 자실층의 표면은 밋밋하고 회색에서 청백색 또는 밝은 황토색으로 되며 바깥 면은 보통 더 검게 되고 기부 쪽은 갈색으로 된다. 포자의 크기는 10.5~11×2~2.5㎛로 타원형이며 한쪽 끝이 가늘다. 표면은 매끈하고 투명하며 보통 기름방울을 함유한다. 자낭의 크기는 55~85×7㎛로 8-포자성이며 자낭포자들은 2열로 배열한다. 측사는 실처럼 가늘며 격막이 있다.

생태 봄~여름 / 죽은 고목의 밑에서 단생 혹은 군생하며 집단으로 발생하기도 한다.

분포 한국, 유럽

별연한살갗버섯

Mollisia asteroma (Fuckel) Baral
Belonopsis asteroma (Fuckel) Aebi

형태 자실체는 지름이 1.5mm로 비교적 소형의 버섯이다. 자낭반의 자실층은 약간 짙은 회색이나 때로는 연한 회색도 있다. 표면은 들쑥날쑥한 톱니상이고 가장자리는 물결형이다. 바깥쪽은 회갈색이며 얇고 갈색의 기주에서 넓게 퍼진다. 자루 없이 직접 기주에 붙는다. 포자의 크기는 26.5~40×2.5~3.5μm로 침처럼 가늘고 길다. 3개의 격막이 있으며 격막마다 1~2개의 기름방울을 함유한다. 표면은 매끈하고 한쪽 끝이 둥글고 다른 쪽은 뾰족하다. 자낭은 8-포자성이며 요오드 반응으로 포자분출구멍은 청색이 된다. 측사는 가늘고 길며 격막은 아래쪽에 있고 선단은 둥글다. 털은 없다.

생태 봄~가을 / 썩은 고목, 여러 종류의 사초과식물의 죽은 잎에서 자라는데 주로 연못에서 자라는 사초과식물에 발생한다.

분포 한국, 유럽

연한살갗버섯

Mollisia cinerea (Batsch) P. Karst.
M. cinerea (Batsch) P. Karst. f. cinerea

형태 자실체는 지름이 0.5~2(2.5)mm로 매우 작으나 간혹 약간 큰 것도 있다. 어릴 때는 접시 모양 또는 컵 모양이나 성장하면 불규칙하게 파상으로 일그러진다. 자루 없이 기질에 부착한다. 안쪽 면의 자실층은 회색-회황토색이다. 어릴 때는 대부분 가장자리가 모두 백색에 가까우며 바깥쪽 면은 미세한 털이 있고 회갈색이다. 포자의 크기는 7~9×2~2.5μm로 타원형이며 때로는 약간 휘어 있다. 포자의 표면은 매끈하고 투명하며 흔히 작은 기름방울이 들어 있다. 자낭의 크기는 50~70×5~6μm이고 8-포자성이며 자낭포자들은 1열로 배열한다. 측사는 원통형이며 양쪽 끝은 뭉뚝하다.

생태 봄~가을 / 습기가 많은 곳의 참나무류 등 활엽수의 썩은 재목에 군생 혹은 속생(총생)한다.

분포 한국, 일본, 유럽

습기연한살갗버섯

Mollisia humidicoloa Graddon

형태 자실체의 지름이 1mm 정도인 작은 버섯이다. 자낭반은 회색의 자실층으로 되며 바깥 면은 맑은 갈색, 가장자리는 투명하고 돌출된 세포로 된다. 자루는 없고 기주에 부착한다. 포자의 크기는 12~17×2~2.5㎛로 거의 원주형에 1개의 격막이 있고 기름방울을 함유하며 표면은 매끈하고 투명하다. 포자의 양 끝은 둥글다. 자낭은 8-포자성이며 요오드로 염색하면 포자분출구멍이 청색으로 된다. 측사는 가늘고 점차적으로 둥글게 되어 끝 쪽으로 펴진다. 털은 없다.

생태 봄~여름 / 썩은 고목 또는 젖은 사초과식물의 죽은 줄기에 군생한다.

분포 한국, 유럽

연두연한살갖버섯

Mollisia juncina (Pers.) Rehm

형태 자실체의 지름이 0.3~0.5㎜로 어릴 때는 방광 모양에서 컵 모양으로 되며 자라면서 편평해지고 점차 원반 모양이 된다. 안쪽의 자실층은 밋밋하고 육질은 갈색이며 바깥 면과 가장자리는 같은 갈색이고 약간 비듬이 있다. 가장자리는 가끔 밝은색이다. 건조 시 자실체는 검은 갈색으로 되며 가장자리는 말리며 백색으로 된다. 자루 없이 기주에 부착한다. 포자의 크기는 11~13×1.5~2㎛로 방추-곤봉형이며 표면은 매끈하고 투명하며 2개의 기름방울을 함유한다. 자낭은 8-포자성으로 자낭포자는 불규칙하게 2열로 배열하고 크기는 45~55×8~9㎛이다. 측사는 실 모양으로 길고 가늘며 선단은 가끔 포크형이다.

생태 봄 / 골풀의 썩은 줄기나 고목에 군생한다. 드문 종.

분포 한국, 유럽

나무연한살갗버섯

Mollisia ligni (Desm.) P. Karst.

형태 자실체의 지름이 0.5~1mm로 어릴 때는 찻잔 모양이다가 펴져서 찻잔받침 모양으로 된다. 자루는 기질 위에 직접 부착한다. 안쪽의 자실층은 밋밋하고 흑회색이며 바깥 면은 흑갈색이고 미세한 털이 있다. 가장자리는 어릴 때는 백색이다. 포자의 크기는 7~9×2~2.5μm로 방추형의 곤봉형이며 표면은 매끈하고 투명하다. 자낭은 8-포자성이고 자낭 속의 포자들은 2열로 배열하며 크기는 48~55×4.5~5.5μm이다. 측사는 실처럼 가늘고 길며 포크형으로 약간 곤봉형에 선단 쪽으로 두껍다.

생태 연중 / 활엽수의 껍질이 벗겨진 나무, 특히 참나무류와 밤나무류에서 속생하며 집단으로 뭉쳐난다.

분포 한국, 유럽 등 전 세계

흑연한살갗버섯

Mollisia melaleuca (Fr.) Sacc.

형태 자실체의 지름은 0.2~2mm로 컵 모양에서 찻잔받침 모양으로 되었다가 이후 불규칙하게 펴져서 물결형으로 된다. 흔히 방사상으로 주름지고 배꼽형으로 된다. 자루 없이 기질에 부착한다. 안쪽의 자실층은 밋밋하고 백색에서 황백색으로 되며 바깥면은 흑갈색이다. 포자의 크기는 8~11×2.5μm이고 방추상의 타원형에 표면은 매끈하고 투명하다. 자낭은 8-포자성으로 포자들은 2열로 배열하며 크기는 48~60×5.5~6μm이다. 측사는 원통형이고 두께는 2.5μm이다.

생태 봄~가을 / 껍질이 벗겨진 썩은 나무, 특히 활엽수에 군생 혹은 속생한다.

분포 한국, 유럽 등 전 세계

늪연한살갗버섯

Mollisia palustris (P. Kast.) P. Karst.

형태 자실체는 지름이 0.7㎜로 안쪽의 자실층은 연한 회색, 바깥면은 연한 갈색, 가장자리는 백색이다. 자루 없이 기주에 직접 부착하며 부착점이 뾰족하다. 포자의 크기는 8~11×1.5~2.2㎛로 한쪽 끝이 둥근 총알형이다. 표면은 매끈하고 투명하다. 포자의 한쪽 끝은 거의 뾰족하나 다른 한쪽은 둥글다. 자낭은 8-포자성이며 요오드로 염색하면 포자분출구멍의 주위는 청색으로 변색한다. 측사는 상당히 가늘고 선단은 둥글다. 털은 없다.

생태 봄~가을 / 고목 또는 골풀 같은 초본류의 죽은 줄기에 군생한다. 특히 연한 골풀, 보통 갈대, 습기 찬 곳의 쓰러진 기주에 나며 흔히 습지에 발생한다.

분포 한국, 유럽

장미연한살갗버섯

Mollisia rosae (Pers.) P. Karst.
Tapesia rosae (Pers.) Fuckel

형태 자실체의 지름이 0.5~1.5㎜로 어릴 때는 방광 모양이고 컵 모양으로 자라면서 불규칙한 모양이 된다. 자루 없이 흑갈색의 기질에 부착한다. 안쪽의 자실층은 밋밋하고 회흑색에서 거의 검은색으로 된다. 바깥 면은 흑갈색이고 미세한 털이 있으며 가장자리는 백색에 털술(총채의 술 모양)이 있다. 포자의 크기는 6~8.5×2~2.5㎛로 원통형이며 표면은 매끈하고 투명하다. 2개의 작은 기름방울을 함유한다. 자낭은 8-포자성으로 포자들은 2열로 배열하고 크기는 50~60×7.5~10㎛이다. 측사는 원통형에 격막이 있으며 맨 위쪽이 두껍다. 털 같은 것은 세포벽이 얇고 격막이 있으며 선단은 곤봉형이다. 기부는 투명하고 흑갈색으로 크기는 100×5㎛이다.

생태 봄 / 땅에 넘어져 죽은 장미나무의 가지에 촘촘히 군생한다. 흔한 종은 아니다.

분포 한국, 유럽

담황연한살갗버섯

Mollisia ventosa P. Karst.

형태 자실체의 지름이 2mm 정도인 매우 작은 버섯으로 자낭반 (apothecia)이 집합하여 기주 표면에 군생하거나 뭉쳐서 난다. 어릴 때는 컵 모양, 쟁반 모양 또는 방석 모양이며 흔히 가장자리 가 불규칙하게 째져 있다. 표면은 밋밋하고 황색-회황토색이다. 바깥 면은 갈색을 띤다. 살(육질)은 약간 두껍고 연하다. 포자의 크기는 13~16×2.5~3.5μm인 타원형으로 약간 휘어 있다. 표면은 매끈하고 투명하며 1~2개의 격막이 있다. 성숙하면 작은 기름방 울을 함유한다. 자낭의 크기는 105~120×5.6~6μm로 8-포자성이 며 자낭포자들은 1열로 배열한다. 측사는 필라멘트 모양으로 가 늘고 원통형이며 격막이 있고 기부는 포크형이다.

생태 여름 / 활엽수의 썩은 고목에 군생 또는 속생한다.

분포 한국, 유럽

가지조각살갗버섯

Niptera cf. **ramincola** Rehm

형태 자실체의 지름은 1mm이고 자낭반의 자실층은 회청색, 바깥 면은 회색이다. 가장자리는 연한 회색에서 백색으로 된다. 노쇠하고 건조하면 자실체는 황토색으로 된다. 자루는 없다. 포자의 크기는 9~15×2~3μm로 1개의 격막이 있고 표면은 매끈하고 투명하며 양단이 거의 뾰족한 방추형이다. 자낭은 8-포자성이고 요오드 반응에서 포자분출구멍은 청색으로 염색된다. 측사는 가늘고 길며 격막이 있고 선단은 둥근형에서 약간 부푼형이다.

생태 연중 / 젖고 죽은 낙엽송에 군생한다. 기주로는 오리나무, 자작나무, 참나무류, 개암나무 등의 썩은 나무와 소나무 등이 있다.

분포 한국, 유럽

흑포도살갗버섯

Patellariopsis atrovinosa (A. Bloxam ex Curr.) Dennis

형태 자실체의 지름이 0.5~1mm 정도인 작은 버섯이다. 둥근 모양에서 여러 변형된 모양이 되며 나중엔 얕은 접시 모양이 된다. 가장자리는 두껍다. 자루 없이 기주에 부착한다. 자실층은 흑자색으로 거칠고 고르지 않다. 바깥 표면과 가장자리는 약간 분홍색이고 미세한 성긴 펠트처럼 된다. 포자의 크기는 20~24×3.5~4.5μm로 방추형에 한쪽 면이 납작하고 표면은 매끈하며 투명하다. 양쪽 끝에는 많은 미세한 반점이 있다. 자낭의 크기는 86~90×10~15μm이고 8-포자성이며 자낭포자들은 2열로 배열한다. 측사는 실처럼 매우 가늘고 길며 격막이 있고 포크형이면서 선단은 약간 두꺼운 곤봉형이다.

생태 가을~봄 / 고목과 죽은 관목 위에 군생한다.

분포 한국, 유럽

노란접시주발버섯

Pezicula acercicola (Peck) Peck ex Sacc. & Berl.

형태 자실체의 지름이 0.5~2(3)㎜인 매우 작은 버섯이다. 어릴 때는 표면이 다소 쭈글쭈글한 모양이다가 편평해지면서 얇은 접시 모양이 된다. 자실체 전체가 오렌지-황색이고 표면이 다소 분상이다. 자루 없이 기주에 직접 부착한다. 포자의 크기는 25~35×8~10㎛로 타원형이며 표면은 매끈하고 투명하나 어떤 것은 약간 굽어 있다. 보통 3개의 격막이 있으나 더 많이 가진 것도 있다. 자낭의 크기는 100~125×23~25㎛이고 8-포자성이 대부분이나 어떤 것은 4-포자성인 것도 있으며 자낭포자들은 불규칙하게 2열로 배열한다. 측사는 실처럼 가늘고 길며 격막이 있고 선단 쪽으로 포크형이고 분지된 가지는 곤봉형이다.

생태 가을 / 단풍나무류 등 활엽수의 그루터기 또는 죽은 가지의 틈새 주변에 속생한다.

분포 한국, 유럽

노랑송이접시주발버섯

Pezicula carpinea (Pers.) Tul. ex Fuckel

형태 자실체의 지름은 0.5~1.5mm로 어릴 때는 결절 상태가 편평
하여 방석처럼 된다. 자실층은 연하거나 짙은 노란색이며 가루상
이다. 바깥 면과 가장자리는 똑같은 색이고 엷은 백색이 가미되
어 있다. 전체가 속생하지만 개별적으로 모여 흔히 큰 집단을 형
성하기도 한다. 포자의 크기는 22~30×10~12μm로 타원형이며
표면은 매끄럽고 투명하다. 드물게 1개의 격막이 있다. 간혹 기
름방울과 알갱이를 함유한 것도 있다. 자낭은 8-포자성이고 포
자들은 불규칙하게 2열로 배열하며 크기는 150~190×20μm이다.
측사는 실 모양으로 가늘고 길며 격막이 있고 가끔 선단은 포크
형이거나 약간 곤봉형이다.

생태 봄~여름 / 고목, 분지된 가지, 너도밤나무 등에 난다. 자좌
는 나무껍질로부터 나오며 작게 뭉쳐져서 발생한다. 흔한 종은
아니다.

분포 한국, 유럽

63

뱁껍질접시주발버섯

Pezicula ocellata (Pers.) Seaver
Ocellaria ocellata (Pers.) J. Schröt.

형태 자실체의 지름은 1~2.5㎜로 나무껍질 아래에서 발생한다. 자실체를 덮고 있던 막이 터져서 열리고 나머지는 매몰된다. 자실체 전체는 편평하게 되었다가 가운데가 들어간 오목한 상태가 된다. 자실층은 검은 오렌지색에서 오렌지-갈색으로 되며 표면은 고르지 않고 거칠다. 가장자리는 위로 말리며 바깥 면은 흰색을 띤다. 포자의 크기는 27~32×12~13.5㎛로 광타원형이다. 표면은 매끈하고 투명하며 알갱이를 함유하면서 기름방울을 가진 것도 있고 아닌 것도 있다. 자낭은 8-포자성이고 자낭포자들은 1열 또는 2열로 배열하며 크기는 133×21㎛이다. 측사는 곤봉형 혹은 포크형이며 선단은 굵고 격막이 있다.

생태 봄~가을 / 고목의 껍질, 죽은 나뭇가지와 줄기에 단독에서 집단으로 발생한다. 드문 종.

분포 한국, 유럽

딸기접시주발버섯

Pezicula rubi (Lib.) Niessl

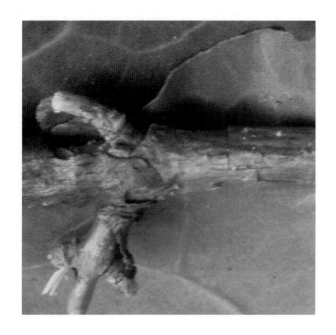
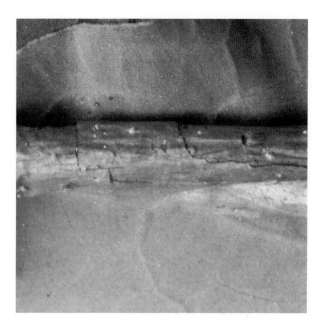
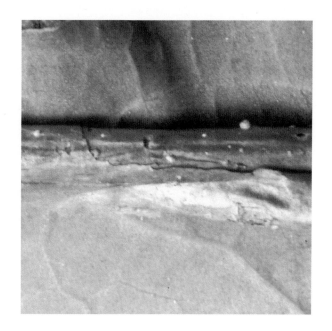

형태 자실체의 크기가 0.5~1㎜인 매우 작은 버섯으로 둥근 산 모양에서 볼록렌즈 모양이 되며 자루 없이 기주의 죽은 줄기에 붙는다. 칙칙한 황토색 또는 오렌지-적색이고 건조할 때는 표면이 가루상이며 부서지기 쉽다. 포자의 크기는 18~26×6~8㎛로 타원상의 방추형이다. 표면은 매끈하고 투명하며 때로 3개의 격막을 가진다. 자낭의 크기는 115×20㎛로 원통-곤봉형이고 8-포자성으로 자낭포자들은 2열로 배열한다. 측사는 가늘고 선단은 부풀며 폭은 5㎛이다.

생태 여름~초겨울 / 나무딸기, 장미 등 관목의 죽은 줄기에 산생하거나 단생한다.

분포 한국, 유럽

녹회색넙적살갗버섯

Pyrenopeziza adenostylidis (Rehm) Gremmen
Mollisia adenostylidis Rehm

형태 자실체는 지름이 1~2㎜로 찻잔받침 모양에서 불규칙한 원반 모양이 된다. 자루 없이 기주에 직접 부착한다. 안쪽의 자실층은 밋밋하고 녹회색이다. 가장자리 쪽으로 황토색을 띤다. 바깥면은 갈색, 가장자리는 백색이나 가끔 미세한 털이 있다. 포자의 크기는 8~11×2㎛이고 방추형이며 표면은 매끈하고 투명하다. 자낭의 크기는 70~80×5㎛로 8-포자성이고 자낭포자는 1열 또는 2열로 배열한다. 측사는 곤봉형이며 격막이 있고 기부는 포크형이다.

생태 여름 / 죽은 나무의 썩은 곳에 단생 또는 집단으로 발생한다.

분포 한국, 유럽

회색넙적살갗버섯

Pyrenopeziza benesuada (Tul.) Gremm.
Mollisia benesuada (Tul.) Phill.

형태 자실체의 지름이 0.5~1㎜인 매우 작은 버섯으로 컵 모양에서 불규칙한 접시-원반 모양이 된다. 자루가 거의 없이 기주에 직접 붙는다. 때로는 나무껍질 사이의 쪼개진 틈에 들어 있다. 표면의 자실층은 밋밋하고 황토색을 약간 띠며 때로는 가장자리 쪽으로 연한 색을 가진다. 바깥 면이나 아랫면은 밋밋하고 표면과 같은 색이며 기부 쪽으로 약간 갈색을 띤다. 포자의 크기는 7~9×1.5~2㎛로 긴 원-방추상의 곤봉형이다. 표면은 매끈하고 투명하며 기름방울은 없다. 자낭의 크기는 50~70×5~5.5㎛이고 8-포자성이며 자낭포자들은 1열 또는 2열로 배열한다. 측사는 원통형으로 격막이 있으며 어떤 것들은 기부가 포크형이다.
생태 여름 / 죽은 버드나무나 오리나무 등의 껍질에 군생한다.
분포 한국, 유럽

가루넙적살갗버섯

Pyrenopeziza pulveracea (Fuckel) Gremmen

형태 자실체의 지름이 0.3~0.6mm인 작은 버섯으로 어릴 때는 구형이었다가 꼭대기가 갈라져서 찻잔 모양으로 된다. 자루 없이 직접 기주에 붙는다. 자실체는 기주 껍질 아래에서 발생하여 껍질을 부수고 나온 뒤 기주 위에 약간 퍼진다. 안쪽의 자실층은 밋밋하고 회갈색이며 바깥 면은 흑갈색이고 미세한 비듬 같은 것이 있다. 가장자리는 보다 밝은색이고 술(장식) 모양이다. 포자의 크기는 10~12×2~2.5μm로 방추-곤봉형이며 표면은 매끈하고 투명하다. 간혹 2개의 기름방울을 함유하거나 1개의 격막을 가진 것도 있다. 자낭의 크기는 45~55×5μm로 대부분은 4-포자성이나 8-포자성인 것도 있다. 자낭포자는 1열 또는 2열로 배열한다. 측사는 원통형이 대부분이나 포크형인 것도 있으며 선단은 곤봉형으로 굵다.

생태 봄 / 죽은 가지에 군생하며 집단으로 발생하기도 한다. 흔한 종은 아니다.

분포 한국, 유럽

말림넙적살갗버섯

Pyrenopeziza revincta (P. Karst.) Gremm.
Mollisia revincta (Karst.) Rehm

형태 자실체의 지름이 0.3~0.8㎜인 매우 작은 버섯으로 컵 모양, 부정형의 접시 모양 또는 원반 모양이다. 표면의 자실층은 연한 청회색, 가장자리는 약간 황토색, 아랫면은 갈색을 띤다. 자루 없이 기주에 부착한다. 포자의 크기는 8×2㎛로 타원형이며 표면은 매끈하고 투명하다. 자낭의 크기는 40~50×5㎛이고 8-포자성으로 자낭포자들은 자낭 속에 불규칙하게 2열로 배열한다. 측사는 실처럼 가늘고 길며 원통형이다.
생태 여름 / 터리풀, 조팝나무류의 썩은 줄기에 군생한다.
분포 한국, 유럽

연한테이프살갗버섯

Tapesia evilescens (P. Karst.) Sacc.
Mollisia evilescens (P. Karst.) Mussat

형태 자실체는 지름이 1mm 정도로 자낭반은 연한 회색의 자실층이며 바깥 면은 검은 회색, 가장자리는 더 연한 회색의 톱니 같은 상태다. 자루는 얇은 기주 위에 직접 부착한다. 자낭반은 기주의 표면으로 퍼진다. 포자의 크기는 7~10.5×1~1.5μm이며 가는 원주형에 2개의 기름방울을 함유한다. 표면은 매끈하고 투명하며 양 끝은 둥글다. 자낭은 8-포자성이고 요오드로 염색하면 포자 분출구멍이 청색으로 변색한다. 측사는 가늘고 길며 선단은 둥글다. 털은 없다.
생태 봄~여름 / 기주는 보통 갈대의 젖고 죽은 줄기에 군생한다. 기주가 비교적 제한된 종이다.
분포 한국, 유럽(영국)

흑갈색테이프살갗버섯

Tapesia fusca (Pers.) Fuckel
Mollisia fusca (Pers.) P. Karst.

형태 자실체는 지름이 0.5~2mm로 어릴 때는 찻잔 모양이었다가 컵 또는 찻잔받침 모양이 되며 나중엔 넓게 펴져서 물결 모양으로 된다. 검은 갈색의 펠트 균사가 그물꼴을 이룬다. 자실층은 회청색에서 황토-갈색으로 되고 표면은 밋밋하다. 바깥 면은 자실층과 같은 색이고 밋밋하며 가장자리는 밝은색이다. 자루 없이 기주에 직접 붙는다. 포자의 크기는 8~12×1.8~2.2μm로 원통-방추형이며 표면은 매끈하고 투명하다. 기름방울이나 격막은 없다. 자낭의 크기는 45~50×5~7μm로 8-포자성이고 자낭포자들은 2열로 배열한다. 측사는 필라멘트 모양이나 가끔 선단은 약간 곤봉형이고 두껍다.

생태 봄~가을 / 여러 종류의 목재 표면이나 껍질의 썩은 곳에 군생하며 집단적으로 속생한다.

분포 한국, 유럽 등 광범위하게 분포

흰테이프살갗버섯

Tapesia lividofusca (Fr.) Rehm
Mollisia lividofusca (Fr.) Gillet

형태 자실체는 지름이 2㎜ 정도다. 자낭반은 백색의 자실층으로 가장자리가 약간 말리며 바깥 면은 검은색이다. 자낭반은 개개로 자라서 군집을 이루며 자루 없이 기주에 직접 부착한다. 포자의 크기는 8~13×1.7~2.5㎛로 소시지형 또는 원주형이며 기름방울을 2개 함유한 것도 있으나 없는 것도 있다. 표면은 매끈하고 투명하며 양 끝이 둥글다. 자낭은 8-포자성이며 요오드 반응에서 포자분출구멍이 청색으로 변한다. 측사는 가늘고 길며 기부는 가끔 포크형이다. 선단은 둥글며 털은 없다.

생태 연중 / 기주는 구과나무, 껍질이 벗겨진 낙엽송 위에 발생한다. 그 외에 소나무류, 관목류, 참나무류, 버드나무, 물푸레나무, 자작나무 등에서도 발생한다. 보통종.

분포 한국, 유럽

귀신테이프살갗버섯

Tapesia strobilicola (Rehm) Sacc.

형태 자실체의 지름은 0.5~1mm로 불규칙한 컵 모양에서 찻잔받침 모양이 되며 자루 없이 흑갈색 균사 펠트 위에 부착한다. 자실층(내면)은 약간 연노란색이다. 바깥 면은 갈색이며 가끔 기부 쪽으로 균사가 둘러싸서 갈고리 같은 모양을 이룬다. 포자의 크기는 7.5~8.5×2~2.5μm로 타원형이며 표면은 매끈하고 투명하다. 자낭의 크기는 50~55×5.5~6μm로 8-포자성이며 자낭포자들은 2열로 배열한다. 측사는 원통형이며 격막이 있고 기부 쪽은 포크형이다.

생태 봄 / 죽어 넘어진 고목에 군생하며 집단 또는 완전히 속생한다. 흔한 종은 아니다.

분포 한국, 유럽

가시살갗버섯

Trichobelonium kneiffii (Wallr.) J. Schröt.
T. retincola (Rabenh.) Rehm. / Tapesia retincola (Rabenh.) P. Karst.

형태 자실체의 지름은 1~2.5*mm*로 찻잔받침 모양에서 약간 볼록하게 되며 노쇠하면 불규칙하게 변화한다. 매우 짧은 자루에 의하여 검은 균사가 펠트에 부착한다. 자실층은 매끄럽고 연한 노란색에서 황토-노란색으로 되며 바깥 면은 갈색이다. 포자의 크기는 16~21×2~3*μm*로 원통형이며 양 끝에 반점들이 있다. 표면은 매끈하고 투명하며 간혹 기름방울을 함유한 것도 있다. 자낭의 크기는 86~94×6*μm*로 8-포자성에 원통형이며 자낭포자는 2열로 배열한다. 측사는 원통형으로 선단은 약간 곤봉형이고 두껍다.

생태 봄~여름 / 죽은 고목의 기부에 군생한다.

분포 한국, 유럽

원통자루곤봉버섯

Ascocoryne cylichnium (Tul.) Korf

형태 자실체의 지름은 0.5~2cm로 처음에 구형이나 나중에 접시 모양, 사발 모양 또는 서양팽이 모양으로 되고 가운데가 오목하게 들어가거나 주름이 잡힌다. 가장자리는 물결 모양이 흔하며 연보라색-보라색 또는 적자색이다. 바깥 면은 자실층과 같은 색이고 밋밋하다. 육질은 젤리질이다. 자루는 없거나 극히 짧게 형성된다. 바깥 면의 아래쪽 가운데가 기주에 붙는다. 포자의 크기는 20~24×5.5~6㎛로 타원형에 표면은 매끈하고 투명하다. 성숙하면 몇 개의 격막이 생기며 어릴 때는 기름방울이 있다. 자낭의 크기는 209~220×10~12㎛로 8-포자성이고 자낭포자는 2열로 배열한다. 측사는 실처럼 가늘고 길며 선단은 곤봉형이고 두껍다. 폭은 4㎛ 정도다.

생태 여름~가을 / 습기가 많은 부후목이나 낙지(落枝) 위, 이끼류 속에 단생 또는 군생한다.

분포 한국, 일본 등 전 세계

살자루곤봉버섯

Ascocoryne sarcoides (Jacq.) J.W. Groves & D.E. Wilson
Coryne sarcoides (Jacq.) Tul. & C. Tul.

형태 자실체의 높이는 5~10㎜이고 표면의 자낭반은 뭉쳐 있으며 컵 모양에 적자색이다. 자루는 없거나 있는 경우 아주 짧다. 중앙은 오목 또는 편평형이며 흔히 규칙적인 열편(裂片)이다. 바깥 면은 보통 미세한 비듬이 있고 적자색이다. 포자의 크기는 10~19×3~5㎛로 타원형에서 부등의 타원형이며 처음은 격막이 없으나 나중에 1~3개의 격막이 생기며 2개의 기름방울을 함유한다. 자낭의 크기는 160×10㎛로 원통-곤봉형이며 8-포자성에 자낭포자는 흔히 2열로 배열한다. 측사는 실처럼 가늘고 길며 선단의 두께는 4㎛이다.
생태 여름~가을 / 고목의 그루터기, 낙지 등에 발생한다. 흔한 종.
분포 한국(백두산), 중국

황색황고무버섯

Bisporella citrina (Batsch.) Korf & Carp.

형태 자실체의 지름은 1~3mm로 쟁반 모양 또는 넓은 원추형의 접시 모양이다. 안쪽 면의 자실층과 바깥 면은 매끄럽고 노란색 또는 노란 황색이다. 가장자리는 어두운 노란색이다. 흔히 짧은 자루가 있으나 없는 경우도 있다. 포자의 크기는 8~12×3~3.6 μm로 타원형이며 표면은 매끈하고 투명하며 2개의 방울이 들어 있다. 성숙하면 1개의 격막이 생긴다. 자낭의 크기는 100~125× 7~8μm로 8-포자성이고 자낭포자들은 불규칙하게 1열로 배열한다. 측사는 실처럼 가늘고 길며 선단은 곤봉 모양으로 굵다.

생태 여름~가을 / 각종 활엽수의 나무껍질이 없는 썩은 고목이나 죽은 가지에 군생 또는 총생한다. 흔한 종.

분포 한국(전국), 일본, 유럽

참고 진황고무버섯(Bisporella sulfurina)과 매우 흡사하나 진황고무버섯과 달리 여름철에 나는 특징이 있어서 구분된다. 흔히 가지 전체에 발생한다.

바랜황고무버섯

Bisporella pallescens (Pers.) Carp. & Korf

형태 자실체의 지름이 0.5~1.5(2.5)㎜인 매우 작은 버섯이다. 어릴 때는 구형이나 컵 모양 또는 접시 모양이 된다. 자실층(표면)은 유백색 또는 연한 황토색이며 표면은 밋밋하고 바깥 면도 마찬가지다. 자루는 없거나 극히 짧다. 포자의 크기는 10~13×2.4~4㎛로 방추상의 타원형이며 표면은 매끈하고 투명하며 2개의 기름방울이 들어 있다. 자낭의 크기는 80~100×6~8㎛로 8-포자성이며 자낭포자들은 2열로 배열한다. 측사는 실처럼 가늘고 길며 격막이 있고 선단은 가끔 곤봉형이며 두껍다.

생태 봄~가을 / 너도밤나무 등 활엽수 표면에 군생한다.

분포 한국, 유럽

진황고무버섯

Bisporella sulfurina (Quél.) Carp.
Helotium sulfurinum Quél.

형태 자실체의 지름이 0.5~1.5mm인 매우 작은 버섯이다. 불규칙한 컵 모양 또는 접시 모양으로 표면(자실층)은 밋밋하고 선황색이다. 가장자리와 바깥쪽 표면은 자실층보다 다소 연한 색이고 미세한 털이 있다. 가장자리는 약간 위로 돌출된다. 자루가 없는 것이 많지만 드물게 자루가 있다. 포자의 크기는 8~10×2μm로 타원형상의 방추형이다. 표면은 매끈하고 투명하며 어떤 것은 휘었고 1개의 격막이 있다. 기름방울 같은 것이 있다. 자낭의 크기는 60~90×4~4.5μm로 8-포자성에 곤봉형과 비슷하며 자낭포자들은 불규칙한 1열 또는 약간 2열로 배열한다. 측사는 실처럼 가늘고 길며 많은 노란색의 기름방울로 차 있다.
생태 가을~봄 / 활엽수의 죽은 가지에 나며 흔히 죽은 콩버섯 위에 난다. 일반적으로 군생 또는 속(총)생하며 드물게 단생한다.
분포 한국 등 전 세계
참고 황색황고무버섯과 혼동되기 쉬우나 작고 발생시기가 달라서 구분이 된다.

황녹색찻잔버섯

Chloroscypha flavida (Kanouse & A.H. Sm.) Baral
Gelatinodiscus flavidus Kanouse & A.H. Sm.

형태 자실체는 팽이 모양으로 자루가 있으며 지름은 0.1~0.5*cm*, 높이는 0.1~0.4*cm*로 위 표면은 자실층이다. 처음은 오목하나 성숙하면 편평하다가 둥글게 되며 밝은 노란색이다. 자루 전체에 점질액이 있고 밝고 투명한 짧은 노란색 털이 기부에 있다. 건조하면 현저히 수축하고 검은 올리브색이 된다. 포자의 크기는 26~34×9~11*μm*이고 장방형의 타원형으로 한쪽 끝이 넓다. 큰 기름방울을 함유하며 표면은 매끈하고 투명하다. 노란색이지만 성숙하면 갈색이 된다. 자낭은 폭이 넓으며 꼭대기 포자분출구멍은 아미로이드 반응을 나타낸다. 측사는 선단의 폭이 1.5*μm*으로 가늘고 불규칙하게 분지하며 선단은 휘어지고 투명하다.

생태 봄 / 눈이 녹은 곳이나 쌓인 둔덕 아래의 고목, 떨어진 나뭇가지, 열매 등에 난다.

분포 한국, 북아메리카

잎심장두건버섯

Cordierites frondosa (Kobayasi) Korf

형태 자낭반은 지름이 2~3.5cm로 얇은 쟁반 모양 혹은 얇은 술잔 모양이고 흑색이며 몇 개가 모여 집단을 이룬다. 짧은 자루가 있거나 없다. 가장자리는 물결형이다. 자실체의 윗면은 밋밋하고 광택이 나며 아랫면은 그물꼴형이고 비단무늬가 있다. 습기가 있을 때 탄력적이며 목이버섯 모양에 광택이 난다. 건조 시 단단하고 맛은 쓰다. 포자의 크기는 5~7.6×1~1.4μm로 짧은 원주상이고 만곡된다. 자낭의 크기는 43~48×3~5μm로 가늘고 곤봉상이다. 8-포자성으로 8개의 포자가 2열로 배열한다. 측사는 가늘고 길며 선단은 만곡되고 폭은 3μm이다. 격벽이 있으며 분지한다.

생태 여름~가을 / 썩은 고목에 속생한다.

분포 한국(백두산), 중국

물두건버섯

Cudoniella acicularis (Bull.) Schröt.

형태 자실체의 지름이 1~3㎜인 매우 작은 버섯이다. 자실체는 어릴 때는 팽이 모양이나 방석 모양의 두부와 원주형의 자루로 구분이 된다. 자실체 전체는 백색에서 회색-갈색으로 되며 표면은 밋밋하고 가장자리는 때때로 아래쪽으로 말린다. 자루의 길이는 2~10㎜로 원주형이다. 포자의 크기는 15~20×4~5㎛로 불규칙한 방추형이며 표면은 매끈하고 투명하며 기름방울은 없다. 간혹 중간에 1개의 격막이 있다. 자낭의 크기는 100~150×10~12㎛로 8-포자성이며 자낭포자들은 불규칙하게 2열로 배열한다. 측사는 실 모양으로 가늘고 길며 격막이 있고 차차 선단 쪽으로 굵어지는데 폭은 2.5㎛이다.

생태 가을 / 참나무류 등 활엽수의 썩은 나무등치나 그루터기 또는 내다버린 목재 등에 군생한다.

분포 한국, 유럽

82

산골물두건버섯

Cudoniella clavus (Alb. & Schw.) Dennis
C. clavus (Alb. & Schw.) Dennis var. clavus

형태 자실체는 두부와 자루로 구분된다. 두부는 둥근 산 모양이나 방석 모양 혹은 중앙이 약간 오목하다. 자실체는 높이 2~6cm, 지름 0.5~1.2cm이며 자루는 원주형에 굵기가 1.5~3mm 정도로 전체가 회백색-연한 황토 백색이거나 때로는 자색을 띠기도 한다. 머리 위쪽 자실층이 연한 갈색으로 진한 경우도 있다. 전체가 매끄럽다. 자루의 아래쪽은 흑갈색을 띤 경우도 있다. 포자의 크기는 9.5~15×4~5μm로 타원형의 방추형이며 표면은 매끈하고 투명하며 기름방울은 없다. 자낭의 크기는 100~115×9~10μm로 8-포자성이다. 측사는 실처럼 가늘고 격막이 많으며 가끔 포크형도 있다.

생태 봄~여름 / 흐르는 계곡물이나 물 등에 잠긴 나뭇가지, 풀의 줄기 등에 산생 또는 군생한다.

분포 한국, 일본, 유럽, 북아메리카 등

꽃컵두건버섯

Cyathicula amenti (Batsch) Baral & R. Galán
Pezizella amenti (Batsch) Dennis

형태 자실체는 지름이 0.3~0.5㎜로 아주 작은 버섯이다. 어릴 때
는 컵 모양이나 점점 편평해져 얕은 접시 모양이 되며 자루는 짧
다. 안쪽의 자실층은 미세한 털이 있고 백색에서 크림색으로 된
다. 바깥의 표면은 자실층과 같은 색이며 아래로 가늘어지면서
짧은 자루로 된다. 포자의 크기는 8~11.5×3.5~4㎛이며 한쪽이
뾰족하고 다른 쪽은 둥글다. 표면은 매끈하고 투명하며 기름방
울은 없다. 자낭은 8-포자성으로 포자들은 1열에서 2열로 배열
한다. 측사는 원통형이며 두께는 2㎛이다. 자낭보다 길어서 위로
솟아난다.
생태 봄 / 쓰러진 버드나무 등에 군생·속생한다. 흔한 종은 아
니다.
분포 한국, 유럽

84

배꼽두건접시버섯

Discinella boudieri (Quél.) Boud.

형태 자실체의 지름은 0.5~1.5cm로 자낭반은 땅 위로 올라와 있다. 자실체는 컵 모양에서 차차 편평해진다. 땅에 밀착하여 발생하며 표면은 밋밋 또는 미세한 털과 비듬이 가장자리 근처에 분포한다. 기부는 줄기 같은 형태이고 자실체의 중앙은 배꼽형이다. 자색-밤색 또는 갈색이며 살(육질)은 균사가 넓게 뒤엉킨 형태이고 바깥 조직의 살은 얇은 벽이다. 포자의 크기는 10~15×4~5μm로 타원형이며 격막이 없다. 자낭은 원통형의 곤봉형으로 둥글며 크기는 120×13μm으로 8-포자성에 포자분출구멍을 멜저액으로 염색하면 청색이 된다. 자낭포자는 1열로 배열한다. 측사는 가늘고 길며 약간 부풀고 선단의 폭은 3μm이다.

생태 가을 / 모래가 섞인 숲속의 땅에 속생한다.

분포 한국, 유럽

85

큰포자머리버섯

Durella macrospora Fuckel
Patellaria macrospora (Fuckel) P. Karst.

형태 자실체의 지름은 0.3~0.5mm로 어릴 때는 둥근형이나 이후 활 모양으로 굽은 원반의 결절형이 된다. 자실층은 알갱이가 분포하며 검은색이고 바깥 표면은 흑색이다. 가장자리는 불규칙하게 홈이 파지고 백색의 얇은 조각이 부착하며 육질은 단단하다. 자루는 매우 짧다. 포자의 크기는 15~21×3~4.5㎛로 방추형이며 표면은 매끈하고 투명하다. 3개의 격막이 있으나 간혹 1개도 있다. 많은 기름방울을 함유한다. 자낭은 원통-곤봉형이며 8-포자성이고 포자들은 불규칙하게 2열로 배열한다. 요오드로 염색해도 청색으로 변하지 않는다. 크기는 80~90×10~11㎛이며 측사는 실 모양으로 가늘고 길며 격막이 있다. 선단에서 많이 분지하고 꼭대기는 곤봉형으로 두꺼우며 갈색이다.

생태 연중 / 썩은 고목에 단생 또는 군생한다.

분포 한국, 유럽

참고 밀집되어 조밀하나 때때로 고르게 합쳐진다. 자낭반은 산재하고 표면에 나온 것은 컵 모양이며 표면은 밋밋하고 흑색이다. 꽃받침 모양을 형성하는데 이것들은 가는 평행의 균사(폭 2~3㎛)를 이루며 흑갈색의 세포벽을 가진다.

검은깨접시버섯

Godronia urceolus (Alb. & Schwein.) P. Karst.

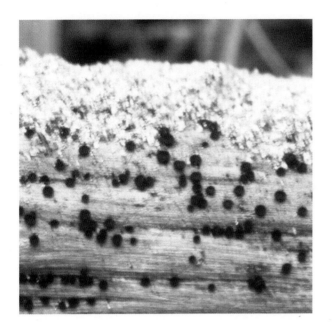 

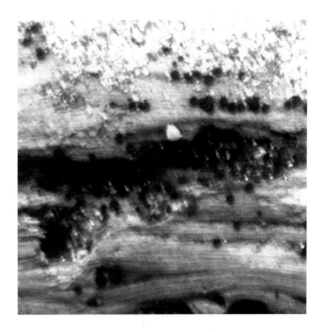

형태 자실체의 지름은 1.5~2㎜로 어릴 때는 둥글다가 술잔 모양
이 된다. 자실층은 검은색에서 올리브-갈색으로 된다. 바깥 면은
자실층과 같은 색이며 밝은 줄무늬가 세로로 있고 비듬이 있다.
가장자리는 안쪽으로 말린다. 자루는 원추형이고 검은색이다. 살
은 끈적거리고 질기다. 포자의 크기는 65~73×2~2.5㎛로 긴 실
모양이다. 표면은 매끈하고 투명하며 5~7개의 격막이 있다. 많은
기름방울을 함유한다. 자낭의 크기는 85~95×8㎛로 8-포자성이
고 자낭포자들은 평행하게 배열한다. 측사는 실처럼 가늘고 길며
포크형이다. 격막이 있으며 선단 부분은 굵다.
생태 봄 / 죽어서 떨어진 나뭇가지의 껍질에 단생·군생·속생
한다. 드문 종.
분포 한국, 유럽

흰술잔고무버섯속

Hymenoscyphus albidus (Gillet) W. Phillips

형태 자실체의 지름은 1~3mm로 어릴 때는 찻잔받침 모양이다가 볼록형에서 편평(원반) 모양 또는 방석 모양처럼 된다. 자루는 아주 짧다. 자실층은 밋밋하고 백색에서 황토-백색으로 되며 노쇠하면 갈색의 반점을 가진다. 바깥 면은 자실층과 같은 색이다. 가장자리는 완전히 성숙하면 들어 올려진다. 자루의 기부는 검은 균사로 싸여 있다. 포자의 크기는 13~18×3~5μm로 불규칙한 방추-타원형이다. 표면은 매끈하고 투명하며 1~2개의 기름방울을 함유한다. 자낭의 크기는 90×9~11μm로 8-포자성이며 자낭포자들은 불규칙한 2열로 배열한다. 측사는 실처럼 가늘고 길며 격막이 있다.

생태 여름~가을 / 쓰러진 고목의 엽병에 군생하며 때때로 고목의 검은 반점 위에 발생하기도 한다.

분포 한국, 유럽

진노란술잔고무버섯

Hymenoscyphus calyculus (Fr.) W. Phill.

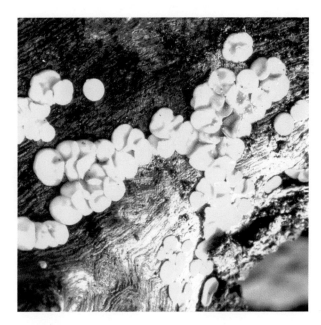

형태 자실체는 지름이 2~5mm인 매우 작은 버섯이다. 어릴 때는 접시 모양으로 가운데가 오목하지만 점차 편평하거나 원반 모양 또는 가운데가 약간 볼록하게 된다. 자실층인 위쪽 면은 밋밋하고 레몬 황색-황토 황색이며 바깥쪽 면이나 자루는 연한 색이거나 백색에 가깝다. 자루는 원주형이거나 아래쪽이 가늘며 길이는 2~6mm 정도다. 포자의 크기는 16~24×3~4μm로 방추형-낫 모양으로 약간 휘어 있다. 표면은 매끈하고 투명하며 작은 기름방울을 함유한다. 자낭의 크기는 100~115×8~10μm로 8-포자성이고 자낭포자들은 불규칙한 2열로 배열한다. 측사는 실 모양으로 격막이 있으며 굵기는 2μm이다.

생태 가을 / 너도밤나무, 참나무류의 가지나 잔가지에 군생 또는 총생한다.

분포 한국, 유럽

참고 황색황고무버섯과 비슷하지만 자실체가 크고 포자 모양이 낫 모양이며 길다.

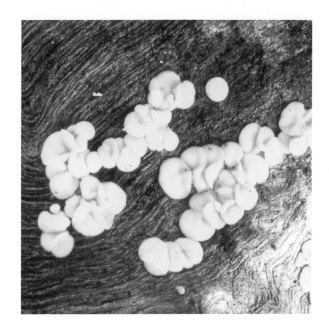

꼬리술잔고무버섯

Hymenoscyphus caudatus (P. Karst.) Dennis

형태 자낭반은 지름이 약 1㎜로 원반 모양에서 편평하게 되며 건
조된 노란색에서 백색으로 된다. 자루는 짧고 가늘며 표면은 밋
밋하다. 포자의 크기는 16~20×4.5㎛로 긴 방추형 또는 곤봉형에
표면은 매끈하고 투명하며 격막은 없다. 자낭의 크기는 95×10㎛
로 8-포자성에 원통형, 부등의 원통형 또는 곤봉형이며 자낭포자
들은 자낭에 불규칙한 2열로 배열한다. 자낭 아래쪽으로 점들이
산재한다. 멜저액으로 염색하면 포자분출구멍이 청색으로 염색
된다. 측사는 가늘고 긴 원통형이다.

생태 여름~가을 / 고목의 썩고 있는 낙엽에 군생한다.

분포 한국, 유럽

상수리술잔고무버섯

Hymenoscyphus fructigenus (Bull.) Gray

형태 자실체의 지름이 1~4mm 정도인 매우 작은 버섯으로 균모와 자루로 구분된다. 균모는 컵 모양, 접시 모양 또는 편평한 모양 등 다양하고 전체가 유백색-황토 백색 등으로 비교적 변화가 많다. 자실층 면은 밋밋하다. 자루는 원주형이며 높이가 5mm 정도에 이르러 비교적 길다. 포자의 크기는 13~19×3~4(5)μm로 불규칙한 방추형이다. 표면은 매끈하고 투명하며 2개 또는 여러 개의 격막이 있다. 자낭의 크기는 100~180×7~8μm로 8-포자성이며 자낭포자들은 1열 또는 2열로 배열한다. 측사는 원통형이고 굵기는 2μm이며 격막이 있고 가끔 포크형이다.

생태 가을 / 도토리, 개암나무 열매, 너도밤나무 열매 등에 나는 독특한 버섯으로 단생 또는 속(총)생한다.

분포 한국, 중국, 유럽

풀술잔고무버섯

Hymenoscyphus herbarum (Pers.) Dennis

형태 자실체의 지름은 2~3mm이고 어릴 때 컵 모양에서 찻잔받침 모양으로 되었다가 편평하게 되며 중앙이 약간 볼록하다. 짧은 자루에 의하여 기주에 부착한다. 자실층은 밋밋하고 노란색에서 황토색으로 된다. 바깥 면은 밝은색이고 백색의 펠트를 가진다. 포자의 크기는 13~17×2.5μm로 원통형이나 흔히 약간 휘었다. 표면은 매끈하고 투명하며 성숙하면 1개의 격막이 생긴다. 자낭의 크기는 76~87×6.5μm로 8-포자성이고 자낭포자들은 자낭 속에 2열로 배열한다. 측사는 원통형이고 드물게 격막을 가진다.
생태 여러 초본류의 썩은 줄기에 군생한다.
분포 한국 등 전 세계

불변술잔고무버섯

Hymenoscyphus immutabilis (Fuckel) Dennis

형태 자실체의 지름은 0.2~0.5㎜로 컵 모양에서 깔때기 모양으로 된다. 자실층은 백색이고 밋밋하며 바깥 면과 자루는 어두운 색이다. 분명한 자루가 있으며 길이는 0.8㎜ 정도다. 포자의 크기는 12~13×4~4.5㎛로 타원형이며 표면은 매끄럽고 투명하며 기름방울은 없다. 자낭의 크기는 78~84×7.5~8㎛로 8-포자성이며 자낭포자들은 자낭 속에서 1열로 배열한다. 측사는 실 모양으로 가늘고 길며 격막이 있다. 선단은 약간 곤봉 모양이고 균사벽이 두껍다.
생태 가을 / 활엽수 등의 고목이나 엽병에 군생한다.
분포 한국, 유럽

산술잔고무버섯

Hymenoscyphus monticola (Berk.) Baral

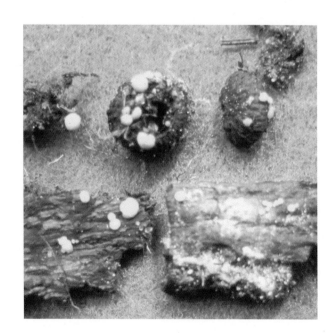

형태 자실체는 지름이 3㎜ 전후로 자낭반은 밝은 노란색의 자실층이고 가장자리와 바깥 면도 자실층과 같은 색이다. 기주에서 개개로 자라면서 서로 모여 군집을 형성한다. 자루는 없다. 포자의 크기는 15~20×4~5㎛로 방추형이고 1개의 격막이 있으며 기름방울을 함유한다. 미세한 사마귀 반점(Cottonblue로 염색해야 보인다)이 있으며 양단은 둥글다. 자낭은 8-포자성으로 요오드로 염색하면 포자분출구멍이 청색으로 물든다. 측사는 가늘고 길며 격막이 있고 기부 쪽은 포크형이며 선단은 둥글다.

생태 여름~가을 / 기주는 죽은 나뭇잎, 버드나무, 구과, 낙엽송의 썩은 나뭇가지에서 발생한다. 여기에는 참나무류, 단밤나무, 오리나무, 너도밤나무 등이 있다.

분포 한국, 유럽

이파리술잔고무버섯

Hymenoscyphus phyllophilus (Desm.) O. Kuntze

형태 자실체는 지름이 0.4*mm* 전후로 자낭반의 자실층은 백색에서 크림색으로 된다. 바깥 면과 가장자리는 백색이고 미세한 털이 있다. 자루는 짧고 강하다. 자낭반의 개개가 자라서 군집을 이룬다. 건조할 때 자실체 전체가 노란색이 된다. 포자의 크기는 12~15×1.5~4*μm*로 1개의 격막이 있다. 표면은 매끈하고 투명하며 양쪽 끝은 거의 뾰족하여 방추형이다. 자낭은 8-포자성으로 요오드용액으로 염색하면 포자분출구멍이 청색으로 변색한다. 측사는 가늘고 길며 점차 선단 쪽으로 폭이 넓다. 털은 없다.

생태 여름~가을 / 너도밤나무와 참나무류의 죽은 잎에서 군생한다.

분포 한국, 유럽

버들술잔고무버섯

Hymenoscyphus salicellus (Fr.) Dennis

형태 자실체는 지름이 2㎜ 정도로 자낭반의 자실층은 크림색의 노랑에서 황갈색으로 된다. 가장자리와 바깥 면은 자실층과 같은 색이다. 짧은 자루가 있다. 자실체는 개개로 자라서 집단을 이룬다. 포자의 크기는 23~29×5~7㎛로 방추형이고 2개의 기름방울을 함유하며 표면은 매끈하고 투명하다. 자낭은 8-포자성이고 요오드로 염색하면 청색으로 된다. 측사는 가늘고 길며 격막이 있고 선단 쪽으로 폭이 둥글어서 넓다. 털은 없다.

생태 늦여름~가을 / 버드나무의 죽은 가지와 작은 분지에서 발생한다.

분포 한국, 유럽

순백술잔고무버섯

Hymenoscyphus virgultorum (Vahll) W. Phillips

형태 자실체의 지름은 0.5~5mm로 처음에 위는 하얀 막으로 닫혀 있다가 곧 열려서 얕은 컵 모양으로 되거나 가끔 둥근 산 모양으로 된다. 자실체 위의 표면은 털이 있고 밝은 노란색에서 황금-노란색으로 되며 건조 시 황토색으로 된다. 밑은 백색에서 연한 노란색으로 된다. 자루가 있으며 자실체(컵) 지름보다 2~3배 길고 원통형이며 가끔 기부 쪽으로 털이 있다. 백색에서 노란색이다. 포자의 크기는 15~22×3~5μm로 방추형 또는 아곤봉형으로 보통 2개의 큰 기름방울을 함유하나 때로는 더 작은 기름방울을 함유한다. 자낭의 크기는 100~140×8~11μm로 곤봉형이고 격막을 가지며 자낭포자들은 부분적으로 2열로 배열한다. 8-포자성이며 멜저액에 의해서 포자분출구멍은 아미로이드 반응을 보인다. 측사는 실 모양으로 꼭대기는 약간 부풀며 지름은 3μm 정도다.

생태 봄~여름 / 죽은 침엽수, 떨어진 나뭇가지, 땅에 묻힌 고목 등에 산생·군생한다. 보통종.

분포 한국, 북아메리카

달걀노란술잔고무버섯

Hymenoscyphus vitellinis (Rehm) Kuntze

형태 자실체는 지름이 3㎜로 자낭반의 자실층은 연한 노란색이다. 바깥 면은 자실층과 같은 색이며 가장자리는 백색이다. 자루도 투명한 백색이다. 자낭반은 개개로 자라면서 서로 모여 군집을 만든다. 포자의 크기는 16~21×3~3.5㎛로 부등의 타원형에 2개의 기름방울 또는 작은 기름방울을 함유한다. 표면은 매끈하고 투명하며 한쪽 끝이 뾰족하고 다른 한쪽은 둥글다. 자낭은 8-포자성으로 요오드 반응에서 포자분출구멍이 청색으로 염색된다. 측사는 가늘고 길며 선단은 둥글다. 털은 없다.

생태 여름~가을 / 젖고 죽은 풀의 줄기에서 발생한다. 기주로는 버드나무, 침엽수, 늪지의 엉겅퀴, 조팝나무 등이다.

분포 한국, 유럽

넓은술잔고무버섯

Hymenoscyphus repandus (W. Phillips) Dennis

형태 자실체의 지름은 0.5~1mm로 찻잔 모양에서 컵 모양으로 된다. 자실층은 황토-백색이고 밋밋하며 바깥 면은 자실층과 같은 색이다. 가장자리는 백색이고 가끔 미세한 털이 있다. 자루의 길이는 0.5mm이다. 포자의 크기는 8~10.5×2~2.5μm로 불규칙한 원통형에 표면은 매끈하고 투명하며 가끔 기름방울을 함유하고 부속지는 없다. 자낭은 8-포자성으로 포자는 자낭 속에 2열로 배열하며 크기는 60×6μm이다. 측사는 원통형으로 굵기는 2.5~3μm이다. 털은 없다.

생태 봄~가을 / 젖어 있는 늪지대 식물의 썩은 줄기에서 단생 · 군생한다. 기주식물은 만병초, 버드나무, 습지엉겅퀴, 대마초 등이다.

분포 한국, 유럽

투명새물두건버섯

Neocudoniella albiceps (Peck) Korf

형태 자루가 있고 균모의 지름은 3~10mm이다. 젤라틴질의 백색으로 투명하며 회갈색 또는 갈색을 띤다. 균모는 둥근 산 모양으로 백색, 회갈색, 갈색이다. 털이 없고 고랑으로 된 주름이 있다. 가장자리는 물결형이다. 자루는 높이 1~4cm, 굵기 2~3mm로 원주상 또는 납작한 편평상이다. 자루의 폭은 위쪽으로 약간 좁고 털은 없지만 표면에 과립이 있으며 투명하다. 자실체의 바깥면은 내외의 2층으로, 외층은 제라틴질이지만 내층은 아니다. 자낭은 원통상의 곤봉형이며 선단은 약간 가늘고 둥글다. 꼭대기의 구멍(발아공)은 요오드 반응에도 물들지 않는다. 포자의 크기는 5~6×2.5~3μm로 광타원형이며 양단이 둔하다. 표면은 매끈하고 투명하다. 자낭은 8-포자성으로 크기는 55~80×5~7μm이고 자낭포자는 1열로 배열한다. 측사는 실 모양이고 선단은 약간 부푼다.

생태 여름~가을 / 썩은 고목에 밀집하여 군생한다. 아주 드문 종.

분포 한국, 일본, 북아메리카

풀잎황색압정버섯

Phaeohelotium epiphyllum (Pers.) Hengstm.
P. epiphyllum var. epiphyllum (Pers.) Hengstm.

형태 자실체는 지름이 4mm 정도로 컵 모양에서 중앙이 볼록한 형으로 된다. 자루는 매우 짧다. 자실층의 표면은 편평하게 되거나 가끔 울퉁불퉁하다. 밝은 노란색에서 오렌지색 또는 때때로 전체적으로 칙칙한 붉은색이다. 살은 부드럽고 미끄럽다. 포자의 크기는 15~20×3.5~5μm이며 방추형으로 약간 굽었고 알갱이가 있으며 흔히 2~3개의 기름방울을 함유한다. 때때로 1개의 격막이 있다. 자낭의 크기는 90~130×9~12μm이고 곤봉형이며 꼭대기의 포자분출구멍은 멜저액에 의해 아미로이드 반응을 나타낸다. 8-포자성이고 자낭포자는 윗부분은 1열로, 아랫부분은 2열로 배열한다. 측사의 굵기는 지름 2~3μm로 원통형이며 곧고 때때로 가지를 친다. 아주 드물게 선단이 두껍다.

생태 가을 / 낙엽에 집단으로 발생한다. 드물게 소나무 잎에 발생한다.

분포 한국, 북아메리카, 유럽 등 전 세계

살황색압정버섯

Phaeohelotium subcarneum (Schumach.) Dennis

형태 자실체의 크기는 1~2mm로 컵 모양에서 편평한 잔받침 모양으로 된다. 자루 없이 직접 기질에 부착한다. 자실층은 밋밋하고 연한 살색이다. 가장자리와 바깥 표면은 같은 색이다. 포자의 크기는 9~12×2.5~4μm로 타원-원통형에 표면은 매끈하고 투명하며 기름방울을 2개 혹은 여러 개 함유한다. 자낭은 8-포자성으로 포자들은 불규칙하게 1열로 배열하며 크기는 70×7μm이다. 측사는 원통형이지만 가끔 포크형도 있다.

생태 여름 / 땅 위에 있는 껍질이 벗겨진 나무 위에 단생 또는 군생한다. 흔한 종은 아니다.

분포 한국, 유럽

날개작은발버섯

Micropodia pteridina (Nyl.) Boud.

형태 자실체는 지름이 0.2mm 전후로 컵 모양이다. 자실층은 백색이고 가장자리와 바깥 면은 털이 있다. 포자의 크기는 4~6× 1~1.5μm로 소시지형 또는 부등의 타원형이다. 표면은 매끄럽고 투명하며 양쪽 끝이 둥글다. 자낭은 8-포자성이다. 측사는 가늘고 길며 끝이 둥글다. 털은 투명하고 격막이 있으며 얇은 벽이 있다. 표면은 매끈하며 원통형으로 끝은 둥글다.
생태 봄 / 죽은 나뭇가지나 양치식물인 고사리류의 죽은 줄기에 발생한다. 보통종.
분포 한국, 유럽

큰포자갈색잔버섯

Tatraea macrospora (Peck) Baral
Ciboria peckiana (Cooke) Korf

형태 자실체는 지름 0.5~1.5*cm*, 높이 1.5*cm*로 볼록형이지만 가운데가 들어간 것이 흔하다. 건조하면 찻잔받침 모양으로 된다. 가장자리는 성숙해도 위로 올라가지 않는다. 자실체 표면의 자실층은 오백색 또는 회색이나 건조하면 갈색으로 된다. 자실체 아랫면은 미세한 비듬이 분포하며 자실층 표면의 색과 같다. 자루는 짧지만 차차 길어지며 표면은 밋밋하거나 미세한 비듬이 있으며 기부는 좁고 약간 비틀린다. 포자의 크기는 22~34×6~8*μm*로 좁은 직사각-방추형에 전형적으로 한쪽이 납작하다. 포자 양 끝에 반점이 있고 가끔 큰 4~8개의 기름방울을 함유하며 기름방울 사이에 격막이 있고 자낭포자는 1열로 배열하나 가끔 꼭대기 끝에서는 겹쳐서 2열로 배열하기도 한다. 자낭의 크기는 155~185×11~16*μm*으로 원통형이다. 측사는 굵기 2~3*μm*로 분지하지 않으며 투명하다. 선단은 부풀지 않는다.
생태 여름 / 쓰러진 고목에서 군생한다.
분포 한국, 유럽

적올리브털버섯

Velutaria rufo-olivacea (Alb. & Schwein.) Fuckel
Lachnella rufo-olivacea (Alb. & Schwein.) W. Phillips

형태 자실체는 지름이 0.1~0.3cm로 찻잔 모양 또는 컵 모양이며 가장자리는 안으로 말린다. 표면은 흑청색이다. 자실체는 털이 빽빽하게 덮여 있고 녹슨 갈색의 가루가 밀가루처럼 덮인다. 포자의 크기는 12~15×6~8μm로 타원형이며 1~2개의 기름방울을 함유한다. 자낭의 크기는 120~160×10~15μm로 멜저액으로 염색하면 포자분출구멍이 아미로이드 반응인 흑색으로 염색된다.

생태 여름 / 침엽수림의 고목에 군생한다.

분포 한국, 유럽, 북아메리카

녹청접시버섯

Chlorencoelia versiformis (Pers.) Dixon
Chlorosplenium versiforme (Pers.) P. Karst

형태 자실체의 지름은 0.7~1cm로 매우 작은 버섯이다. 가운데가 오목하고 가장자리는 약간 바깥쪽으로 굴곡한 접시 모양이나 물결 모양이 되기도 한다. 신선할 때는 올리브-녹색, 올리브-황색 또는 올리브-갈색이며 마르면 갈색-흑색이 된다. 자루는 짧은데 높이는 0.1~0.3cm이다. 포자의 크기는 11~16×2.5~3.5μm로 원주형이나 간혹 휘어 있는 것도 있어서 소시지형을 나타낸다. 표면은 매끈하고 투명하며 2개의 기름방울을 함유한다. 자낭은 8-포자성이고 포자들은 2열로 배열하며 크기는 80~100×7μm이다. 측사는 원통형이며 두께는 2μm이다.

생태 여름~가을 / 썩은 고목에 난다. 청색의 효소를 분비하여 기질을 청록색으로 물들인다.

분포 한국, 일본, 유럽, 북아메리카

두건황토머리버섯

Heyderia cucullata (Batsch) Bacyk & Van Vooren
H. abietis var. pusilla (Alb. & Schwein.) T. Ulvinen

형태 자실체는 높이가 20~30㎜이며 머리와 자루로 구분한다. 두부는 지름이 3㎜ 정도로 헬멧 모양에서 원통형으로 자실체의 1/5~1/4 정도까지 발달하고 표면은 황갈색에서 황토-갈색으로 밋밋하다. 자루는 굵기가 1㎜ 정도며 두부와 같은 색이다. 기부는 약간 검고 원통형이며 밋밋하다. 미세한 서릿발 모양의 털이 있다. 포자의 크기는 11~15×1.5~2.5㎛로 원통-방추형에 표면은 매끈하고 격막이 없으며 투명하고 여러 개의 기름방울이 있다. 자낭의 크기는 70~75×7㎛로 막대 모양이고 측사는 실 모양이며 꼭대기는 약간 둥근형이다.
생태 가을 / 쓰러진 침엽수의 고목에 단생 혹은 군생한다. 드문 종.
분포 한국(백두산), 중국, 유럽

105

털백종지버섯

Albotricha acutipila (P. Karst.) Raitv.
Dasyscyphus acutipilus (P. Kart.) Sacc.

형태 자실체는 지름이 0.5~1㎜인 매우 작은 버섯이다. 자실체는 종지 모양 또는 컵 모양에서 차차 편평해진다. 표면의 자실층은 황토-백색이고 밋밋하다. 가장자리와 바깥 면은 흰색의 거친 밀모가 두껍게 밀생되어 있다. 자루는 매우 짧고 흔히 아래쪽이 가늘다. 포자의 크기는 7.5~10×1.5㎛로 방추형이며 표면은 매끄럽고 투명하다. 자낭의 크기는 42×4㎛로 곤봉 모양이며 8-포자성이다. 자낭포자는 자낭에 2열로 배열한다. 측사는 가늘고 긴 란세트형으로 선단이 뾰족하다. 측사의 길이가 자낭보다 길어서 자낭 위로 솟아오른다.

생태 여름 / 갈대 등 화본과식물의 죽은 줄기에 속생한다.

분포 한국, 유럽

106

황토잔받침버섯

Calycellina ochracea (Grélet & Croz.) Dennis

형태 자실체는 지름이 0.5*mm*로 자낭반의 자실층은 노란색이다. 바깥 면과 가장자리는 연한 백색의 털이 있다. 개개가 자라서 군집을 이루고 기주 쪽으로 가늘어진다. 포자의 크기는 16.5~22× 3.5~5*μm*로 원주형이고 2~3개의 격막이 있으며 격막마다 응축한다. 표면은 매끈하고 투명하며 양쪽 끝이 둥글다. 자낭은 8-포자성이며 요오드 반응에 의해 포자분출구멍이 청색으로 물든다. 측사는 꽤 가늘고 길며 격막이 있다. 가끔 기부는 포크형이고 선단은 둥글다. 털은 투명하며 벽은 얇고 매끈하다. 기부는 부풀고 선단은 가늘고 둥글다. 길이는 30~50*μm*이다.
생태 겨울~봄 / 낙엽송의 젖고 썩은 고목에서 발생한다. 기주식물은 자작나무, 단풍나무, 담쟁이덩굴 등이다.
분포 한국, 유럽

무리잔받침버섯

Calycellina populina (Fuckel) Höhn.

형태 자실체는 지름 1㎜ 전후로 자낭반의 자실층은 아이보리-백색이다. 가장자리는 톱니상이며 바깥 면은 자실층과 같은 색이다. 자루는 없고 포자의 크기는 10~14×2.5~3㎛이며 원주형에 표면은 매끈하고 투명하다. 기름방울을 함유하고 양쪽 끝이 둥글다. 자낭은 8-포자성이다. 측사는 가늘고 길며 격막이 있고 선단은 둥글다. 털은 없다.

생태 가을~봄 / 낙엽송의 젖고 죽은 나뭇잎에서 군생한다. 기주는 참나무류, 단풍나무, 흑딸기나무의 죽은 잎 등이다.

분포 한국, 유럽

잔받침버섯

Calycellina punctata (Fr.) Lowen & Dumont
C. punctiformis (Grev.) Höhn.

형태 자실체의 지름이 0.5~1㎜인 극소형 버섯으로 부정형의 볍씨 모양이고 연한 황색-난황색이나 때로는 오렌지색의 반점이 있다. 자실층 면은 밋밋하다. 바깥 면은 약간 연한 색이거나 백색이고 가장자리 끝은 미세한 털이 있다. 자루가 없으며 직접 기주에 부착한다. 포자의 크기는 10.5~17×2~2.5㎛로 방추형이며 표면은 매끈하고 투명하다. 포자는 간혹 굽어 있고 양쪽 끝에 기름방울이 있으며 격막은 없다. 자낭의 크기는 48~57×5.5~6.5㎛로 원통형이다. 측사는 실 모양으로 가늘고 격막이 있으며 굵기는 2~3㎛이다.

생태 여름~가을 / 습지에 있는 참나무류 잎의 엽맥에 단생 또는 군생한다.

분포 한국, 유럽

노랑컵받침버섯

Calycina claroflava (Grev.) Kuntze
Bisporella claroflava (Grev.) Lizoň & Korf

형태 자실체의 지름이 1~3㎜인 매우 작은 버섯으로 쟁반 모양, 단추 모양, 찐빵 모양 등 다양하다. 표면(자실층)은 매끄럽고 레몬색 혹은 난황색이다. 자루는 짧거나 없는 경우도 있다. 포자의 크기는 8~12×3~3.6㎛로 타원형이며 표면은 매끈하고 투명하다. 2개의 기름방울이 들어 있으며 성숙하면 1개의 격막이 생긴다.
생태 여름~가을 / 각종 활엽수의 껍질이 벗겨진 부후목이나 죽은 가지에 군생 또는 속생한다. 흔히 떨어진 가지 전체에 발생한다.
분포 한국, 일본, 유럽

원추물통종지버섯

Cistella acuum (Alb. & Schwein.) Svrček
Dasyscyphus acuum (Alb. & Schwein.) Sacc.

형태 자실체의 지름은 0.5~1㎜ 정도로 잔받침 모양에서 컵 모양으로 되며 짧은 자루가 있다. 자실층은 황토-백색이고 바깥의 표면과 가장자리는 두꺼운 백색 털이 밀집되어 있다. 포자의 크기는 7.5~10×1.5㎛로 방추형이며 표면이 매끈하고 투명하다. 자낭은 8-포자성으로 포자들은 2열로 배열하며 크기는 42×4㎛이다. 측사의 길이는 자낭의 길이보다 길어서 자낭 위로 솟으며 원통형에 실처럼 가늘고 길다. 선단 쪽으로는 포크형이다.

생태 연중 / 죽은 나뭇가지 또는 콩꼬투리버섯류(Sphaeriales) 위에 군생한다. 보통종.

분포 한국, 유럽

흰솜털종지버섯

Dasyscyphella nivea (R. Hedw.) Raitv.
Dasyscyphus niveus (R. Hedw.) Sacc.

형태 자실체의 지름은 0.5~2mm로 어릴 때 컵 모양에서 차차 펴져서 얕은 접시 모양이 된다. 자루가 길다. 자실층은 백색에서 크림색으로 되며 밋밋하다. 바깥 면과 가장자리는 백색으로 백색털이 두껍게 덮여 있다. 습기가 있는 곳에서 가장자리는 흔히 무색의 기름방울이 맺힌다. 포자의 크기는 7.5~8×2μm로 방추형에서 방추-곤봉형으로 되며 표면은 매끈하고 투명하며 기름방울을 함유하고 격막이 없다. 자낭의 크기는 45~60×4~5μm로 8-포자성이고 자낭포자는 불규칙하게 2열로 배열한다. 측사는 실 모양이고 격막이 있으며 굵기는 1~1.5μm이다. 자낭 위로 돌출하지 않는다.

생태 연중 / 쓰러진 참나무류의 젖고 썩은 곳에 군생 혹은 속생한다. 드물게 움푹 파인 곳과 땅에 묻힌 나무에서 발생한다.

분포 한국, 유럽 등 전 세계

새싹대종지버섯

Gemmina gemmarum (Boud.) Raitv.
Pezizella gemmarum (Boud.) Dennis

형태 자실체의 지름은 0.3~0.8mm로 어릴 때 컵 모양에서 찻잔받침 모양으로 되었다가 점차 얕은 접시 모양이 된다. 자루의 길이는 1mm 정도로 미세한 털이 있으며 기주에 부착한다. 자실층은 밋밋하고 회백색이다. 가장자리는 밝은색, 바깥 면은 백색이며 가장자리와 바깥 면은 자루와 마찬가지로 미세한 털이 있다. 포자의 크기는 5~7×2~2.2μm로 타원형에서 방추-곤봉형으로 된다. 표면은 매끈하고 투명하며 때때로 작은 기름방울을 양 끝에 가진다. 자낭의 크기는 35~40×5μm로 8-포자성이고 자낭포자들은 2열로 배열한다. 측사는 드물고 원통형이며 격막은 없다.
생태 봄 / 쓰러진 고목 또는 낙엽 아래에 단생 혹은 군생하며 집단으로 발생한다.
분포 한국, 유럽

113

투명주발버섯

Hyalopeziza alni E. Müll.

형태 자실체의 지름은 0.3~0.8mm로 커피잔받침 모양이다. 짧은 자루가 있어 기주에 부착한다. 자실층은 흑갈색이다. 바깥 표면과 가장자리는 두꺼운 긴 백색의 솜털을 가지며 이들은 건조 기간에 자실층을 덮는다. 포자의 크기는 8~12×1.5~2.5μm로 방추-곤봉형이며 표면은 매끈하고 투명하며 가끔 1개의 격막이 있다. 자낭의 크기는 40~50×5~6μm로 8-포자성이고 자낭포자는 2열로 배열한다. 측사는 실 모양이고 격막이 있으며 기부는 포크형이다. 털은 둥근형으로 투명하고 두꺼운 벽을 가지며 1~3개의 얇은 격막이 있고 선단(끝)은 얇은 격벽이다.

생태 봄~여름 / 썩은 고목에 발생한다.

분포 한국, 북아메리카

흰투명컵버섯

Hyaloscypha albohyalina (P. Karst.) Boud.

형태 자실체의 지름은 0.2~0.5mm로 어릴 때는 잔받침 모양이다가 컵 모양으로 된다. 전체가 백색으로 투명하고 컵 모양이다. 자루가 없다. 자실층은 밋밋하고 백색이며 투명하다. 바깥 면과 가장자리는 백색이고 미세한 카펫과 같은 백색의 털이 있다. 포자의 크기는 6~10×2~2.5μm로 타원형이며 표면은 매끈하고 가끔 작은 기름방울을 함유한다. 자낭은 8-포자성으로 자낭포자는 2열로 배열하고 크기는 45×6μm이다. 측사는 선단 쪽으로 두꺼운 곤봉형이고 드물게 격막이 있으며 가끔 포크형이기도 하다.
생태 봄 / 떨어진 썩은 나뭇가지에 군생 또는 속생한다.
분포 한국, 북아메리카

투명컵버섯

Hyaloscypha hyalina (Pers.) Boud.

형태 자실체의 지름은 0.2~0.5㎜로 어릴 때 잔받침 모양이다가 컵 모양으로 된다. 자루 없이 직접 기주에 부착한다. 자실층은 밋밋하고 회백색으로 투명하다. 바깥 면과 가장자리는 백색으로 미세한 카펫의 털 같다. 가끔은 자실체 전체가 황토색이다. 포자의 크기는 6~10×2~2.5㎛로 타원형이고 표면은 매끈하며 가끔 작은 기름방울을 함유한다. 자낭의 크기는 45×6㎛로 8-포자성이고 자낭포자는 2열로 배열한다. 측사는 선단 쪽으로 두꺼운 곤봉형이고 드물게 격막이 있으며 가끔 포크형인 것도 있다.

생태 봄 / 떨어진 썩은 나뭇가지에 군생 · 속생한다.

분포 한국, 북아메리카

흰원추투명컵버섯

Hyaloscypha leuconica (Cooke ex stev.) Nannf.

형태 자실체의 지름은 0.3mm로 컵 모양에서 잔받침 모양으로 되며 짧은 자루로 기주에 부착한다. 자실층은 백색이고 바깥 면과 가장자리는 두꺼우며 백색이고 황토색의 털을 가진다. 포자의 크기는 6~8×1.8~2.2μm로 방추형에 표면은 매끈하고 투명하며 2개의 작은 기름방울을 함유한다. 자낭의 크기는 40~50×5μm로 8-포자성이고 자낭포자들은 2열로 배열한다. 측사는 실처럼 가늘고 길며 격막이 있다.

생태 봄 / 껍질이 없는 썩은 소나무 등에 군생한다.

분포 한국, 유럽

마른털종지버섯

Lachnellula arida (Fr.) Dennis

형태 자실체의 지름은 3~5㎜로 컵 모양에서 얇은 접시 모양이 되지만 노후하면 약간 방석처럼 된다. 짧은 자루로 기주에 부착한다. 자실층은 밋밋하고 연한 색에서 황금색으로 되며 바깥 면과 가장자리는 두껍게 되는데 갈색 털을 가진다. 포자의 크기는 6.5~8.5×3.5~4.5㎛로 타원형이며 표면은 매끈하고 투명하다. 가끔 1개의 기름방울을 가진 것도 있다. 자낭의 크기는 55~60×7.5~8㎛로 곤봉형이며 8-포자성이고 자낭포자들은 1열로 배열한다. 측사는 원통형이고 선단은 두꺼운 곤봉형이다.

생태 여름 / 죽은 나뭇가지에 군생한다.

분포 한국, 유럽

컵털종지버섯

Lachnellula calyciformis (Fr.) Dharne

형태 자실체의 지름은 1.5~3mm로 컵 모양에서 차차 편평해져 찻잔받침 모양이 된다. 짧은 자루로 껍질에 부착한다. 자실층의 표면은 밋밋하고 노란색에서 오렌지-노란색이 된다. 바깥 표면과 가장자리는 두껍고 백색의 털을 가진다. 포자의 크기는 4.5~7×2.5~3㎛로 난형이며 표면은 매끈하고 투명하다. 자낭의 크기는 45~55×4.5~5㎛로 포자는 무질서하게 배열한다. 측사는 실 모양으로 가늘고 길며 격막이 있다.
생태 여름~가을 / 떨어진 나뭇가지에 단생 · 군생 · 속생한다.
분포 한국(백두산), 중국

황록털종지버섯

Lachnellula flavovirens (Bres.) Dennis

형태 자실체의 지름은 1.5~3mm로 컵 모양에서 차차 편평한 모양이 되며 짧은 자루로 기질에 부착한다. 자실층은 밋밋하고 오렌지-노란색이다. 바깥 면과 두꺼운 가장자리는 똑같이 적갈색의 털로 덮여 있다. 포자의 크기는 10~13×3.5~5.5μm로 타원형에 표면이 매끄럽고 가끔 분명치 않은 기름방울을 함유한다. 자낭은 8-포자성으로 포자들은 1열로 들어 있다. 측사는 원통형이다. 털은 밝은 갈색이고 두꺼운 세포벽을 가지며 속이 비어 있다. 분명치 않은 격막이 있다. 선단은 둥글고 크기는 300×4~5μm이다.
생태 여름 / 노간주나무의 떨어진 가지, 관목류와 소나무 등에 군생한다. 드문 종.
분포 한국, 유럽

암적색털종지버섯

Lachnellula fuscosanguinea (Rehm) Dennis

형태 자실체의 지름은 1~5mm로 크기가 아주 작은 버섯이다. 자실체는 어릴 때 컵 모양이나 불규칙한 편평한 접시 모양으로 된다. 자루는 없거나 매우 짧다. 표면의 자실층은 밋밋하고 난황-적색이었다가 황색으로 된다. 가장자리의 아랫면에는 녹슨 갈색의 털이 빽빽이 나 있다. 가장자리는 불규칙하게 굴곡되어 있다. 포자의 크기는 11~15×4~5μm로 방추상의 원통형이며 표면은 매끈하고 투명하다. 간혹 1개의 격막이 있다. 자낭의 크기는 70~80×9~10μm로 8-포자성이고 자낭포자들은 2열로 배열한다. 측사는 실처럼 가늘고 격막은 드물게 있다.

생태 여름 / 나무에 붙어 있거나 땅에 떨어진 소나무 등의 껍질에 난다.

분포 한국, 유럽

가루털종지버섯

Lachnellula pseudofarinacea (P. Crouan & H. Crouan) Dennis
Trichoscyphella pseudofarinacea (P. Crouan & H. Crouan) Dennis

형태 자실체의 지름이 3㎜ 정도로 아주 작은 버섯이다. 자실체는 접시 모양이며 위쪽 표면(자실층)은 오목하고 밋밋하며 진한 황색-오렌지색이다. 가장자리와 바깥 면, 자루는 연한 황백색의 털이 밀생한다. 매우 짧은 자루를 가지고 있다. 포자의 크기는 70~80×1.5μm이며 긴 솔잎 모양(침 모양)에 매우 길어서 다른 버섯과 크기에서 차이가 있다. 유사한 다른 버섯들과 혼동되기 쉬우나 소나무 가지에 나는 특성이 있다.

생태 봄~가을 / 소나무 가지에 군생한다.

분포 한국, 유럽

가는털종지버섯

Lachnellula subtilissima (Cooke) Dennis

형태 자실체의 지름이 1~5mm인 매우 작은 버섯으로 어릴 때 술잔 모양이나 곧 불규칙한 컵-접시 모양이 된다. 뚜렷한 자루가 있다. 표면의 자실층은 밋밋하거나 결절 또는 굴곡된 모양이고 황색-오렌지색이다. 가장자리와 하면은 밝은색이며 백색의 털이 펠트 모양으로 덮여 있다. 가장자리는 다소 굴곡되어 있다. 자루는 짧다. 포자의 크기는 5~7×1.8~2μm로 원주-방추형이며 표면은 매끈하고 투명하다. 자낭의 크기는 45~50×4~5μm로 8-포자성이고 자낭포자들은 자낭 속에 불규칙하게 2열로 배열한다. 측사는 실 모양으로 격막이 있고 자낭보다 위로 돌출하지 않는다. 기부는 가끔 포크형이다.
생태 봄~가을 / 전나무, 가문비나무 등 침엽수의 죽은 가지의 껍질에 군생한다.
분포 한국, 유럽

노랑털종지버섯

Lachnellula suecica (de Bary ex Fuckel) Nannf.

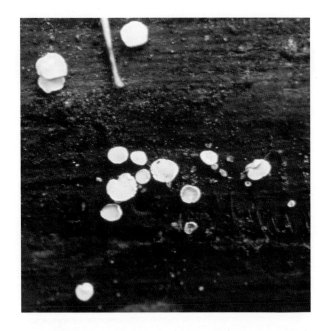

형태 자실체의 지름은 1~4mm로 컵 모양인 것은 불규칙하게 일그러지고 접시받침 모양의 것은 거의 편평하게 된다. 자실층은 밋밋하고 달걀의 노른자 같은 노란색이며 외면과 가장자리는 백색의 털로 펠트상이다. 가장자리는 흔히 갈라지거나 홈이 파진 모양이며 건조하면 강하게 아래로 말린다. 자루는 짧다. 포자의 지름은 4.5~5㎛로 구형이며 표면은 매끈하고 투명하다. 가끔 기름방울을 함유한다. 자낭의 크기는 70×7~8㎛로 8-포자성이며 포자는 1열로 배열한다. 측사는 실처럼 가늘고 포크 모양이다.

생태 여름~가을 / 고목에 단생 · 군생한다.

분포 한국(백두산), 중국

황색털종지버섯

Lachnellula willkommii (R. Hartig) Dennis

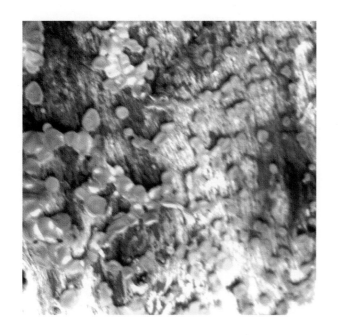

형태 자실체의 지름은 1~3(5)*mm*로 어릴 때 잔받침 모양에서 컵모양이 되며 짧은 자루가 있다. 자실층은 밋밋하고 달걀노른자색에서 오렌지색이 된다. 바깥 표면과 가장자리는 백색 털로 되어 있고 건조하면 강하게 안으로 말린다. 포자의 크기는 18~20×7~8μm로 타원상의 방추형이며 표면은 매끄럽고 투명하다. 자낭은 8-포자성으로 포자들은 1열로 들어서 있으며 투명하다. 크기는 120×10~11μm이다. 측사는 실처럼 가늘고 길며 격막이 있고 자낭보다 길어서 자낭 위로 솟는다. 털은 투명하고 얇은 격벽이 많이 있으며 미세한 껍질로 덮여 있다. 끝이 뭉툭하다.
생태 봄~겨울 / 고목의 분지된 곳에 부착하거나 나무의 옹이가 있는 곳에 군생한다.
분포 한국, 유럽

흰컵털종지버섯

Lachnellula calycina (Schumach.) Sacc.

형태 자실체는 지름이 0.8㎜ 정도로 자낭반의 자실층은 노란 오렌지색 또는 밝은 노란색이다. 가장자리와 바깥 면은 밀생한 백색의 털로 피복되어 있다. 자실체는 자루가 있다. 포자는 지름 1.85~2.5㎛의 작은 구형이며 표면은 매끈하고 투명하다. 자낭은 8-포자성이며 요오드용액으로 염색해도 색은 변하지 않는다. 측사는 좁은 핀셋형이고 길이는 자낭과 비슷하다. 털은 투명하고 얇은 벽으로 끝은 둥글고 약간 부풀며 크기는 100~140㎛이다.
생태 가을~봄 / 구과식물, 낙엽송의 썩은 고목에 군생한다.
분포 한국, 유럽

126

둥지거친털버섯

Lasiobelonium nidulum (J.C. Schmidt & Kunze) Spooner
Lachnum nidulus (J.C. Schmidt & Kunze) Quél. / Dasyscyphus nidulus (Schmidt & Kunze) Mass.

형태 자실체의 지름은 0.5~1㎜로 어릴 때 (손잡이가 있는) 술잔 모양에서 컵 모양을 거쳐 찻잔받침 또는 접시 모양이 된다. 자루 없이 기주에 부착한다. 자실층은 백색에서 회색-황토색이며 밋 밋하다. 바깥 면과 가장자리는 빳빳한 적갈색의 털들이 나 있다. 포자의 크기는 7~9.5×1.5㎛로 원통형에서 방추형이며 표면은 매끈하고 투명하다. 자낭의 크기는 40~50×4~5㎛로 8-포자성 이며 자낭포자들은 2열로 배열한다. 측사는 란셋형이고 자낭보 다 길어서 위로 솟는다.

생태 봄~여름 / 죽은 나무줄기, 풀 등에 군생 · 단생하지만 크게 발생하여 큰 집단을 이룬다.

분포 한국, 유럽 등 전 세계

황금새종지버섯

Neodasyscypha cerina (Pers.) Spoon.
Dasyscyphus cerinus (Pers.) Fuckel

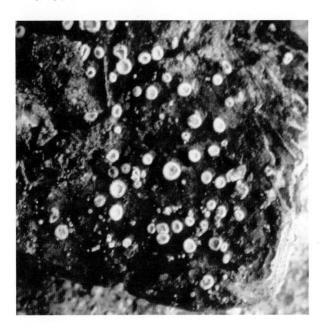

형태 자실체의 지름이 0.1~1㎜인 아주 작은 버섯으로 어릴 때 구형에 윗면이 닫혀 있으나 자라면서 컵 모양이 되고 가장자리 는 안쪽으로 말린다. 때때로 가장자리가 불규칙하게 찌그러진 모 양이 되기도 한다. 자실층은 밋밋하고 금빛 황색-황갈색이고 바 깥 면은 황갈색의 밀모가 밀생해 있다. 자루 없이 기주에 부착한 다. 포자의 크기는 4~4.5×2~2.5㎛로 타원형에 표면은 매끈하고 투명하며 격막은 없다. 자낭의 크기는 45~55×5~6㎛로 8-포자 성이며 자낭포자들은 불규칙하게 2열로 배열한다. 측사는 실처 럼 가늘고 길며 자낭보다 길어서 위로 솟는다.

생태 봄~가을 / 껍질이 벗겨진 활엽수의 목재에 군생 또는 속생 한다.

분포 한국, 유럽

담낭털찻잔버섯

Perrotia gallica (P. Karst. & Har.) Spooner
Lachnellula gallica (P. Karst. & Har.) Dennis

형태 자실체는 중앙이 얕은 컵 모양이다. 처음에 컵 같은 둥근 모양에서 곧 편평하게 퍼진다. 위쪽 표면은 밋밋하고 밝은 오렌지-노란색에서 노란색이 된다. 바깥 표면과 가장자리는 조밀하고 유연한 백색 털로 덮여 있다. 자루의 바탕색은 백색이다. 포자의 크기는 8~18×5~6.6μm로 광타원형이고 표면은 매끈하다가 사마귀점으로 된다. 자낭의 크기는 60~95×3~4μm로 원통형 또는 아원통형으로 8-포자성이다. 자낭포자들은 1열 또는 2열로 배열하며 투명하다. 측사는 실처럼 가늘고 길며 선단은 곤봉 모양이다.

생태 여름~가을 / 썩은 참나무과식물의 껍질에 집단으로 발생한다.

분포 한국, 유럽, 북아메리카

민털주발버섯

Pezizella alniella (Nyl.) Dennis

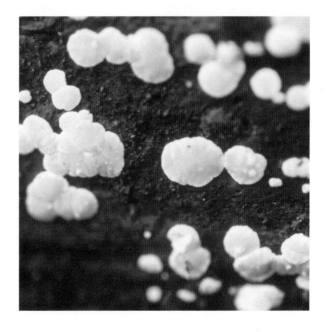

형태 자실체의 지름은 0.3~0.7mm로 아주 작은 버섯이다. 어릴 때 팽이 모양에서 원반-약간 둥근 산 모양으로 된다. 거의 자루 없이 기주에 직접 붙지만 매우 짧은 자루가 있는 것도 있다. 표면의 자실층은 크림-연한 황색이고 밋밋하거나 미세한 가루상이다. 가장자리는 불규칙하게 약간 파인 모양이며 아랫면은 자실층과 같은 색에 미세한 가루상이다. 포자의 크기는 9~11×2.5~3μm로 방추형에 표면은 매끈하고 투명하며 간혹 2개의 기름방울이 있다. 자낭의 크기는 56~61×5.5μm로 8-포자성이고 자낭포자들은 불규칙하게 2열로 배열한다. 측사는 원통형이며 격막이 있고 선단은 약간 곤봉형으로 굵기는 3μm이다.

생태 봄~가을 / 땅에 떨어진 오리나무 등의 종자, 썩은 활엽수 가지 등에 군생한다.

분포 한국, 유럽

자작나무털주발버섯

Pezizella fagi (Japp) Matheis

형태 자실체는 지름이 1.2㎜ 전후로 자낭반의 자실층은 순수한 백색, 가장자리와 바깥 면도 백색이다. 자루는 가늘고 길며 길이는 10㎜에 이른다. 포자의 크기는 6~10×2~3㎛로 표면은 매끈하고 투명하며 양단이 둥글다. 자낭은 8-포자성이며 요오드용액으로 염색하면 포자분출구멍이 청색으로 물든다. 측사는 가늘고 길며 끝은 둥글다. 털은 없다.

생태 늦봄 / 너도밤나무, 자작나무 등의 젖은 껍질에 발생한다. 흔히 나무가 죽어 썩은 쓰레기더미 속이나 습기가 많은 곳 등에 군생한다.

분포 한국, 유럽

열매다발버섯

Polydesmia fructicola Korf

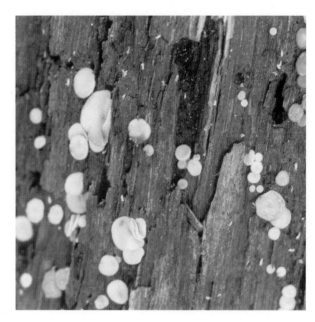

형태 자실체는 지름이 1.2*mm*로 자낭반의 자실층은 백색이며 가루상이다. 바깥 면은 비듬상으로 회백색이다. 가장자리는 백색이고 자실층의 표면 위로 펴진다. 자루 없이 기주에 부착한다. 포자의 크기는 7.5~12.5×2.5*μm*이며 소시지형이고 희미한 1개의 격막이 있다. 표면은 매끈하고 투명하며 양 끝이 둥글다. 자낭은 8-포자성으로 요오드 반응에서 청색으로 변색한다. 측사는 상당히 가늘고 길며 선단은 둥글고 분지한다. 털은 없다.
생태 가을 / 썩은 고목 또는 바싹 마른 도토리와 소나무의 솔방울 위에서 집단으로 발생한다. 아주 드문 종.
분포 한국, 유럽

가루다발버섯

Polydesmia pruinosa (Berk. & Broome) Boud.

형태 자실체는 지름이 0.5mm이고 전체가 백색이다. 자낭반은 백색이고 자실층은 가루상, 바깥 면은 비듬상이다. 백색의 가장자리는 자실층의 표면 위로 올라온다. 자루는 없다. 포자의 크기는 14~21×4~4.5μm로 소시지형에 3개의 격막이 있고 싱싱할 때 많은 기름방울을 함유하며 건조한 자실체에서는 4개의 기름방울이 있다. 표면은 매끈하고 투명하며 양 끝이 거의 뾰족한 상태에서 둥글게 된다. 자낭은 8-포자성이며 요오드 반응에 의해 청색이 된다. 측사는 가늘고 길며 선단은 둥글고 분지한다. 털은 없다.

생태 연중 / 기주는 떨어진 나뭇가지나 죽은 핵균강(Pyreno-mycetes), 특히 검뎅이침버섯류(Diatrype), 사마귀검뎅이침버섯(Diatyrypella), 민팥버섯(Biscogniauxia), 팥버섯(Hypoxylon) 등의 자낭반에 발생한다. 보통종.

분포 한국, 유럽

132

황색유리버섯

Phialina flaveola (Cooke) Raitv.

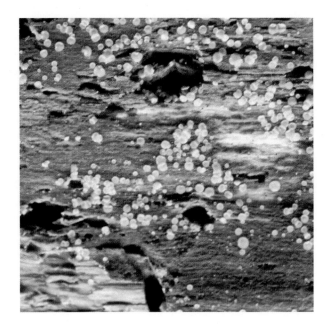

형태 자실체는 지름이 0.3㎜로 잔받침 모양이다. 자낭반의 자실층은 노란 레몬색이고 외부 표면은 자실층과 같은 색이다. 짧은 자루가 있고 가장자리 주위에 미세한 털이 있다. 자실체 개개가 자라서 군생을 이루며 때때로 밀집된 집단이 된다. 포자의 크기는 10~15×1.75~3㎛로 표면은 매끈하고 투명하며 양 끝이 거의 뾰족하여 방추형에 가깝다. 4-포자성으로 요오드 반응에 의하여 포자분출구멍이 청색으로 변한다. 측사는 가늘고 길며 끝이 둥글다. 털은 투명하고 벽은 얇고 매끈하다. 기부는 부풀고 끝 쪽으로 가늘며 길이는 일반적으로 20~35㎛이다.

생태 여름 / 양치식물인 고사리 등이 썩은 아래의 고목에 군생한다. 보통종.

분포 한국, 유럽

133

황금파란털버섯

Psilachnum chrysostigmum (Fr.) Raitv.
Helotium versicolor (Quél.) Boud. / Pezizella chrysostigma (Fr.) Sacc.

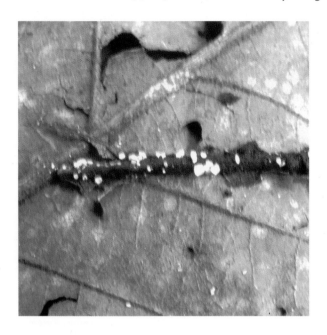
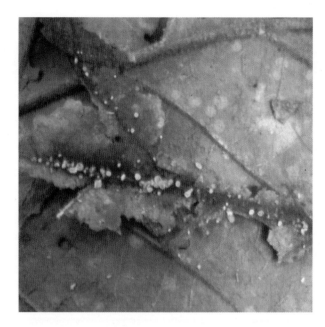

형태 자실체의 지름은 0.1~0.5㎜로 컵 모양 또는 찻잔받침 모양
이다. 자루는 없거나 매우 짧고 기주에 부착한다. 자실층은 미세
한 털이 있고 백색이다. 가장자리와 바깥 면은 백색이다. 포자의
크기는 5~6×1~1.4㎛로 곤봉 모양 또는 물방울 모양이다. 표면
은 매끈하고 투명하며 기름방울은 없다. 자낭의 크기는 28~38×
4~5㎛로 8-포자성이며 자낭포자는 2열로 자낭 속에 배열한다.
측사는 두께가 1.5㎛이고 곤봉 모양이다.

생태 여름~가을 / 땅에 쓰러져 죽은 습기가 있는 고목에 군생
한다. 또는 낙엽에 난다.

분포 한국, 유럽

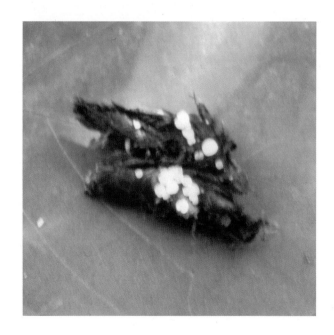

황금파란털버섯(다색형)

Helotium versicolor (Quél.) Boud.

형태 자실체의 지름은 0.4~0.8mm로 매우 작은 버섯이다. 자실체는 컵-접시 모양으로 짧은 자루가 기주에 붙어 있다. 표면의 자실층은 매끄럽지 못하며 유백색-크림색이다. 자실체를 바늘 끝 등으로 건드리면 전체가 몇 초 내에 유황-황색으로 변했다가 다시 오렌지색으로 변한다. 자실체의 아랫면은 자실층과 같은 색으로 미세한 털이 있다. 가장자리는 때때로 물결 모양이고 굴곡이 지며 약간 위로 들린다. 자루는 짧고 기질에 붙어 있다. 포자의 크기는 5~6×1.5~2μm로 타원형에 표면은 매끈하고 투명하며 2개의 기름방울이 있다. 자낭의 크기는 40×4~5μm로 8-포자성이며 자낭포자들은 2열로 배열한다. 측사는 원통형 또는 약간 곤봉형으로 굵기는 2.5μm이다.

생태 봄 / 고목이나 고사리류의 썩은 줄기에 난다.

분포 한국, 유럽

135

귀화파란털버섯

Psilachnum inquilinum (P. Karst.) Dennis

형태 자실체의 지름이 1.25mm 정도로 자낭반의 자실층은 백색에서 크림-노란색이 되며 가장자리와 바깥 면은 백색의 털로 피복된다. 자실체는 짧은 자루가 있으며 개별적으로 자라 군집이 된다. 포자의 크기는 6~9×1.5~2㎛로 원주형이며 양 끝에 2개의 기름방울을 함유한다. 표면은 매끈하고 투명하며 양단이 둥글다. 자낭은 8-포자성으로 요오드에 반응하여 포자분출구멍이 청색을 나타낸다. 측사는 넓은 란셋형으로 자낭보다 위로 솟는다. 털은 얇은 벽으로 1~2개의 격막이 있다. 표면은 매끈하고 투명하며 둥글고 흔히 아래로 가늘다. 크기는 일반적으로 50~60㎛이다.
생태 봄~여름 / 속새풀의 습기가 있고 죽은 줄기에 발생한다. 물속의 속새풀, 보통의 속새풀, 거대 속새풀, 습지 속새풀 등이 대표적인 기주식물이다. 보통종.
분포 한국

투명분홍잔버섯

Roseodiscus equisetinus (Velen.) Baral
Hymenoscyphus equisetinus (Velen.) Dennis

형태 자실체의 지름은 0.5~1mm로 어릴 때 컵 모양이지만 점차 편평해지고 얕은 접시 모양이 된다. 자실층은 밋밋하고 연한 분홍색이다. 자실체의 바깥 면은 자실층과 같은 색이다. 자루는 길고 기주에 부착하며 원통형으로 길이가 1mm 정도며 연한 황토색에서 유리처럼 투명한 색이 된다. 포자의 크기는 9.5~13×2.5~3.5μm로 방추형에서 방추-곤봉형이다. 표면은 매끈하고 투명하며 보통 중앙에 1개의 격막이 있다. 자낭은 8-포자성이고 자낭포자는 2열로 배열하며 크기는 75~87×7~9.5μm이다. 측사는 실 같은 모양으로 가늘고 길다.

생태 봄 / 썩은 고목에 군생한다. 드문 종.

분포 한국, 유럽

붉은분홍잔버섯

Roseodiscus rhodoleucus (Fr.) Baral
Hymenoscyphus rhodoleucus (Fr.) W. Phillips

형태 자실체의 지름은 1~2mm로 어릴 때 컵 모양에서 차차 편평해져 원반 모양이 되며 고른 볼록형이다. 자실층과 바깥 면은 밋밋하고 자실체 전체가 연한 분홍색이며 건조하면 황갈색으로 변한다. 뚜렷한 자루가 있다. 자루의 길이는 1mm 정도며 포자의 크기는 9~12×5~6μm로 좁은 타원형에 표면은 매끈하고 투명하다. 자낭의 크기는 60~70×5~6μm로 8-포자성이며 자낭포자는 1열 또는 2열로 배열한다. 측사는 실 모양으로 가늘고 굵기는 2μm 정도며 자낭보다 위로 돌출하지 않는다.
생태 봄~여름 / 썩은 고목에 군생한다.
분포 한국, 유럽

흰노랑발컵버섯

Unguicularia carestiana (Rab.) Höhn.
Urceolella carestiana (Rab.) Dennis

형태 자실체의 지름은 0.2~0.3mm로 어릴 때는 방광 모양과 비슷하다가 이후 찻잔 모양이 된다. 자실체 전체가 백색에서 크림색이 된다. 바깥 표면은 느슨하고 빳빳한 백색의 털이 있다. 털은 부분적으로 모여서 잔디처럼 되고 일반적으로 기주 전체를 덮는다. 포자의 크기는 6~14×1.5~2.5μm로 방추형이며 표면은 매끈하고 투명하다. 자낭의 크기는 40×4~6μm로 8-포자성이며 2열로 배열한다. 측사는 실 모양으로 가늘지만 길이는 짧아서 자낭보다 위로 올라오지 않는다.

생태 봄~여름 / 전나무 등의 썩은 가지에 군생 또는 집단으로 발생한다. 흔한 종은 아니다.

분포 한국, 유럽

139

쌍색머리털컵버섯

Capitotricha bicolor (Bull.) Baral
Lachnum bicolor (Bull.) P. Karst. / Dasyscyphus bicolor (Bull.) Fuckel

형태 자실체의 지름이 1~2mm인 매우 작은 버섯으로 컵 모양에서 접시 모양이 되었다가 차차 편평해진다. 자루 없이 기주에 부착한다. 자실층은 난황-오렌지 황색으로 표면은 밋밋하다. 가장자리와 바깥 면은 흰색의 털이 두껍게 덮여 있다. 건조하면 가장자리는 위쪽으로 심하게 말린다. 포자의 크기는 7~9×1.5~2μm로 방추형에서 방추-방망이형이 되며 표면은 매끈하고 투명하다. 자낭의 크기는 50×4.5μm로 8-포자성이며 자낭포자들은 2열로 들어 있다. 측사는 란셋형에 길이가 길어 자낭보다 위로 솟는다.
생태 봄 / 참나무류, 오리나무류, 물푸레나무류, 산딸기나무류 등의 떨어진 가지나 잔가지에 군생한다.
분포 한국, 유럽

백색털컵버섯

Lachnum apalum (Berk. & Br.) Nannf.
Dasyscyphus apalus (Berk. & Br.) Dennis

형태 자실체의 지름이 0.2~0.5㎜로 매우 작은 버섯이다. 컵 모양에서 접시 모양이 된다. 자실층(윗면)은 연한 적색을 띤 황색이고 표면은 밋밋하다. 바깥 면과 가장자리는 흰색이며 흰색의 밀모가 덮여 있다. 자루는 짧다. 포자의 크기는 35~40×1.5㎛로 긴 방추형이며 표면은 매끈하고 투명하다. 성숙하면 작은 기름방울이 생긴다. 자낭의 크기는 60×75㎛로 8-포자성이며 자낭포자들은 평행으로 배열한다. 측사는 란셋형이고 길어서 자낭보다 위로 올라온다.

생태 가을~봄 / 썩은 고목이나 땅에 떨어진 골풀 등의 죽은 줄기에 군생한다.

분포 한국, 유럽

141

수지털컵버섯

Lachnum corticale (Pers.) Nannf.
Dasyscyphus corticalis (Pers.) Mass.

형태 자실체의 지름이 0.5~1㎜인 매우 작은 버섯으로 컵 모양이다. 자루가 없거나 아주 짧으며 기주에 부착한다. 표면의 자실층은 밋밋하고 살색-연한 분홍 황토색이다. 가장자리와 아랫면은 다소 연한 색의 털이 두껍게 덮여 있다. 포자의 크기는 14~20×4~4.5㎛로 방추형에 표면은 매끈하고 투명하다. 1개의 격막이 있고 내부에 몇 개의 기름방울이 들어 있다. 자낭의 크기는 80~100×6~10㎛로 8-포자성이며 자낭포자들은 2열로 들어 있다. 측사는 실처럼 가늘고 격막이 있으며 자낭보다 위로 솟는다.
생태 여름 / 껍질이 있거나 없는 활엽수의 죽은 목재, 그루터기 등에 군생 · 속생한다.
분포 한국, 유럽

꼬마털컵버섯

Lachnum pygmaeum (Fr.) Bres.
Dasyscyphus pygmeaus (Fr.) Sacc.

형태 자실체는 지름이 4mm 정도로 컵 모양에서 편평하게 펴진다. 자실층의 표면은 황색이다. 가장자리 및 아랫면은 미세한 솜털로 덮여 있으며 털의 크기는 40×5μm 정도다. 자루는 보통 가늘고 길다. 포자의 크기는 7~12×1.5~2μm로 좁은 타원형이며 격막은 없다. 자낭의 크기는 70×6μm로 원주상의 곤봉형에 8-포자성으로 자낭포자들은 2열로 배열한다. 측사는 란셋형으로 굵기는 5μm이며 자낭보다는 훨씬 길어서 자낭 위로 솟는다.

생태 봄~가을 / 흙이 덮여 있는 죽은 나무나 가지, 뿌리 또는 풀뿌리 등에 군생하거나 속생한다.

분포 한국, 유럽

바랜흰털컵버섯

Lachnum pudibundum (Quél.) J. Schröt.

형태 자실체의 지름은 1~2mm로 백색에서 적갈색이다. 자실층은 크림색의 노란색이다. 가장자리와 바깥 면은 백색의 털로 피복된다. 자실체가 오래되거나 상처를 받으면 핑크색에서 적색으로 된다. 자루는 짧다. 포자의 크기는 7~9×1.5~2.5μm로 방추형에 격막은 없다. 표면은 매끈하고 투명하며 양 끝이 둥글다. 자낭의 크기는 40~50×4.5~5μm로 8-포자성이다. 요오드 반응에 의해 포자분출구멍이 청색으로 된다. 측사는 넓은 란셋형이며 자낭보다 길어서 위로 솟는다. 투명하고 연한 갈색이며 선단에 크리스털 모양은 없다. 털은 처음부터 핑크-갈색에 벽은 얇고 격막이 있으며 알갱이를 함유하여 끝은 둥글고 약간 부푼다. 길이는 35~55μm이다.

생태 봄~가을 / 낙엽활엽수림에 발생한다.

분포 한국, 유럽

리티머스털컵버섯

Lachnum rhytismatis (Phill.) Nannf.
Dasyscyphus rhytismatis (W. Phillips) Sacc.

형태 자실체는 지름이 0.2~0.4mm인 아주 작은 버섯이다. 컵 모양의 두부와 자루로 구분된다. 자실층은 밋밋하고 크림색이다. 바깥 면과 가장자리는 흰색의 밀모로 덮여 있다. 가장자리의 털은 돌출되어 있고 크림색이다. 자루에 털이 있으며 흔히 기주인 잎에는 구멍이 많이 뚫려 있다. 포자의 크기는 5~6×1.5~1.7μm로 방추형의 방망이꼴이다. 표면은 매끈하고 투명하며 간혹 불분명한 2개의 기름방울이 있다. 자낭의 크기는 35~40×3.5~4μm로 8-포자성이며 자낭포자들은 2열로 배열한다. 측사는 란셋형으로 자낭보다 훨씬 길어서 위로 올라온다.

생태 전해에 떨어진 단풍나무 등 활엽수의 잎이나 관목류의 잎에 단생 또는 군생한다.

분포 한국, 유럽

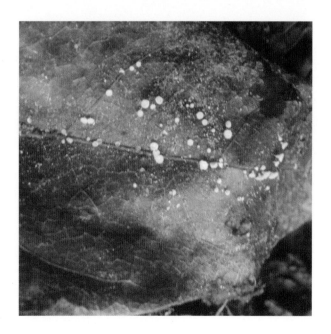

가는털컵버섯

Lachnum tenuissimum (Quél.) Krof & Zhuang
Dasyscyphus tenuissimus (Quél.) Dennis

형태 자실체의 지름이 0.6~1㎜인 매우 작은 버섯이며 두부와 자루로 구분된다. 두부는 어릴 때 컵 모양에서 접시 모양 또는 편평한 모양으로 된다. 자실층은 밋밋하고 유백색-크림색이며 바깥 면은 자실층과 같은 색이다. 쌀겨 모양의 털이 있다. 가장자리는 백색의 털이 돌출되어 있다. 자루의 길이는 0.3~0.5㎜로 원주상이며 흰색의 털이 있다. 포자의 크기는 6~8×1~1.5㎛로 방추형이며 표면이 매끈하고 투명하다. 자낭의 크기는 30~35×2.5~4㎛이며 8-포자성으로 자낭포자들은 2열로 배열한다. 측사는 란셋형이고 자낭보다 훨씬 위로 올라온다.

생태 봄~여름 / 각종 초본류의 썩은 줄기에 군생 또는 밀집하여 군생한다.

분포 한국, 유럽

146

처녀털컵버섯

Lachnum virgineum (Batsch) P. Karst.
Dasyscyphus virgineus (Batsch) Gray

형태 자실체의 지름이 0.5~1㎜인 매우 작은 버섯이다. 어릴 때
는 종지 모양이다가 컵 모양으로 오래 남으며 나중에 접시 모양
이 되기도 한다. 자실층 면은 밋밋하고 흰색-크림색이며 바깥 면
과 가장자리는 흰색의 긴 털이 밀생되어 있다. 자루는의 길이는
0.5~1㎜로 기부 쪽으로 가늘다. 포자의 크기는 6~8×1.5~2㎛로
방추형의 방망이 모양에 표면은 매끈하고 투명하며 기름방울과
격막은 없다. 자낭의 크기는 45×3.5~4㎛이고 8-포자성으로 자
낭포자들은 2열로 배열한다. 측사는 55×2.5~3㎛로 란셋형이며
자낭보다 위로 올라온다.

생태 봄~가을 / 죽은 나무딸기의 줄기나 잔가지, 너도밤나무 열
매 및 열매껍질, 자작나무, 구과식물, 식물체를 버린 곳 등에 군
생한다.

분포 한국, 유럽

맑은새고무버섯

Neobulgaria pura (Pers.) Petri

형태 자실체는 지름이 1~3cm이고 어릴 때는 서양팽이 모양 또는 술잔 모양이다. 통통한 모양이나 나중에 편평한 모양이 된다. 가장자리는 보통 위쪽으로 돌출 혹은 찌그러지거나 톱니 모양이 되기도 한다. 윗면의 자실층은 밋밋하고 연한 자주색의 백색 분홍-황토색이다. 바깥쪽 면은 자실층보다 약간 진한 색이고 거칠면서 비듬 또는 알갱이가 분포한다. 육질(살)은 고무질이면서 젤리상이어서 흰목이로 생각하기 쉽다. 자루는 기부 쪽으로 가늘어진다. 포자의 크기는 7.5~9×3.5~4.5μm로 타원형에 표면은 매끈하고 투명하며 기름방울이 들어 있다. 자낭의 크기는 70~95×8μm로 8-포자성이며 자낭포자들은 1열로 배열한다. 측사는 원통형이며 격막은 없고 차차 선단 쪽으로 약간 굵어진다.

생태 여름~가을 / 땅에 쓰러진 참나무류, 너도밤나무 또는 오리나무 등의 줄기나 가지에 군생 또는 속(총)생한다.

분포 한국, 일본, 유럽, 북아메리카

가시밤껍질버섯

Lanzia echinophila (Bull.) Korf
Rutstroemia echinophila (Bull.) Höhn.

형태 자실체의 지름은 2~7mm로 반구형이다. 어릴 때 찻잔 모양
에서 컵 모양이 되었다가 편평한 원반 모양이 된다. 자실층은 밤
갈색에 둔하고 밋밋하며 가장자리는 밝은색이고 미세한 톱니상
이다. 바깥 면은 황토-갈색이다. 자루는 없거나 있으면 황토-갈
색에 짧으며 기부 쪽으로 검은색이다. 자실체의 기질은 검은색으
로 변한다. 포자의 크기는 15~20×5~6μm로 소시지형에 표면은
매끈하고 투명하며 성숙하면 3개의 격막이 생기고 양 끝에 구형
의 2차 포자를 생성하기도 한다. 흔히 기름방울을 함유한다. 자
낭의 크기는 110~12×10~13μm로 8-포자성이며 자낭포자는 1
열 또는 2열로 배열한다. 측사는 실 모양이고 격막이 있으며 약
간 곤봉형에 굵고 갈색이다.

생태 가을 / 땅에 떨어진 빈 밤송이의 안쪽 면에 군생한다.

분포 한국, 일본, 유럽

황록밤껍질버섯

Lanzia luteovirescens (Roberge ex Desm.) Dumont & Korf
Rutstroemia luteovirescens (Roberge ex Desm.) W.L. White

형태 자실체는 지름이 2~3mm로 잔받침 모양에서 얇은 접시 모양으로 된다. 자루가 있으며 단독 또는 집단으로 기주의 검은 곳에서부터 올라온다. 자실층은 노란 올리브색이고 표면은 밋밋하다. 바깥 면은 자실층과 같은 색이고 가장자리는 보다 검은색이다. 자루는 원통형이고 약간 굽었으며 길이는 10mm로 색은 바깥과 똑같다. 포자의 크기는 12~13×6~7μm로 불규칙한 타원형에 표면은 매끈하고 2개의 기름방울을 함유하며 격막은 없다. 자낭의 크기는 8-포자성으로 자낭포자들은 2열로 배열한다. 측사는 실 모양으로 가늘고 길며 선단 쪽으로 약간 두꺼운 곤봉형이다.
생태 가을 / 썩은 나뭇가지에 군생한다.
분포 한국, 유럽

검은자루접시버섯

Rutstroemia bolaris (Batsch) Rehm

형태 자실체의 지름은 2~8㎜로 어릴 때는 술잔 모양에서 컵 모양이 되었다가 찻잔받침 모양이 된다. 다소 긴 자루를 가지고 기주에 부착한다. 자실층은 밋밋하다가 약간 주름지게 된다. 진한 노란색에서 밝은 올리브-노란색이 된다. 바깥 면과 가장자리는 같은 색이었다가 밝은색이 되며 약간 솜털이 있다. 자루의 길이는 2~5㎜로 기부 쪽으로 검게 된다. 포자의 크기는 16~20×5~5.5㎛로 원통형에서 타원형으로 되며 표면은 매끈하고 투명하다. 흔히 몇 개의 기름방울을 갖는다. 1~3개의 격막이 있고 가끔 성숙하면 양 끝에 2차 포자를 가진다. 자낭의 크기는 125~143×10~11.5㎛로 8-포자성에 자낭포자는 1열로 배열한다. 측사는 실 모양으로 가늘고 길며 격막이 있다. 선단 쪽으로는 두꺼운 곤봉형이다.

생태 여름 / 썩은 고목에 발생한다. 단생에서 군생하며 드물게 속생한다.

분포 한국, 유럽 등 전 세계

굳은자루접시버섯

Rutstroemia firma (Pers.) P. Karst.

형태 자실체의 지름은 5~10㎜로 컵 모양에서 잔받침 모양으로 되며 어릴 때 원반 모양에서 약간 깔때기 모양이 되며 물결형이었다가 노쇠하면 배꼽형이 된다. 보통 짧은 자루가 나무껍질로부터 나오는데 1개에서 여러 개가 나온다. 자실층은 올리브색에서 적갈색이고 밋밋하다. 바깥 표면은 자실층과 같은 색이다. 가장자리는 검고 때로 위쪽으로 말린다. 자실체는 건조 시 흑갈색이 된다. 포자의 크기는 13~17×3~5㎛로 원통형 또는 가끔 방광모양이다. 표면은 매끈하고 투명하며 1~3개의 격막이 있다. 성숙하면 2차 세포를 양 끝에 생성하며 어릴 때는 기름방울을 함유한다. 자낭은 8-포자성이고 자낭포자들은 1열로 배열하며 크기는 120~130×7~8㎛이다. 측사는 실 모양에 격막이 있고 선단 쪽으로 약간 두껍다. 기부 쪽은 포크형이다.

생태 봄~가을 / 참나무, 오리나무, 개암나무 등의 가지에 군생한다. 흔히 나무의 분지된 곳에 집단으로 발생한다.

분포 한국, 유럽 등 전 세계

균핵꼬리버섯

Scleromitrula shiraiana (Henn.) S. Imai

형태 자실체는 찌그러진 방추형의 머리와 실 모양의 자루로 구분된다. 기부에 균핵이 있는 작은 버섯이다. 머리는 찌그러진 방추형 또는 대추씨 모양이고 선단은 보통 뾰족하다. 표면은 갈색에 여러 줄의 세로로 된 줄무늬 홈선이 있다. 머리의 전 표면에 자실층이 형성된다. 자루는 길이가 6cm, 굵기가 1mm 정도이나 그 이상이 되는 것도 있다. 기부에는 균핵이 형성되며 이 균핵은 늙은 뽕나무 오디에 붙어서 발생한다. 포자의 크기는 6~10×3~4μm로 난형-강낭콩형이며 표면은 매끈하고 투명하다.
생태 여름 / 땅에 떨어진 노화 위축된 뽕나무 오디에 부착하여 자실체가 군생한다.
분포 한국, 일본, 중국

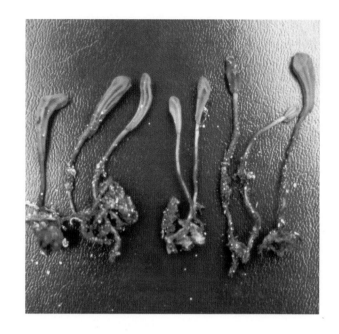

누더기방버섯

Botryotinia ranunculi Henneb. & Groves

형태 자실체는 지름이 3~7mm인 아주 작은 버섯이다. 어릴 때는 접시 모양이다가 나중에 편평하게 펴지고 가끔 가장자리가 밑으로 굽는 경우도 있다. 윗면 자실층은 밋밋하고 밝은 갈색-황토색이며 가장자리는 약간 암색이고 미세한 털이 있다. 바깥 면과 자실층은 같은 색이다. 자루는 원주형에 길이가 1~2mm 정도며 균모와 같은 색이다. 기부 쪽은 흑갈색으로 진하다. 딱딱한 각질막으로 되는 검은색 피체(sclerotium)가 위에 난다. 때로는 솜털 누더기 같은 유백색의 분생자 무리가 함께 나타나기도 한다. 포자의 크기는 12~14×5.5~6.5μm로 타원형에 표면은 매끈하고 투명하며 기름방울이 없다. 자낭의 크기는 160~200×8~12μm로 8-포자성이며 자낭포자들은 1열로 배열한다. 측사는 실 모양으로 가늘며 포크형이고 선단은 약간 곤봉형으로 굵다.
생태 봄~여름 / 저습지의 미나리아재비 등 풀의 썩은 줄기에 단생 또는 몇 개씩 군생한다.
분포 한국, 유럽

양주잔버섯

Ciboria amentacea (Balb.) Fuckel

형태 자실체의 지름은 3~10㎜이며 두부와 자루로 구분된다. 두부는 종지 모양이었다가 자라면서 컵 모양, 접시 모양이 되며 나중엔 편평한 모양이 된다. 때로는 가장자리가 아래쪽으로 굽는다. 윗면 자실층은 밋밋하고 황토-황토 갈색이다. 바깥 면은 자실층과 같은 색이고 가장자리 끝은 흰색으로 덮여 있다. 자루의 길이는 0.5~2.5㎝ 정도며 흔히 만곡되어 있다. 포자의 크기는 8~10×4~5㎛로 타원형에서 불규칙한 난형이다. 표면은 매끈하고 투명하며 기름방울은 없다. 자낭은 8-포자성으로 포자들은 1열로 배열하며 크기는 120~130×7~10㎛이다. 측사는 실 모양이며 격막은 없고 선단은 곤봉형으로 두꺼우며 두께는 5㎛이다.
생태 여름~가을 / 버드나무, 오리나무, 자작나무 등의 유제화에서 꽃술이 땅에 떨어져 썩은 것에 단생 또는 몇 개씩 군생한다.
분포 한국, 유럽

암적색양주잔버섯

Ciboria rufofusca (O. Weberb.) Sacc.

형태 자실체의 지름은 3~10㎜로 어릴 때 방광 또는 부레 모양에서 잔 모양으로 되었다가 잔받침 모양으로 펴져서 편평해진다. 자낭반이 부착한 구과식물의 인편으로부터 짧은 자루에 의하여 들어 올려진다. 자실층은 오렌지색에서 밤갈색이며 밋밋하다. 바깥 면은 자실층과 같은 색이다. 가장자리는 때때로 구불구불하고 갈라진다. 자루는 길이가 3~7㎜로 갈색이며 기부 쪽으로 검고 미세한 하얀 먼지 같은 것이 있다. 포자의 크기는 5~7×3~3.5㎛로 난형에 표면은 매끈하고 투명하며 때때로 2개의 작은 기름방울을 함유한다. 자낭은 8-포자성이며 자낭포자는 1열로 배열한다. 측사는 가늘고 격막은 없으며 끝은 거의 부풀지 않는다.
생태 봄 / 땅에 넘어진 전나무 위나 젖은 구과식물의 열매에 단생하나 때로는 몇 개가 발생하기도 한다.
분포 한국, 유럽 등 전 세계

밤송이양주잔버섯

Ciboria americana E.J. Durand
Rutstroemia americana (E.J. Durand) W.L. White

형태 자실체는 두부와 자루로 구분된다. 두부는 폭이 약 5mm 정도며 안쪽 면의 자실층은 편평하거나 얕은 접시 모양으로 조금 오목해지며 연한 갈색이다. 바깥 면은 작은 비듬 같은 것이 붙어 있다. 자루는 길이가 1.5cm 정도로 길며 아래쪽으로 가늘어지고 두부와 같은 색이다. 포자의 크기는 6~10×3~5μm이며 타원형으로 격막은 없고 2개의 기름방울이 있다. 자낭의 크기는 70~8×8~9μm로 원통형에 8-포자성으로 자낭포자들은 1열로 배열한다.
생태 여름~가을 / 밤송이 위에 단생 또는 군생한다.
분포 한국, 일본, 유럽, 북아메리카

도토리양주잔버섯

Ciboria batschiana (Zopf) N.F. Buchw.

형태 자실체의 높이는 15mm 정도로 내면의 자실층은 오목하다가 편평해지며 적갈색이다. 바깥의 표면은 밋밋하며 약간 솜털이 있다. 자루는 가늘다. 포자의 크기는 6~11×4.6㎛이며 타원형으로 양 끝이 약간 점상으로 된다. 자낭의 크기는 150×8㎛로 원통-곤봉형에 8-포자성이며 요오드용액에 의해 포자분출구멍이 청색으로 염색된다. 자낭포자들은 1열로 배열한다. 측사는 원통형으로 굵기는 3.5㎛ 정도다.

생태 가을 / 참나무에서 떨어진 열매와 넘어진 도토리나무의 검은 나뭇잎에 단생 또는 군생한다.

분포 한국, 유럽

155

소똥양주잔버섯

Ciboria caucus (Rebent.) Fuckel

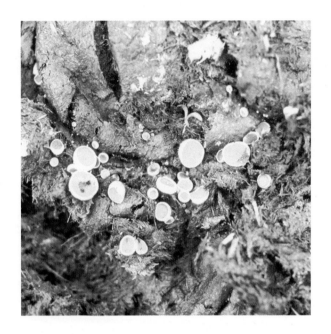

형태 자실체의 높이는 10mm 정도로 위에서 보면 원형-컵 모양으로 밝은 갈색에 표면은 매끈하다. 자실체를 옆으로 자르면 속은 검다. 자루는 가늘고 길다. 포자의 크기는 7.5~10.5×4.5~6μm이고 타원형으로 한쪽이 약간 굽는다. 자낭은 원통-곤봉형으로 크기는 135×9μm이고 8-포자성이다. 꼭대기 포자분출구멍은 멜저액에 의해 청색으로 염색된다. 자낭포자들은 1열로 배열한다. 측사는 원통형이며 선단의 굵기는 5μm이다.

생태 여름 / 소똥이 쌓인 곳에서 군생한다.

분포 한국, 유럽

긴자루양주잔버섯

Ciboria shiraiana (Henn.) Whetzel

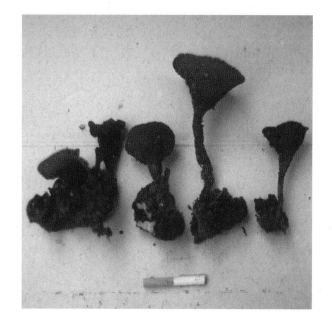

형태 자실체 균모의 지름은 5~15mm로 자낭반은 자루가 있고 약간 깊은 찻잔 모양으로 보통 편평하게 되지 않지만 간혹 되는 것도 있다. 처음부터 연한 갈색이다. 가장자리는 거의 고르고 바깥면은 거의 밋밋 또는 약간 주름진 상태에서 분상으로 되는 것이 있다. 자루는 균모와 거의 같은 색으로 굵기는 2mm 정도이고 길이는 긴 것은 5cm을 초과하는 것도 있다. 기부 부근에 방사상으로 균사속을 형성하기도 한다. 포자의 크기는 12~16.2×7~8.3μm로 난형-타원형으로 좌우가 약간 비대칭이다. 벽이 얇고 표면은 매끈하며 양 끝에 몇 개의 기포 같은 것이 있다. 자낭은 원통형으로 8-포자성이다. 1열로 배열하고 꼭대기의 포자분출구멍은 멜저액에 의해 청색 반응을 보이며 크기는 163~213×10.5~11.8μm이다. 측사는 실 모양이며 몇 개의 격막이 있고 상하가 거의 같은 폭으로 폭의 두께는 2.0μm이다.

생태 봄 / 구과식물의 열매에서 1~2개부터 수십 개가 발생한다.

분포 한국, 유럽

암녹색양주잔버섯

Ciboria viridifusca (Fuckel) Höhn.

형태 자실체의 지름은 1~3mm로 편평한 컵 모양이었다가 잔받침 모양이 되며 때때로 거의 원반 모양이 되기도 한다. 비교적 긴 자루에 의해 자낭반화된 자실체의 인편으로부터 들어 올려진다. 자실층은 노란색에서 올리브-노란색이 되며 밋밋하다. 바깥 면과 자루는 자실층과 같은 색이고 미세한 가루상이다. 자루의 길이는 1~3mm이다. 보통 여러 자실체가 하나의 구과식물에 여러 개 발생한다. 포자의 크기는 6~7×2~2.5μm로 좁은 타원형에 표면은 매끈하고 투명하며 기름방울은 없다. 자낭은 8-포자성이며 자낭포자는 불규칙한 2열로 배열한다. 측사는 실처럼 가늘고 길며 포크형이고 격막은 없다.

생태 가을 / 땅에 넘어진 오리나무나 젖은 구과식물에 군생한다.

분포 한국 등 전 세계

균핵술잔버섯

Dumontinia tuberosa (Bull.) Kohn
Sclerotinia tuberosa (Hedw.) Fuckel

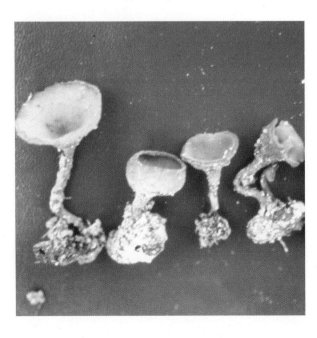

형태 자실체는 지하에 균핵이 형성되고 여기에서 자루와 자낭반이 지상에 돌출한다. 상부 자낭반의 폭은 1~3cm로 술잔-주발 모양 또는 깔때기 모양 등 다양하며 다갈-암계피색이다. 하면(아랫면)은 약간 연한 색이다. 자루는 길이 2~10cm, 굵기 2mm 내외로 암갈색이고 아래쪽에는 털이 나 있으며 기부에는 균핵이 있다. 균핵은 지중에 생기고 구형-불규칙한 덩어리 모양에 흑색(속은 백색)이며 지름이 1~4cm 정도로 비교적 크다. 포자의 크기는 11~16×5~8μm로 타원형이며 표면은 매끈하고 투명하다. 2개의 기름방울이 있다. 자낭의 크기는 150~170×6~8μm로 원통-곤봉형이며 8-포자성으로 자낭포자는 1열로 배열한다. 측사는 원통형이고 굵기는 선단에서 3μm이다.

생태 봄 / 바람꽃류, 아네모네 등 미나리아제비과 군락의 땅에 군생한다.

분포 한국, 일본, 유럽, 북아메리카

동백균핵접시버섯(가는대도토리버섯)

Ciborinia camelliae Kohn

형태 자실체는 두부와 자루로 구분하며 기부에는 균핵이 있다. 균핵은 타원-부정형이고 흑색이며 내부에는 꽃잎조직의 잔편이 들어 있다. 자낭반은 봄에 1개의 균핵에서 여러 개의 자루가 나오고 처음 곤봉상에서 접시 모양으로 펴진다. 중앙에는 작은 배꼽 모양이나 오래되면 거의 편평하게 된다. 접시 모양의 두부 표면은 폭이 3~18mm로 조청색-적색을 띤 암회갈색이다. 바깥 면 (하면)은 자실층과 같은 색이며 약간 가루상이다. 자루는 길이 1~10cm, 굵기 1~2mm이며 비교적 가늘고 길다. 두부와 같은 색이며 기부에는 균핵이 있다. 포자의 크기는 8~12×4~5μm로 타원-난형이며 표면은 매끈하고 투명하다. 2개의 기름방울을 함유한다. 자낭의 크기는 120~145×6~8μm로 원통-곤봉형의 원통형에 포자분출구명은 요오드 반응에서 검게 되는 양성이며 8-포자성이다. 측사는 실 모양으로 지름이 1~1.5μm이며 선단은 부풀어서 지름이 0.3μm이고 격막이 있다.

생태 봄~여름 / 동백나무 숲에 떨어진 썩은 꽃잎 또는 썩은 가지에 붙어 발생한다.

분포 한국, 일본, 북아메리카

159

비듬째진버섯

Encoelia furfuracea (Roth) P. Karst.

형태 자실체는 지름이 5~15㎜인 작은 버섯으로 어릴 때 바깥쪽 면이 표면을 감싸고 있어서 닫혀 있는 모양 또는 주머니 모양이다가 균모가 펴지면서 컵 모양 또는 접시 모양이 된다. 가장자리 부분이 불규칙하게 여러 곳이 찢어지면서 별 모양이 되기도 한다. 윗면의 자실층은 밋밋하고 계피-암갈색이다. 바깥 면은 표면보다 연한 색이고 쌀겨가 묻은 것처럼 비듬투성이가 되지만 소실되기 쉽다. 자루는 없고 기주에 직접 부착한다. 포자의 크기는 9~11×2㎛로 끝이 둥근 타원-소시지형으로 표면은 매끈하고 투명하며 양 끝에 기름방울이 있다. 자낭의 크기는 90~100×6㎛로 8-포자성이며 자낭포자들은 2열로 배열한다. 측사는 가는 방망이형으로 길어서 자낭보다 위로 솟아오른다.

생태 겨울~봄 / 서 있지만 죽은 개암나무, 오리나무 등 활엽수의 줄기나 가지에 속생한다. 때로는 여러 개의 개체가 뭉쳐서 발생하기도 한다.

분포 한국, 유럽

160

균핵버섯

Sclerotinia sclerotiorum (Lib.) de Bary

형태 자실체는 균모와 자루로 구분된다. 균모의 지름은 3~10mm로 접시 모양에서 편평하게 퍼지거나 중앙이 약간 배꼽 모양처럼 들어가기도 한다. 식물체 내에 생긴 균핵에서 1개 또는 여러 개의 자실체가 발생한다. 자실층은 밋밋하고 밝은 황갈-황토 갈색이며 바깥 면이나 자루도 자실층과 같은 색이다. 때때로 가장자리가 약간 암색이다. 자루는 속이 비었으며 원주형으로 가늘고 길며 길이는 0.5~2.5cm로 흔히 만곡되고 표면에 미세한 털이 있다. 균핵이나 피체의 자실체는 식물체의 줄기 속에 들어 있거나 밖으로 드러나 있고 난형 또는 방석 모양이고 검은색이다. 포자의 크기는 10~11×5μm로 타원형에 표면은 매끈하고 투명하며 양쪽에 기름방울이 들어 있다. 자낭의 크기는 118~133×8~8.5μm로 8-포자성이며 자낭포자들은 1열로 배열한다. 측사는 원통형이고 드물게 격막이 있고 선단 쪽으로 굵다.

생태 여름 / 머위, 해바라기 등 여러 가지 초본류의 줄기에 발생한다.

분포 한국, 일본, 유럽

고랑균핵버섯

Sclerotinia sulcata (Roberge ex Desm.) Whetzel

형태 자실체는 지름이 2~8mm, 자루의 길이가 2~20mm로 컵 모양에서 잔 모양으로 되며 검은 균핵에서 하나가 솟아오른다. 자실층은 밋밋하고 광택 나는 갈색에서 적갈색으로 된다. 바깥 표면은 자실층과 같은 색이고 미세한 백색의 서리 같은 모양이다. 가장자리는 때때로 미세한 박편이다. 자루는 다소 원통형으로 흔히 굵었고 적갈색이나 기부 쪽은 흑색이다. 균핵은 자루 안에 파묻혀 있으며 검은색이고 때때로 긴 이랑이 있으며 난형에서 방추형이다. 크기는 길이가 8~12mm이고 굵기는 2~4mm이며 장소에 따라서 집단으로 발생하는 것이 관찰된다. 포자의 크기는 12~15×5.5~6.5µm로 좁은 타원형에 한쪽 면이 납작하며 표면은 매끈하고 투명하다. 기름방울은 없다. 자낭은 8-포자성으로 자낭포자는 1열로 배열하며 크기는 150~160×10µm이다. 측사는 실 모양으로 격막이 있고 기부 쪽은 포크형이며 선단은 곤봉형이고 두껍다.

생태 봄~여름 / 넘어진 여러 사초과식물의 줄기, 땅에 발생한다. 보통종이 아니다.

분포 한국, 유럽

검은막힌두건버섯

Claussenomyces atrovirens (Pers.) Korf & Abawi

형태 자실체의 지름은 0.3~0.6mm로 작은 버섯이며 렌즈 모양에서 방석처럼 된다. 자루 없이 기주에 부착한다. 자실체 전체가 흑녹색이며 표면이 약간 고르지 않다. 습기가 있을 때 광택이 나며 육질은 끈적하고 부드럽다. 포자의 1차 세포의 크기는 7~9×2~2.5 ㎛로 방추-타원형이며 표면은 매끈하고 투명하다. 분명치 않은 많은 격막이 있고 빠르게 2차 세포를 형성하는데 크기는 2~3×1 ㎛이다. 자낭은 처음은 8-포자성에서 계속 분열하여 수많은 포자를 만드는데 크기는 110~123×11~11.5㎛이다. 측사는 실 모양으로 가늘고 길며 격막이 있고 선단은 많이 분지한다.

생태 봄~가을 / 젖고 썩은 활엽수에 군생한다. 드문 종.

분포 한국, 유럽

기생막힌두건버섯

Claussenomyces prasinulus (P. Karst.) Korf & Abawi

형태 자실체는 지름이 0.6*mm* 전후로 자낭반은 끈적기가 있는 황록색의 원반형으로 가장자리는 황록색이다. 바깥 면은 자낭반과 같은 색이며 기주 쪽으로 가늘다. 이 종류는 흔히 끈적기가 있고 연한 녹색이며 핀 모양의 분생자를 만들고 기질에서 솟아난다. 포자의 크기는 10~13×3~3.5*μm*로 방추형에 가깝고 3개의 격막이 있다. 표면은 매끈하고 투명하며 양쪽 끝이 둥글다. 자낭은 8-포자성이며 요오드용액 반응에도 포자분출구멍이 변색하지 않는다. 측사는 실처럼 가늘고 길며 선단은 둥근 상태에서 부푼 상태로 되며 보통 많이 분지한다. 털은 없다.

생태 봄~가을 / 썩은 낙엽송과 구과식물 등에 많은 무리가 집단으로 발생한다. 오리나무, 자작나무, 너도밤나무, 참나무류, 소나무 등이 기주식물이다.

분포 한국, 유럽

담낭굳은버섯

Durandiella gallica M. Morelet

형태 자실체의 지름은 0.5~1.5mm로 아주 작은 버섯이다. 자낭 단계는 결절형에서 불규칙한 컵 모양으로 되며 검은색이다. 표면은 밋밋하고 육질은 끈적기가 있으며 질기다. 3~20개씩 뭉쳐진 자낭반이 껍질로부터 나온다. 분생자 단계는 비슷하게 구성되나 방석 모양에서 둥근형으로 되어 검고 거친 자실체가 되는데 역시 뭉쳐서 껍질을 뚫고 나온다. 자실체는 완전 또는 불완전하게 뭉쳐진 곳에서 각각 형성되거나 똑같이 뭉쳐진 혼합된 곳에서 생긴다. 불완전 자실체는 부서지고 열릴 때 셀 수 없는 하얀 집단의 분생자가 있다. 포자의 크기는 54~63×5~5.5μm로 방추형이며 처음에 굽었다가 구불구불해진다. 표면은 매끈하고 투명하며 성숙하면 3~4개의 격막을 가진다. 자낭은 8-포자성으로 자낭 속에 나란히 배열하며 크기는 100~120×14~16μm이다. 측사는 실 모양으로 가늘고 길며 포크형이고 격막이 있다. 분생자는 초승달 모양에 표면은 매끈하고 격막이 있으며 크기는 60~80×4~5μm이다.

생태 연중 / 전나무 등의 죽은 가지가 분지된 곳에 군생 · 속생한다.

분포 한국, 유럽 등 전 세계

얇은포자코털버섯

Vibrissea leptospora (Berk. & Broome) W. Phillips
Apostemidium leptospora (Berk. & Broome) Boud.

형태 자실체의 지름은 0.5~2mm로 어릴 때 둥근형이다가 원 모양에서 렌즈 모양으로 된다. 자루 없이 기주에 부착한다. 자실층은 연한 노란색에서 올리브-노란색으로 되며 가끔 엷은 오렌지색을 가진다. 바깥 면은 흑갈색이며 밋밋하고 둔하다. 가장자리는 돌출하고 보통 미세한 흑갈색의 톱니형을 가진다. 포자의 크기는 270~300×1.5~2μm로 실 모양에 표면은 매끈하고 투명하며 많은 격막이 있다. 자낭의 크기는 250~300×2~2.5μm로 8-포자성이며 자낭포자들은 누운 평행으로 배열한다. 측사는 원통형이고 격막이 있으며 가끔 포크형이다. 선단은 두터운 곤봉 모양으로 자낭보다 길어서 위로 올라온다.

생태 봄~여름 / 고목의 썩은 곳에 군생에서 속생한다.

분포 한국, 일본, 유럽

166

고무버섯

Bulgaria inquinans (Pers.) Fr.
Bulgaria polymorpha (Oeder) Wettst.

형태 자실체는 지름 1~4㎝, 높이 1~2.5㎝로 구형 또는 거꾸로 된 난형이다. 바깥 면은 검은 갈색이고 위쪽 끝에 둥근 입이 열리는데 그 안쪽 면에 자실층이 생기기 시작한다. 성숙하면 맷돌 모양 또는 거꾸로 된 원추형이 되고 윗면은 약간 오목해진다. 자실층 면은 검은 자색이고 습기가 있으며 광택이 난다. 살은 젤라틴을 가진 고무질로 탄력이 있고 연한 갈색이다. 포자의 크기는 9~17×6~7.5㎛로 광타원형에서 레몬 모양 또는 콩팥 모양이며 어두운 갈색에 표면은 매끈하다. 자낭의 크기는 95~124×8.5~9 ㎛로 8-포자성이고 자낭포자들은 1열로 배열한다. 측사는 얇고 실처럼 가늘며 기부 쪽으로 포크형이나 선단은 꾸불꾸불하다.
생태 여름~가을 / 껍질이 붙어 있는 활엽수에 무리지어 나며 식용 가능하다.
분포 한국, 일본, 유럽, 북아메리카
참고 손으로 만지면 고무와 같은 탄력을 느낄 수 있고 땅에 떨어뜨리면 고무공처럼 튀어 오른다.

연두두건버섯

Leotia chlorocephalra Schwein.
L. chlorocephala Schwein. f. chlorocephala

형태 자실체는 두부와 자루로 구분되며 두부는 지름 0.2~1cm, 높이 2~5cm의 소형 버섯이다. 두부는 불규칙한 반구형 또는 둥근산 모양이며 가장자리가 왼쪽으로 말려 있고 녹색-암녹색이다. 자루는 길이 1~4.5cm, 굵기 2~4mm로 원통형이고 표면에 녹색의 알갱이가 붙어 있으며 두부보다 연한 색이거나 같은 색이다. 포자의 크기는 18~20×5~6μm로 좁은 타원-방추형에 표면은 매끈하고 투명하며 곧거나 약간 굴곡되어 있다.

생태 가을 / 숲속 땅의 낙엽 사이에 단생 또는 군생한다.

분포 한국, 일본, 유럽, 북아메리카, 남아메리카

콩두건버섯

Leotia lubrica (Scop.) Pers.
L. lubrica var. lubrica (Scop.) Pers. / L. viscosa Fr.

형태 자실체의 높이는 3~5㎝이고 주먹처럼 감겨 있는 공 모양의
머리와 원주상의 자루로 구분되어 있으며 표면은 밋밋하다. 머리
부분의 지름은 0.5~1.5㎝로 황토색 또는 황록색 등이며 살(육질)
은 아교질이다. 가장자리는 강하게 아래로 말리고 끈적기가 있
다. 자루는 노란색에서 황토색으로 된다. 원주형이나 편평한 것
도 있으며 결국 비늘상으로 된다. 표면에 세로줄의 홈선이 있거
나 점상으로 된다. 포자의 크기는 18~24×5~6㎛이고 방추형으
로 약간 휘었다. 표면은 매끄러우며 5~7개의 기름방울을 가진
다. 성숙하면 3~5개의 격막이 생긴다. 자낭의 크기는 130~140×
5~6㎛이고 8-포자성이다. 자낭포자들은 1열로 배열한다. 측사는
실처럼 가늘고 포크 모양이며 선단은 3~4㎛으로 굵다.
생태 여름~가을 / 숲속의 썩은 낙엽에 무리지어 난다.
분포 한국 등 전 세계

콩두건버섯(끈적형)

L. viscosa Fr.

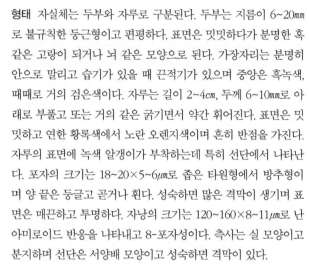

형태 자실체는 두부와 자루로 구분된다. 두부는 지름이 6~20mm로 불규칙한 둥근형이고 편평하다. 표면은 밋밋하다가 분명한 혹 같은 고랑이 되거나 뇌 같은 모양으로 된다. 가장자리는 분명히 안으로 말리고 습기가 있을 때 끈적기가 있으며 중앙은 흑녹색, 때때로 거의 검은색이다. 자루는 길이 2~4cm, 두께 6~10mm로 아래로 부풀고 또는 거의 같은 굵기면서 약간 휘어진다. 표면은 밋밋하고 연한 황록색에서 노란 오렌지색이며 흔히 반점을 가진다. 자루의 표면에 녹색 알갱이가 부착하는데 특히 선단에서 나타난다. 포자의 크기는 18~20×5~6㎛로 좁은 타원형에서 방추형이며 양 끝은 둥글고 곧거나 휜다. 성숙하면 많은 격막이 생기며 표면은 매끈하고 투명하다. 자낭의 크기는 120~160×8~11㎛로 난아미로이드 반응을 나타내고 8-포자성이다. 측사는 실 모양이고 분지하며 선단은 서양배 모양이고 성숙하면 격막이 있다.

생태 여름~가을 / 숲속의 땅, 모래땅 또는 이끼류 속에서 집단 또는 속생한다.

분포 한국, 북아메리카

자루두건버섯

Leotia stipitata (Bosc) J. Schröt.

형태 자실체는 두부와 자루로 구분된다. 전체 높이는 2~6cm, 두부의 지름은 5~10mm로 부풀어서 구형, 반구형, 둥근 산 모양 등이다. 두부는 녹색-암녹색이며 녹색의 과립상이 흩어진 상태다. 표면에 불규칙한 주름이 있다. 가장자리는 안쪽으로 말리고 고르지 않으며 황색, 암록색 등이다. 자루는 길이 3~4cm, 굵기는 0.2~0.5cm로 원주상에 불규칙한 편평형이며 위쪽으로 다소 가늘다. 연한 황색, 연한 황갈색, 오렌지-황색 등 다양하다. 표면은 녹색의 알갱이가 있다.

생태 초가을~가을 / 혼효림 내의 썩은 낙엽 등에 군생한다. 식독은 불분명하다.

분포 한국, 일본, 유럽

결절주머니투구버섯

Ascodichaena rugosa Butin

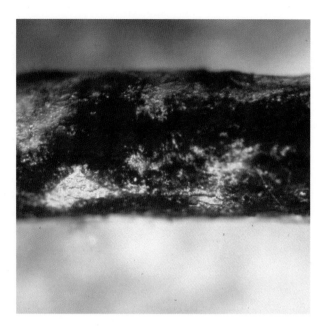

형태 자실체는 지름이 0.5㎜ 정도로 자낭반은 흑갈색의 자궁 같은 모양이다. 이것은 집단적으로 자라 흔히 기주 표면을 피복한다. 처음 미성숙 상태에서 상당히 크고 돌출한다. 중앙의 패인 골은 곧바로 홈선으로 되고 또는 포크형, 별 모양처럼 된다. 포자의 크기는 18~24×13~15㎛로 아구형에 표면은 매끈하고 투명하며 양 끝은 둥글다. 자낭은 8-포자성으로 측사는 상당히 가늘고 길며 선단은 둥글고 부푼다.

생태 봄~여름 / 너도밤나무와 참나무류의 살아 있는 등걸과 작은 가지의 껍질에 난다. 작은 자실체는 확대경으로 봐야 보일 정도다.

분포 한국, 유럽

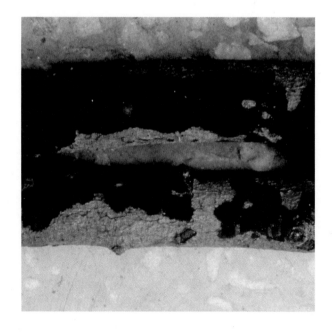

투구버섯

Cudonia circinans (Pers.) Fr.

형태 자실체는 두부와 자루로 구분되며 높이는 2~4cm이다. 두부의 지름은 1~2cm로 다소 통통해 보이며 불규칙한 구형이거나 반구형 또는 안장 모양이며 연한 황갈색이다. 가장자리는 아래쪽으로 강하게 말리고 적갈색이다. 살(육질)은 연골질이다. 자루는 길이가 3.5~10mm이고 굵기가 2~6mm이다. 원주상 또는 아래쪽이 약간 부푼 원주상이며 두부와 같은 색이나 아래쪽으로 적갈색을 나타낸다. 포자의 크기는 32~40×2μm로 원주상의 곤봉형에 표면은 매끈하고 흔히 휘어 있으며 여러 개의 격막이 있다. 자낭의 크기는 110~140×8~10μm로 8-포자성이다. 측사는 실처럼 가늘고 선단이 자낭보다 위로 굽었으며 나사처럼 꼬인다.

생태 가을 / 침엽수림 내의 낙엽 위 또는 이끼 사이에 군생 또는 총생한다.

분포 한국, 일본, 북반구 온대 이북

잡색투구버섯

Cudonia confusa Bres.

형태 자실체는 두부와 자루로 구분된다. 자실체는 높이 2~4cm, 두부는 지름 0.7~1.2cm로 다소 통통해 보이며 불규칙한 구형이거나 편평하며 반구형 또는 안장 모양이다. 표면에 끈적기가 있고 벽돌색을 띤 황토색 또는 연한 적갈색으로 기부 쪽으로 심하게 말린다. 자루는 길이 2~3cm, 굵기 1~2mm로 두부와 같은 색이다. 포자의 크기는 35~45×2μm로 원주형에 많은 격막이 있다. 자낭에 아생(芽生)이 있으며 크기는 105~120×10~12μm이다.

생태 늦여름~가을 / 침엽수림 내 관목지에 난다. 식용은 불가능하다. 매우 드문 종.

분포 한국, 유럽

안장투구버섯

Cudonia helvelloides Ito & Imai

형태 자실체는 두부와 자루로 구분한다. 자실체는 높이 2.5~7cm, 두부는 지름 1~2cm로 둥근 산 모양 또는 송편처럼 말려 있는 잎 모양에서 안장 모양으로 된다. 자실층은 연한 황색에서 황토색으로 되며 주름이 있다. 아랫면에는 분명한 주름 같은 것이 있고 백색에서 연한 회갈색으로 되며 솜털이 있다. 균모의 아래는 자루에 붙지 않는다. 자루는 원주상 또는 납작한 모양이고 기부는 분지하며 균모와 같은 색이다. 처음 백색에서 솜털 같은 인편이 붙으며 자루에 깊은 주름이 패여 있다. 포자의 크기는 40~60× 1.5~2μm로 곤봉형의 실 모양이며 어떤 것은 바늘 모양이다. 표면은 매끈하고 격막이 있으며 여러 개의 방으로 나눠지는 것도 있다. 자낭의 크기는 95~140×7.5~10μm로 곤봉형에 뚜껑이 없는 자낭으로서 꼭대기 포자분출구멍은 요오드 반응에 변색하지 않는다. 측사는 실 모양이고 분지하며 선단은 굴곡하고 어떤 것은 나선상으로 꼬인다.

생태 가을 / 숲속의 땅에 단생 · 군생하지만 보통 집단으로 총생 (속생)한다.

분포 한국, 일본, 북반구 온대

일본투구버섯

Cudonia japonica Yasuda

형태 자실체는 두부와 자루로 구분된다. 두부의 지름은 1~2.5cm 이고 불규칙한 구형이거나 편평하며 반구형 또는 안장 모양이다. 자라면 두부 가운데가 배꼽 모양으로 깊게 들어가기도 한다. 연한 황갈색 또는 탁한 백색으로 기부 쪽으로 심하게 굽어 있다. 육질(살)이 얇다. 자루는 길이 2~5cm, 굵기 2~9mm로 속이 비어 있고 흔히 눌러 있거나 세로로 홈선이 있다. 두부와 같은 색이며 기부 쪽은 팽대되지 않는다. 포자의 크기는 70~80×2~3.5μm이며 긴 곤봉형으로 투명하다.

생태 가을 / 숲속 또는 공원 등에 군생한다.

분포 한국, 일본

176

노랑투구버섯

Cudonia lutea (Peck) Sacc.
Vibrissea lutea Peck

형태 자실체는 두부와 자루로 구분된다. 자실체의 전체 높이는 2~4cm, 두부는 지름 1~2cm로 약간 통통해 보이며 불규칙한 구형으로 반구형 또는 안장 모양이며 연한 노란색에서 연한 갈색-오렌지색이다. 가장자리는 아래로 말린다. 자루는 길이 1~2cm, 굵기 2~6mm로 원통형이며 아래로 적갈색이다. 포자의 크기는 40~75×1.8~2.5μm로 가늘고 긴 실 모양에 큰 바늘 같은 모양이고 많은 격막이 있으며 표면은 매끈하고 투명하다. 자낭의 크기는 100~170×10~12μm로 좁은 곤봉형이며 8-포자성이다. 측사는 실 모양으로 가늘고 길며 분지하고 선단은 둥근 형태다.
생태 여름~가을 / 침엽수의 쓰레기더미 등에서 발생한다.
분포 한국, 일본, 북반구 온대 이북

넓적콩나물버섯

Spathularia flavida Pers.
S. clavata (Schaeff.) Sacc.

형태 자실체는 높이가 3~5cm로 주걱 모양, 머리 부분은 나뭇잎 모양이고 자루는 원주상이며 하부는 부푼다. 머리 부분은 압축 되어 편평하게 되며 부채 모양의 자루 상부로 된다. 불규칙한 방 사상의 물결 모양이거나 홈이 파지고 비뚤어졌다. 자루의 상부는 머릿속까지 파고 들어가 주축을 이루고 있으며 매끄럽고 건조하 며 전체 높이의 1/3~1/2이다. 전체가 연한 육질로 연한 황색-크 림색이며 자실층은 머리 부분의 표면에 발달했다. 자루는 백색 이고 기부로 갈수록 점점 가늘어지며 압축되어 편평해지고 매끄 럽거나 쌀겨 조각 같은 것이 조금 있다. 포자의 크기는 50~75× 2.5~3μm로 가늘고 긴 원주형에 투명하며 격막이 있다. 자낭의 크 기는 100~105×11.5~13μm로 8-포자성이며 포자는 나란히 배열 한다. 측사는 가늘고 포크형이며 선단은 약간 꼬인다.

생태 여름~가을 / 침엽수림의 낙엽 위에 열을 지어 난다.

분포 한국, 중국, 일본, 유럽, 북아메리카

붉은넓적콩나물버섯

Spathularia rufa Nees

형태 자실체는 편평하게 되지만 약간 물결 모양이고 높이는 4~8*cm*로 삽 모양이지만 오래되면 여러 모양으로 바뀐다. 두부는 높이 2~3*cm*로 꼭대기는 부드러운 주름이 에워싸며 황갈색에서 창백한 적갈색으로 된다. 자루는 황갈색 또는 회색이다. 포자의 크기는 30~50×2*㎛*로 가늘고 긴 원주형이며 격막이 있고 투명하다.
생태 구과식물 숲의 이끼류 사이에 군생한다. 식용에 부적당한 종이다.
분포 한국, 중국, 스웨덴

백색형(S. rufum)

179

털콩나물버섯

Spathulariopsis velutipes (Cooke & Farl.) Mass Geest.
Spathularia velutipes Cooke & Farl.

형태 자실체의 높이는 1.5~5cm로 양쪽이 눌려 있는 납작한 부채
모양 또는 주걱 모양의 머리가 있고 중심 쪽에 줄기가 있다. 머리
는 연한 황색-그을린 황갈색이며 흔히 불규칙한 형이고 열편 모
양이다. 자루는 위아래의 굵기가 같고 속은 차고 털이 있으며 적
갈색이다. 돌출된 밑동은 0.3~0.6cm 정도로 갈색-적갈색을 띠고
있으며 균사가 뭉쳐 있다. 자루의 위쪽은 머리의 중심 쪽으로 들
어가 있으며 미세하게 벨벳 모양의 털이 있으나 오래되면 떨어
진다. 포자의 크기는 33~43×2~3μm로 바늘 모양이고 표면은 매
끈하며 여러 개의 격막으로 나뉘어져 있다. 포자문은 백색이다.
생태 여름~가을 / 침엽수림의 땅이나 부식토에 군생 · 속생한다.
주로 소나무 숲의 오랫동안 썩은 나무 위에 난다.
분포 한국(백두산), 중국, 유럽, 북아메리카

큰색찌기버섯

Colpoma junipreri (P. Karst. ex P. Karst.) Dennis

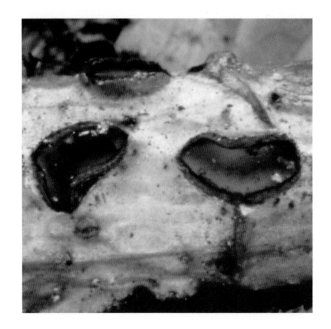

형태 자실체의 지름은 0.5~2.5㎜로 불규칙한 둥근형에서 난형으로 되며 나무껍질 속에 파묻혀 있다. 자실체는 처음 위 표면이 닫혀 있다가 찢어져 열리고 연한 갈색-노란색의 자실층이 나타난다. 자실층은 톱니 같은 흑갈색의 가장자리에 의하여 둘러싸인다. 포자의 크기는 45~50×1.5~2㎛로 바늘 같은 모양, 침 모양 혹은 약간 곤봉형이며 표면이 매끄럽고 투명하다. 자낭은 8-포자성으로 포자들은 자낭 속에 평행으로 배열한다. 측사는 실처럼 가늘고 끝은 나선형처럼 꼬부라진다.
생태 여름 / 노간주나무의 죽은 가지 아래에서 군생한다. 드문 종.
분포 한국, 유럽

색찌기버섯

Colpoma quercinum (Pers.) Wallr.

형태 흔히 죽은 가지에 가지 방향을 따라서 길게 펴지며 처음에는 껍질의 밑에 생겨서 자라고 성숙한 후에는 껍질이 길게 찢어지면서 편평하거나 도드라진 균체 표면이 돌출된다. 우기나 습기가 많을 때 껍질이 찢어져 균체가 드러나게 된다. 여자의 성기를 닮았다. 찢어져 드러나는 크기는 대체로 2×15㎜ 정도다. 개개의 자낭반은 타원-방추형이며 처음에는 위 표면이 닫혀 있으나 가운데가 가로로 찢어지면서 자실층 면이 노출된다. 자실층 면은 처음에 연한 황색이나 후에 검은색으로 된다. 많은 자낭반이 군집을 이뤄 껍질을 거의 피복하기도 한다. 포자의 크기는 80~95×1.5㎛로 바늘 모양, 실 모양 또는 가느다란 곤봉형이며 한쪽 끝이 반점상이다. 표면은 매끈하고 투명하다. 자낭의 크기는 140~150×10㎛로 8-포자성이며 자낭포자는 자낭에 평행하게 들어 있다. 측사는 실 모양이며 선단은 소용돌이처럼 감긴다.

생태 늦봄~가을 / 참나무류 등 활엽수의 잔가지에 발생한다.

분포 한국, 유럽

182

붉은껍질색찌기버섯

Hypoderma rubi (Pers.) DC.

형태 자실체는 길이가 2mm 정도로 자낭반의 자실층은 회핑크색
이고 타원형으로 검은 조직 안에서 발생하며 개개는 가늘고 긴
구멍을 가지고 있다. 검은 조직은 빛나고 흔히 굽었다. 자실체는
성숙하면 기주의 표면이 부서지고 넓은 회백색의 입이 포자를
생성할 수 있는 자실층으로 나타난다. 포자의 크기는 21~25×
3~4.5㎛로 표면은 매끈하고 투명하며 2개의 기름방울을 함유한
다. 양단이 둥글다. 자낭은 8-포자성으로 요오드용액 반응에서
색의 변화는 없다. 측사는 가늘고 길며 선단은 둥글고 어떤 것은
꼬인다. 털은 없다.

생태 봄~가을 / 검은 딸기의 죽은 줄기에 나는데 흔히 큰 무리
를 이룬다. 때로는 물푸레나무 등에서도 발생한다.

분포 한국, 유럽

183

작은원통버섯

Cyclaneusma minus (Butin) DiCosmo, Peredo & Minter
Naemacyclus minor Butin

형태 자실체의 크기는 1~1.5×0.5mm로 둥근형에서 방석 모양이다. 바늘 같은 조직 속에 파묻혀 있다가 길게 갈라져서 조직의 곧추선 인편을 자실체의 어느 한쪽에 형성한다. 이 인편들은 미세하고 하얀 균사들이 자실체 쪽의 한편으로 덮여진다. 자실층은 거칠고 황토색에서 황토-갈색으로 된다. 포자의 크기는 75~85×2~3μm로 실 모양에 투명하며 약간 굽었으며 중앙에 1~2개의 격막이 있고 미세한 알갱이를 포함한다. 자낭은 8-포자성이며 자낭포자들은 실처럼 된 다발로 평행으로 배열하며 크기는 120×14.5μm이다. 측사는 실 모양이고 선단 쪽이 포크형 또는 불규칙한 곤봉형으로 두껍고 많은 격막이 있다.

생태 가을~봄 / 소나무류의 잎에 군생하는 것으로 숙주가 제한된다. 대체로 기주의 결을 따라 1열로 발생한다.

분포 한국, 유럽

184

가루밀납버섯

Propolis farinosa (Pers.) Fr.
P. versicolor (Fr.) Fr.

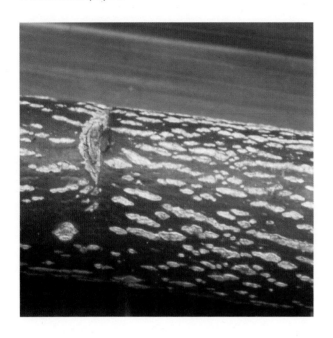
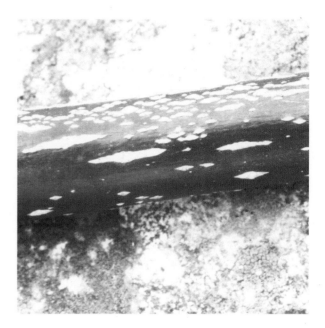

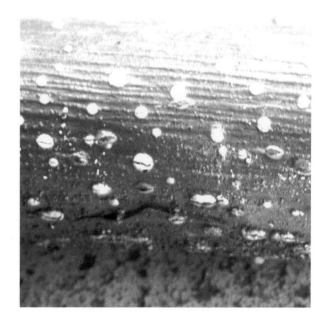

형태 자실체의 크기는 가로 폭 1~5*mm*, 세로 폭 1~3*mm*로 나무 속
에 매몰하여 처음엔 표면이 닫혀 있다. 성숙하면 껍질이 찢어지
고 열리는데 알갱이 같은 구조 위에 엽병이 매달리면서 자실층
이 나타난다. 자실층은 갈색이고 가루상이며 테두리는 백색이고
육질은 왁스처럼 미끄럽다. 포자의 크기는 20~22×5~6*μm*로 백
색이고 길게 늘어지며 약간 콩팥 모양이고 2개 내지 여러 개의
기름방울을 함유한다. 격막은 없다. 자낭의 크기는 136~152×
12~13*μm*이고 8-포자성이다. 자낭포자들은 2열로 들어 있다. 측
사는 무수히 많으나 매우 얇고 선단 쪽으로 강하게 분지한다. 측
사는 자낭보다 길어서 위로 돌출한다.
생태 연중 / 죽은 활엽수의 껍질이 없는 표면에 군생한다.
분포 한국, 유럽

요리콩나물버섯

Geoglossum cookeanum Nannf.

형태 자실체는 곤봉형의 두부와 자루로 구분된다. 높이는 4~8cm로 반 이상이 포자를 만드는 기관이고 좁은 방추형으로 약간 압착되어 있으며 이랑이 있다. 흑색에서 흑갈색이며 표면은 밋밋하고 끈적기가 있다. 습기가 있을 때 광택이 난다. 자루의 굵기는 3~5mm이며 두부와 같은 색이고 원통형으로 미세한 비듬이 있거나 거의 밋밋하며 구불구불하다. 포자의 크기는 50~90×5~7μm로 원통-곤봉형이며 갈색이다. 격막은 7개나 있고 보통 휘어졌다. 자낭의 크기는 180×20μm로 곤봉형이고 8-포자성이다. 자낭포자는 평행으로 배열한다. 측사는 갈색이고 격막이 있으며 가늘고 자낭보다 약간 길어서 위로 올라온다.

생태 가을 / 모래땅의 풀밭, 특히 해안가에 발생한다.

분포 한국, 유럽

굴콩나물버섯

Geoglossum fallax Durand
G. fallax var. fallax Durand

형태 자실체는 두부와 자루로 구분된다. 자실체의 높이는 2~8.5 *cm*로 곤봉형이며 황갈색 또는 진한 다색에 건조 시 흑색이 된다. 두부의 크기는 8~15×3~5*mm*로 전체 길이의 1/3~1/2을 점한다. 피침형, 장타원형 또는 때때로 편평형이 되며 둔하고 세로줄의 홈선이 있다. 자루는 원주상이고 위쪽에 인편이 있다. 포자의 크기는 80~104×4.4~5*μm*로 곤봉상의 원통형에 8~12개의 격막이 있으며 처음엔 투명하다가 갈색이 되며 양 끝이 둥글다. 자낭의 크기는 150~250×17.5~20*μm*로 8-포자성이며 무색에서 오래되면 연기색이 된다. 뚜껑이 없는 자낭으로 꼭대기 포자분출구멍은 요오드 반응에서 청색으로 변색한다. 측사는 자낭보다 길고 실 모양이다. 선단은 거의 무색 또는 연한 연기색이고 급격히 팽대하여 타원-구형이며 굴곡한다.

생태 여름~가을 / 숲속의 점토질 땅 또는 고목에 단생 혹은 군생한다.

분포 한국(백두산), 중국, 일본

흑색콩나물버섯

Geoglossum nigritum (Pers.) Cooke

형태 자실체의 높이는 7cm로 반 이상이 포자를 만드는 기관이다. 좁은 방추형이며 약간 압착되었다. 흑색이며 표면은 밋밋하고 건조성이다. 자루는 가늘고 길며 원통형에 표면은 미세한 비듬이 있거나 거의 밋밋하다. 포자의 크기는 길이가 50~100μm로 원통-곤봉형에 길고 갈색으로 쉽게 변색하며 7개의 격막을 갖고 보통 휘어졌다. 자낭의 크기는 180×20μm로 8-포자성이고 원통형이다. 자낭포자는 자낭 속에서 평행으로 배열한다. 측사는 많으며 가늘고 긴데 자낭보다 약간 길어서 자낭 위로 올라온다.

생태 가을 / 모래땅의 풀밭, 특히 해안가에 발생한다.

분포 한국, 유럽

주걱콩나물버섯

Geoglossum peckianum Cooke

형태 자실체는 두부와 자루로 형성된다. 자실체는 높이가 4~8cm이며 두부는 곤봉-긴 숟가락 모양으로 전체의 1/3~1/2 정도 윗부분에 형성된다. 두부의 폭은 0.5~1cm 정도며 약간 눌려져 있고 때로는 골이 져 있다. 흑색-흑갈색이며 표면은 밋밋하고 끈적기가 있다. 습할 때는 광택이 있다. 자루는 두부와 같은 색으로 다소 원주형이고 보통 약간 꾸불꾸불하다. 표면은 밋밋하고 굵기는 3~5mm이며 점차적으로 두부와 합치된다. 포자의 크기는 100~115×5~6.5μm로 지렁이 모양에 표면은 매끈하고 갈색이며 굽어 있기도 하다. 보통 15개의 격막이 있다. 자낭의 크기는 200~220×20~25μm로 방망이 모양에 자낭포자들은 평행으로 배열한다. 측사는 가늘고 격막이 있으며 선단은 나사의 갈고리처럼 굽었고 갈색이다.

생태 가을 / 양치류가 있는 저습지, 이끼 많은 곳, 습원지역, 목장 등에 난다.

분포 한국, 유럽

노란좀콩나물버섯

Microglossum rufum (Schwein.) Underw.

형태 자실체는 곤봉형이고 높이 4~5*cm*로 균모(자낭형성부)는 전체 길이의 반을 차지하고 자루와 연결되어 있으나 색이 다르다. 자실체의 균모는 황색이다. 자루는 오렌지-푸른 오렌지색이고 전체가 눌린 것처럼 편평하며 세로줄의 홈선이 있다. 자루는 길이 약 2*cm*, 굵기 5~7*mm*로 가늘고 긴 원통형에 밝은 황색-황갈색이다. 자낭은 곤봉상의 원통형이고 8개의 자낭포자를 담고 있으며 포자분출구멍은 멜저시약에 의해 청색으로 변한다. 자낭포자의 크기는 22.5~35×4~5*μm*로 타원형이며 선단 쪽으로 조금 좁고 직립하거나 구부러졌다. 표면은 매끄럽고 투명하다.
생태 여름 / 썩은 재목 위에 군생한다.
분포 한국, 중국, 일본, 북아메리카

마귀숟갈버섯

Trichoglossum hirsutum (Pers.) Boud.
T. hirsutum Pers. var. hirsutum

형태 자실체는 머리와 자루로 구분되며 높이는 2~8cm이다. 머리 부분의 지름은 0.3~0.8cm로 다소 둥글면서 납작한 모양, 삽 모양 또는 곤봉상이다. 전체가 흑색이며 머리 표면에 자실층이 형성된다. 오래되면 백색 분상물질이 피복되기도 한다. 자루는 머리보다 가늘고 원주상 또는 납작한 모양이며 폭은 2~3.5mm, 길이는 6cm까지 이른다. 머리와 자루의 접착점은 명확하지 않다. 자루는 미세한 털이 밀생한다. 포자의 크기는 112~140×5~6μm로 긴 막대-지렁이 모양이며 표면은 매끈하고 13~15개의 격막이 있다. 자낭의 크기는 150~220×20~25μm로 8-포자성이고 포자는 나란히 배열한다. 측사는 실 모양이고 격막이 있으며 선단은 약간 곤봉형으로 두껍고 약간 구부러진다.

생태 가을~겨울 / 숲속 또는 정원 나무 밑, 음지의 지상에 군생한다. 흔히 이끼와 함께 난다.

분포 한국, 중국, 일본, 유럽, 북아메리카, 남아메리카, 호주

털마귀숟갈버섯

Trichoglossum octopartitum Mains

형태 자실체는 지름이 1.5~4cm로 컵 모양 또는 압착된 스푼 모양이다. 표면은 흑색이고 벨벳 모양의 비로드가 있다. 포자의 크기는 100~120×4.5~5μm이며 방추형 또는 유방추형이다. 측사는 원통형이며 선단은 부푼다.

생태 여름 / 숲속 이끼류 속의 땅에 군생한다. 식용에 부적당한 종이다. 드문 종.

분포 한국, 중국, 북아메리카

왈트마귀숟갈버섯

Trichoglossum walteri (Berk.) Dur.

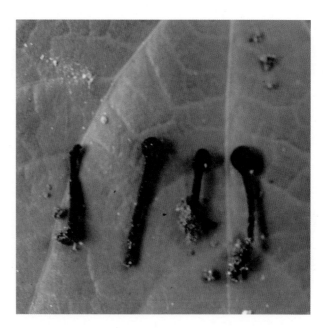

형태 자실체는 머리와 자루로 구분되며 높이는 1.5~4㎝, 머리 부분은 길이 7㎜, 폭 3~4㎜로 다소 둥글면서 납작한 모양 또는 곤봉상이다. 전체가 흑색-흑갈색이며 표면은 미세한 털이 비로드처럼 분포한다. 머리의 표면에 자실층을 형성한다. 자루는 길이 1~2㎝, 굵기 2㎜로 머리보다 가늘고 원주상 또는 납작한 모양이며 미세한 털이 비로드처럼 밀생한다. 포자의 크기는 90~97.5×5㎛로 원주상의 곤봉형이며 갈색에 7개의 격막이 있다.

생태 여름~가을 / 숲속 또는 정원의 나무 밑, 음지의 땅에 군생한다. 흔히 이끼와 함께 난다.

분포 한국, 중국, 일본, 유럽, 북아메리카, 호주

부푼투명바퀴버섯

Hyalorbilia inflatula (P. Karst.) Baral & G. Marson
Orbilia inflatula (P. Karst.) P. Karst.

형태 자실체의 자낭반은 어릴 때 대부분이 지름 0.5~1.5mm로 매우 작은 버섯이다. 자실체는 컵 모양이고 오렌지색이며 기부는 구부러진 짧은 하얀 균사로 싸여 있다. 자실층은 투명한 노란색에서 회노란색이 된다. 가장자리는 둥글고 때로는 갈라진 것도 있다. 자루는 없다. 포자의 크기는 7~8×0.8~1μm로 표면은 매끈하고 투명하며 양 끝은 둥글다. 자낭의 크기는 28~31×4~4.5μm로 원통형에 8-포자성이다. 요오드용액 반응에도 청색으로 변하지 않는다. 측사는 가늘고 선단은 약간 부푼다. 털은 없다.
생태 봄~가을 / 하나하나가 자라고 모여서 집단이 된다. 자실체들이 직접 나무 또는 껍질에서 군생한다.
분포 한국, 유럽

원추바퀴버섯

Orbilia coccinella Fr.

형태 자실체의 지름이 0.2~0.6㎜인 매우 작은 버섯이다. 어릴 때 찻잔 모양이다 서양팽이와 비슷한 모양이 된다. 습할 때는 호박(琥珀)색-오렌지색, 건조할 때는 분홍-주홍색이 된다. 바깥 면은 다소 비듬상이다. 자루는 없으며 직접 기주에 부착한다. 포자의 크기는 5~6.5×2~2.5㎛로 타원형이다. 표면은 매끈하고 투명하며 2개 내지 여러 개의 기름방울이 들어 있다. 자낭의 크기는 44~48×3.5~4㎛로 8-포자성이며 자낭포자들은 불규칙한 1열로 배열한다. 측사는 원통형으로 선단이 혹처럼 되고 격막은 없으며 어떤 것은 포크형이다.

생태 가을~봄 / 오래된 고목의 껍질이 찢어진 곳이나 부근 또는 썩은 목재 위에 산생 또는 군생한다.

분포 한국, 유럽

흰포자바퀴버섯

Orbilia curvatispora Boud.

형태 자실체의 지름은 0.5~1.5㎜로 어릴 때 찻잔 모양이다가 편평해지고 점차 접시 모양이 된다. 자루는 없고 기주에 부착한다. 자실층은 밋밋하고 백색-황토색으로 투명하며 유리 같다. 가끔 분홍 색조를 띤다. 바깥 면은 자실층과 같은 색이다. 포자의 크기는 10~12×0.5㎛로 요막(尿膜) 모양이며 표면은 매끈하고 투명하다. 자낭이 크기는 37~40×3㎛로 8-포자성이고 자낭포자는 2열로 배열한다. 측사는 원통형이며 선단은 작은 혹 같은 모양이다.

생태 가을 / 젖고 썩은 나무에 군생하여 집단을 이룬다.

분포 한국, 유럽

여린바퀴버섯

Orbilia delicatula (P. Karst.) P. Karst.

형태 자실체의 지름은 0.5~1mm로 오렌지색이며 거의 편평하나 흔히 중앙이 들어간다. 자루는 없다. 표면은 밋밋하고 끈적거리며 반투명하다. 처음부터 퇴색하여 나중에 오렌지색, 연한 적황색 또는 황갈색으로 다양하게 변색하지만 건조 시에는 노란색이다. 포자의 크기는 2.5~3×1㎛로 가운데가 깊이 파진 콩팥 모양이며 반원형으로 휘었다. 표면은 매끈하고 투명하다. 콩팥 모양의 바깥 표면에 사마귀점이 있다. 자낭의 크기는 35~45×3~4㎛로 긴 원통형에 8-포자성이며 자낭포자들은 2열로 배열한다. 측사는 일반적으로 선단이 둥글다. 털은 없다.

생태 연중 / 썩은 낙엽송과 구과식물에 군생한다.

분포 한국, 유럽

황적색바퀴버섯

Orbilia luteorubella (Nyl.) P. Karst.

형태 자실체는 지름이 1.5mm 정도로 거의 편평하나 흔히 중앙이 들어간다. 자루는 없다. 표면은 밋밋하고 끈적거리며 반투명하다. 처음부터 퇴색하여 오렌지색, 연한 적황색 또는 황갈색 등 여러 색으로 변색하며 건조 시에는 노란색이 된다. 포자의 크기는 6~12×1~1.5㎛로 방추형의 실 모양이며 투명하다. 자낭포자는 자낭 속에 2열로 배열한다. 자낭의 크기는 30~40×4~4.5㎛로 원통-곤봉형에 8-포자성이며 멜저액 반응은 난아미로이드이다. 측사는 실 모양으로 가늘고 길며 선단은 곤봉형에서 구형이다. 선단의 폭은 2~2.5㎛이다.

생태 여름~가을 / 침엽수의 썩은 고목에 군생한다.

분포 한국, 유럽, 북아메리카

회분홍바퀴버섯

Orbilia sarraziniana Boud.

형태 자실체의 지름은 0.3~0.8mm로 어릴 때는 결절형이나 이후 편평해져서 얇은 접시 모양이 된다. 자루는 없고 기질에 부착한 다. 자실층은 밋밋하고 회분홍색으로 투명하며 유리 같다. 바깥 면은 자실층과 같은 색이며 중앙은 약간 검은색이다. 포자의 크 기는 7×0.5~1㎛로 가는 방추형이며 표면은 매끈하고 투명하다. 자낭의 크기는 30×4㎛로 8-포자성이며 자낭포자는 2열로 배열 한다. 측사는 원통형이며 선단은 혹처럼 생겼고 지름은 3㎛이다.
생태 여름 / 젖고 썩은 활엽수에 군생한다. 흔한 종은 아니다.
분포 한국, 유럽

황금바퀴버섯

Orbilia xanthostigma (Fr.) Fr.

형태 자실체의 지름은 0.5~1㎜로 아주 작은 버섯이다. 접시-찻
잔 모양에서 쟁반-편평형이 된다. 자루는 없고 직접 기질에 붙는
다. 윗면의 자실층은 밋밋하고 황금색이며 바깥의 하면층도 윗면
의 자실층과 같은 색이다. 가장자리는 약간 암색이 되기도 한다.
포자의 크기는 3~4×1~1.5㎛로 콩팥 모양에 표면은 매끈하고
투명하며 2개의 작은 기름방울이 있다. 자낭의 크기는 30~40×
4㎛로 곤봉형이고 8-포자성이다. 자낭포자들은 자낭 속에 1열로
배열한다. 측사는 원통형에 선단과 구분되고 혹 같은 것으로 되
며 굵기는 2~4㎛이다.
생태 봄~가을 / 습한 지대에 쓰러진 활엽수의 썩은 목재 표면이
나 드물게 껍질에 군생한다.
분포 한국, 유럽

석탄주머니버섯

Ascobolus carbonarius Karsten

형태 자낭반은 지름이 5*mm*로 컵 모양이며 중앙은 오목했다가 편평해진다. 자낭반의 안쪽 면은 흑갈색에서 거의 흑색이 되며 바깥 면은 미세한 가루가 있고 흑갈색이다. 가장자리는 약간 톱니상이다. 포자의 크기는 19~22×11~15*μm*로 타원형에 자갈색이고 표면은 불규칙한 사마귀점이 있다. 자낭은 8-포자성으로 크기는 150~230×13~22*μm*이다. 측사는 분지하고 가늘며 두께는 3*μm*이다. 황록색의 점질액이 묻혀 있으며 실 모양에 격막이 있고 포크형이다.

생태 봄~여름 / 불탄 땅에 군생한다.

분포 한국, 유럽

넓은게딱지버섯

Discina ancilis (Pers.) Sacc.
D. perlata (Fr.) Fr.

형태 자실체의 지름은 3~15cm로 어릴 때 컵 모양이었다가 편평하게 펴져서 얇은 접시 모양이 된다. 모양이 심하게 변형되며 불규칙한 맥상의 주름진 모양에서 파상의 가장자리로 된다. 적갈색에서 밤색-갈색이며 바깥 면은 백색에서 황토색, 갈색-분홍색이다. 자루는 길이가 10~30mm로 강한 끈적액이 있고 주름진다. 육질은 냄새가 없으며 백색이고 온화하다. 포자의 크기는 (부속지를 제외하고) 24~30×13~14μm로 타원형이며 표면에 미세한 사마귀점이 있고 투명하다. 성숙하면 미세한 그물꼴이 생기며 3개의 기름방울과 반점상의 투명한 부속지(3~6μm)가 양쪽 끝에 있다. 자낭의 크기는 300~350×17μm로 8-포자성이며 측사는 원통형 또는 약간 곤봉형이다. 선단의 굵기는 7~10μm이며 갈색이다. 드물게 격막이 있다.

생태 봄~여름 / 썩은 고목, 특히 참나무류의 줄기, 땅에 묻힌 나무에 군생한다.

분포 한국, 유럽

헛마귀곰보버섯

Gyromitra ambigua (Karst.) Harmaja

형태 자실체는 지름이 3~5*cm*로 안장 모양이며 암갈색-진한 갈색 또는 자색이고 표면은 울퉁불퉁하다. 가장자리는 아래로 말린다. 자루는 길이 3~5*cm*, 굵기 0.3~0.5*cm*로 거의 원주형이며 표면은 갈색 혹은 자색에 밋밋하거나 약간 들어가며 기부는 약간 팽대한다. 자루의 속은 비었다. 포자의 크기는 20~27×8~12μm로 장타원-타원형에 옅은 황갈색이다. 표면은 매끈하고 광택이 나며 기름방울이 있고 양단이 약간 볼록하다. 자낭은 가늘고 긴 원주형이며 크기는 160~230×12~16μm로 8-포자성이다. 측사는 무색에 가늘고 길며 격벽이 있다. 꼭대기는 둔형이다.
생태 여름~가을 / 숲속의 썩은 고목에 단생 혹은 군생한다.
분포 한국(백두산), 중국

마귀곰보버섯

Gyromitra esculenta (Pers.) Fr.

형태 자실체는 머리와 자루로 구분되며 높이는 5~12cm이다. 머리의 지름은 5~15cm로 불규칙하게 둥근 모양이면서 표면은 현저한 요철형을 이루고 있어서 뇌 모양을 연상시킨다. 나중엔 불규칙하게 둥근 모양이 편평하게 펴지기도 하며 황토-갈색, 적색, 흑갈색이다. 자루는 짧아서 머리의 1/4~1/3 정도며 뻣뻣하고 심하게 골이 져 있으며 흰색이다. 자루의 속은 비어 있어서 공동(空洞)을 형성한다. 자루의 표면은 미세하게 쌀겨 모양이다. 자루와 머리는 매우 불규칙하게 융합되어 있다. 살은 잘 부서지며 특별한 맛과 냄새는 없지만 맹독성이 있다. 포자의 크기는 (13)16~21×(7)8~10㎛로 광타원형에 표면은 매끈하고 투명하며 흔히 포자 양쪽에 기름방울이 들어 있다. 자낭의 크기는 350×16~20㎛로 8-포자성이다. 측사는 원통형이고 가지를 치며 곤봉형처럼 두꺼워진다.

생태 늦봄~초여름 / 침엽수 임지의 개벌지, 그루터기 주변, 벌채 잔존물을 모아둔 곳 등에 단생 혹은 군생한다.

분포 한국, 중국, 일본, 유럽, 뉴질랜드, 북아메리카

참고 독성분은 지로미트린으로 먹으면 토하고 경련을 일으키며 사망률이 높다.

안장마귀곰보버섯

Gyromitra influa (Schaeff.) Quél.

형태 자실체는 머리와 자루로 구분되며 높이는 4~8cm이다. 머리
는 2~4개의 찌그러진 포대를 뒤집어 쓴 모습처럼 불규칙하게 접
혀 있으며 굵기는 4~8cm 정도다. 절단해보면 일그러진 얇은 열편
이 공간을 형성하면서 자루와 융합되어 있다. 머리의 표면은 물
결 모양으로 울퉁불퉁하고 주름이 잡혀 있으며 계피-암갈색이
다. 머리를 절단해 하면을 보면 유백색이다. 자루의 표면은 밋밋
하고 흔히 고랑이나 홈이 파져 있다. 밑동은 미세한 털이 나 있으
며 붉은색이 있는 유백색이다. 자루의 속은 비어 있다. 살은 부서
지기 쉬우며 유백색이다. 포자의 크기는 19~20×7~8.5μm로 타원
형에 표면은 매끈하고 투명하며 2개의 기름방울이 있다. 자낭의
크기는 200~320×8~12μm로 원통형에 아래로 가늘며 벽은 얇고
요오드용액 반응에도 포자분출구멍은 색이 변하지 않는다. 8-포
자성이다. 측사의 선단은 포크형이고 부풀어서 폭은 10μm이다.
생태 늦여름~초가을 / 활엽수 또는 침엽수림 땅의 그루터기 부
근이나 벌채 잔존물 더미 부근에 단생한다.
분포 한국, 중국, 일본, 유럽, 북아메리카

게딱지마귀곰보버섯

Gyromitra parma (Breit. & Mass Geest.) Kotl. & Pouzar
Discina parma Breit. & Mass Geest.

형태 자실체의 지름이 5~10cm이며 어릴 때 원반 또는 약간 컵 모양에서 주름이 잡히고 울퉁불퉁하게 펴지며 열편 모양으로 찢어지기도 하고 겹쳐지기도 한다. 표면의 자실층은 고르지 않고 결절을 이루거나 주름이 잡히며 중앙이 깊게 파이기도 한다. 가장자리는 물결 모양에 굴곡지며 적갈색-황갈색이다. 살은 연한 갈색, 아랫면은 연한 갈색으로 백색의 자루와 연결되어 있다. 자루는 길이 3~6cm, 굵기 2~3cm로 울퉁불퉁하며 구멍이 파이기도 하고 서로 접히기도 한다. 아래쪽으로 굵어지며 속이 비어 있거나 칸막이 모양 구멍이 생기기도 한다. 포자의 크기는 25~32×11~12.5μm로 타원형에 투명하고 거친 그물꼴이 있다. 3개의 기름방울이 있으며 양 끝에는 꼬리 모양이 돌출된다. 자낭은 굽은 방망이 모양에 8-포자성이다. 측사는 실 모양으로 격막이 있고 곤봉형이다.

생태 봄 / 숲속의 퇴적, 습지 토양, 물푸레나무, 단풍나무, 가문비나무 등과 숲속의 이끼 사이, 썩은 둥치 등에 단생 또는 산생한다.

분포 한국, 유럽

광택뺨버섯

Glaziella splendens (Berk. & M.A. Curt.) Berk.
Entonaema splendens (Berk. & Curt.) Lloyd

형태 자실체(자좌)는 아구형-불규칙한 구형이며 신선할 때는 약
간 탄력성이 있다. 자실체는 밋밋한 한편, 상처를 받으면 끈적끈
적한 점성의 액이 있다. 자실체 밑은 비어 있다. 마르면 자실체는
단단하다. 포자는 타원형이고 흑갈색이다. 자낭은 8-포자성이다.
생태 여름 / 썩은 고목에 군생한다.
분포 한국(지리산), 일본

꼬마안장버섯

Helvella atra J. König
Leptopodia atra (J. König) Boud.

형태 자실체의 머리는 폭이 1~3cm이며 흔히 2~3개의 납작한 열편이 세로로 겹친 모양 또는 머리 부분이 세로로 붙은 모양이면서 안장 모양을 나타내기도 한다. 표면은 밋밋하거나 다소 주름이 잡혀 있으며 회갈색, 회색-회흑색이다. 가장자리는 거의 위쪽으로 말리지 않는다. 하면(내면)은 미모상(微毛狀)이며 회색-회갈색을 띤다. 살은 부서지기 쉽다. 자루는 길이 3~5cm, 굵기 5mm 정도로 원주형에 암회색-회갈색이며 미세한 털이 있다. 포자의 크기는 15~21×10~13µm로 광타원형에 표면은 매끈하고 투명하며 1개의 큰 기름방울이 있다. 어릴 때는 거친 사마귀점이 있다. 자낭의 크기는 225~280×14~19µm로 8-포자성이며 자낭포자는 1열로 배열한다. 측사는 원통형이고 선단은 곤봉형에 굵기가 7~8µm이며 기부 쪽은 포크형이고 격막이 있다.

생태 여름~가을 / 활엽수 숲속 또는 침엽수 숲속의 토양에 단생 또는 산생한다.

분포 한국, 일본, 유럽, 북아메리카

납작안장버섯

Helvella compressa (Snyder) N.S. Weber

형태 자실체는 두부와 자루로 구분된다. 두부의 높이는 2~3cm 이고 넓은 안장 모양이며 다소 불규칙하게 째진다. 성숙하면 파상을 이룬다. 가장자리는 어릴 때 자실층의 안쪽으로 감겨 있으나 점차 감긴 것이 풀어지면서 깔때기 모양이 되기도 한다. 표면의 자실층은 갈색, 회갈색-암갈색 등이며 밋밋하다. 하면은 흰색, 크림색-회백색으로 미세하게 털이 나 있다. 살은 얇고 부서지기 쉽다. 자루는 길이 3~5cm, 굵기 0.3~0.5cm로 상하가 같은 굵기이고 미세한 털이 덮여 있다. 흰색-연한 크림색이며 이랑(골)은 없다. 자루를 절단해보면 둥글거나 다소 납작하고 속이 차 있다. 포자의 크기는 19~26×14~18μm로 광타원형이며 표면은 매끈하고 중앙에 큰 기름방울이 있다.

생태 여름 / 병꽃나무 아래의 모래땅에서 다수 발생한다.

분포 한국, 북아메리카

마른안장버섯

Helvella dryophila Vellinga & N.H. Nguyen

형태 균모는 회갈색에서 흑색이며 아랫면에 털이 없다가 이후 생긴다. 가장자리는 자루에 부착한다. 자루는 꽤 짧다. 기부는 검은색에서 백색으로 되며 점차 갈색으로 물든다. 포자의 크기는 17.5~21.5×11~12.5μm이다.

생태 여름 / 구과식물과 참나무류 숲의 땅에 군생한다.

분포 한국, 유럽

참고 검은안장버섯(H. laucnosa)과 비슷하지만 그보다 크지는 않다.

갈비대안장버섯

Helvella costifera Nannf.
Paxina costifera (Nannf.) Stangl

형태 자실체는 머리와 자루로 구분된다. 머리 부분은 지름이 2~7cm로 부정형의 접시나 컵 모양이다. 오래되면 가장자리가 물결 모양으로 구불구불해지고 찢어지기도 한다. 표면의 자실층은 밋밋하고 황토색, 회황토색, 때로는 연한 회색-거의 백색이다. 바깥 면과 아랫면은 표면과 같은 색 또는 다소 밝은색이며 미세한 털이 있다. 나뭇가지 모양이며 돌출되어 요철이 심하다. 자루는 하면과 같은 색 또는 유백색이고 우글쭈글한 주름이나 고랑이 잡히기도 한다. 밑동 쪽으로 가늘어진다. 높이는 2~6cm 정도며 포자의 크기는 15~21×10~13μm로 광타원형이고 표면은 매끈하고 투명하며 1개의 큰 기름방울이 들어 있다.

생태 늦여름~가을 / 석회질이 많은 활엽수 숲속의 땅이나 침엽수 숲속의 땅에 군생한다.

분포 한국, 유럽, 북아메리카

주름안장버섯

Helvella crispa (Scop.) Fr.

형태 자실체는 머리와 자루로 구분되며 머리 부분은 안장 모양
이고 불규칙하며 깊게 째져 있다. 머리는 폭 6cm, 높이 2~5cm 정
도다. 가장자리는 자루와 분리되어 있다. 표면의 자실층은 유백
색-황토색이며 주름이 잡혀 있고 울퉁불퉁하다. 머리의 아랫면
은 자실층과 같은 색이고 미세한 털이 눌려 있다. 자루는 유백색
이고 높이 2~6cm, 굵기 1~3cm이며 다소 원통형이고 뻣뻣하다.
자루의 속은 비어 있고 깊게 세로 방향으로 고랑이 져 있다. 포자
의 크기는 17~20×(9)10~12㎛로 광타원형에 표면은 매끈하고
투명하며 1개의 큰 기름방울이 들어 있다. 미성숙의 어린 포자들
은 흔히 둥근 모양의 사마귀 반점을 가지고 있을 때가 있다. 자낭
의 크기는 250~300×14~18㎛로 8-포자성에 곤봉형이다. 자낭
포자들은 1열로 배열한다. 측사는 원통형이며 선단의 폭은 9㎛
이다.

생태 늦여름~늦가을 / 활엽수나 혼효림 지역의 숲가 또는 길가
모래땅, 초지 등에 단생 또는 군생한다.

분포 한국, 일본, 유럽, 북아메리카

컵안장버섯

Helvella cupuliformis Dissing & Nannf.

형태 자실체는 두부와 자루로 구분된다. 두부는 지름 1.5~3cm로 부정형의 접시 모양 또는 약간 안장 모양이었다가 펴져서 얕은 접시 모양이 된다. 가장자리는 둔하며 윗면 자실층은 밋밋하고 황토-갈색이다. 바깥 면과 가장자리는 미세한 쌀겨 모양이고 다소 연하다. 자루는 길이 1.5~2.5cm, 굵기 4~6(8)mm로 원통형이며 속은 차 있지만 드물게 속이 빈 것이 있다. 흰색-크림색이며 밋밋하고 위쪽 끝부분에 다소 쌀겨 모양이 피복되어 있다. 포자의 크기는 18~20×12~13.5μm로 광타원형이며 표면은 매끈하고 투명하다. 1개의 큰 기름방울이 있다. 자낭은 8-포자성이며 크기는 300~350×17~20μm이다. 측사는 원통형이고 선단은 약간 곤봉형으로 두께는 7μm 정도이다.

생태 여름~가을 / 활엽수나 침엽수림 숲속의 가장자리 길가 또는 뚝 등의 모래땅에 단생 또는 군생한다.

분포 한국, 유럽

털안장버섯

Helvella dissingii Krof
H. villosa (Hedw.) Dissing & Nannf. / *Cyathipodia villosa* (Hedw.) Boud.

형태 자실체는 머리와 자루로 구분된다. 머리는 지름 1.5~3cm로 부정형의 접시 모양이면서 약간 안장 모양이다. 접시 모양의 안쪽이 약간 좁게 오므라져 있다. 가장자리는 굴곡이 져 있고 위쪽으로 굽어 있으며 찢어지는 경우도 있다. 윗면 자실층은 밋밋하고 둔하며 암회색-회갈색이다. 바깥 면과 가장자리는 미세한 털이 있으면서 쌀겨 모양으로 다소 연한 회갈색-회갈색이다. 자루는 길이 1.5~2.5cm, 굵기 4~6(8)mm로 원통형이며 드물게 속이 비어 있고 흰색-크림색이다. 단단하고 밋밋하지만 위쪽으로는 다소 쌀겨 모양이다. 포자의 크기는 (16)17~20×10.5~12μm로 광타원형이다. 표면은 매끈하고 투명하며 1개의 큰 기름방울이 들어 있다. 자낭의 크기는 230~280×15μm이고 굽은 곤봉형이며 8-포자성이다. 측사는 원통형에 선단은 곤봉형으로 굵기는 7μm이다.

생태 늦봄~가을 / 전나무, 가문비나무 숲 등 침엽수림의 길가나 샛길의 나지에 단생 또는 군생한다.

분포 한국, 유럽

긴대안장버섯

Helvella elastica Bull.
Leptopodia elastica (Bull.) Boud.

형태 자실체는 머리와 자루로 구분되며 높이는 10cm까지 이른다. 머리는 어릴 때 불규칙한 안장 모양이다가 나중엔 일그러져서 불규칙한 형태로 된다. 머리의 지름은 1~3cm 정도다. 표면의 자실층은 매끄럽지만 울퉁불퉁하고 황색을 띤 연한 회색, 연한 갈색 또는 황색을 띤 갈색이다. 하면은 색이 다소 연하고 매끄럽다. 자루는 길이 4~7cm, 굵기 0.3~0.7cm로 흔히 눌려 있고 속은 비어 있다. 표면은 매끄럽고 원통형이나 위쪽이 다소 가늘고 흔히 굽어 있으며 유백색-황토색이고 기부 쪽으로 미세하게 털이 나 있다. 포자의 크기는 17~20×10~13μm로 타원형에 표면은 매끈하고 투명하며 흔히 1개의 큰 기름방울이 들어 있다. 미성숙의 어린 포자들은 간혹 둥근 사마귀 반점이 다수 덮여 있는 것도 있다. 자낭의 크기는 300×14~16μm로 원통형이며 8-포자성이다. 측사는 원통형으로 선단은 굵기가 8μm이다.
생태 늦여름~가을 / 숲속의 땅이나 가장자리, 길가 등의 낙엽층이나 이끼 사이에 군생한다.
분포 한국, 일본, 유럽, 북아메리카

213

덧술잔안장버섯

Helvella ephippium Lév.

형태 자실체(자낭반)의 지름은 1~3.5cm이고 어릴 때 팔 모양이나 나중에 뒤집혀서 안장형이 된다. 내면의 포자를 만드는 자실층은 흑갈색 또는 어두운 회황색을 나타낸다. 바깥 면은 연한 회색이고 촘촘하게 털이 나 있다. 자루의 길이는 1.5~5cm, 굵기는 0.2~0.4cm이고 원통형이다. 가끔 납작한 모양을 가진 것도 있으며 기부가 두껍다. 골이 파져 있는 것도 있으며 거의 백색이다. 포자의 크기는 14~19×9~13μm로 광타원형이며 1개의 커다란 기름방울을 갖는다. 포자막은 얇고 무색이며 표면이 매끈하다. 자낭의 크기는 250~300×12~16μm로 원통형이며 상부는 둥글고 하부로 갈수록 점차 가늘어진다. 자낭벽은 얇고 요오드용액 반응에 포자분출구멍이 청색으로 변색하지 않는다. 측사는 실 모양이고 격막이 있으며 상부는 팽대된다. 지름은 5~7μm 정도다.

생태 여름 / 숲속의 땅에 무리지어 난다. 식용이 가능하다.

분포 한국, 일본, 유럽, 북아메리카

214

굵은대안장버섯

Helvella ephippioides S. Imai

형태 자실체는 머리와 자루로 구분된다. 머리는 폭 2cm 정도로 안쪽이 눌린 접시 모양이다가 펴지면서 열려진 안장 모양이 된다. 표면의 자실층은 회갈색-회황색이며 짧은 털이 밀생한다. 아래 면은 표면과 같은 색이고 짧은 털이 밀생한다. 자루는 높이 3~5(8)cm, 굵기 2~4mm로 원주형이며 회황색이고 짧은 털이 덮여 있다. 포자의 크기는 20~22×8~9μm로 방추형에 표면은 매끈하고 투명하며 무색이다.

생태 여름~가을 / 숲속의 땅에 난다.

분포 한국, 일본

회백색안장버섯

Helvella griseoalba N.S. Weber

형태 자실체는 지름이 2~7cm로 컵 모양이고 위쪽 표면은 연한 흑갈색에서 흑갈색이 된다. 아래 표면은 연한 색, 가장자리 근처는 흑갈색, 기부는 백색이다. 자루는 길이 1~7cm, 굵기 1~2.5 cm로 백색이며 표면은 맥상으로 된다. 포자의 크기는 16~22× 11~14μm로 광타원형이고 표면은 매끈하고 투명하며 기름방울을 함유한다. 자낭의 크기는 270~400×15~20μm로 원통형이며 8-포자성에 자낭포자는 1열로 배열한다. 측사는 격막이 있고 기부에서 분지하며 선단은 곤봉형이다.

생태 봄~초여름 / 숲속의 땅에 산생하며 일반적으로 침엽수림에 난다. 식용 여부는 불분명하다.

분포 한국, 유럽

하얀주름안장버섯

Helvella lactea Boud.

형태 자실체는 두부와 자루로 이뤄져 있다. 자실체 두부의 폭은 1.2~1.5cm로 안장 모양이며 불규칙한 1개의 열편으로 되어 있다. 가장자리 끝은 일부 자루에 붙어 있기도 한다. 표면의 자실층은 물결 모양으로 굴곡되어 있고 백색이지만 오래되거나 건조하면 황갈색을 띤다. 아랫면(하면)은 밋밋하고 표면과 같은 색이다. 자루는 머리를 포함한 전체 높이가 2.5~3cm, 굵기는 0.8~1.2cm로 세로로 깊게 골이 파져 있다. 신선할 때는 유백색, 건조하거나 오래되면 연한 황색 끼를 띤다. 포자의 크기는 16~18×10~12μm로 광타원형이며 표면은 매끈하고 투명하며 내부에 1개의 큰 기름방울을 가지고 있으나 때로는 여러 개의 작은 기름방울을 가진 것도 있다. 자낭의 크기는 200×15~16μm로 원통형이며 8-포자성이다. 측사는 원통형이며 선단은 곤봉형으로 굵기가 7μm이다.
생태 여름~가을 / 물푸레나무 등의 살아 있는 나무껍질이나 활엽수의 땅에 난다.
분포 한국, 유럽

흑변안장버섯

Helvella nigricans Pers.

형태 자실체의 균모 지름은 1~2cm로 말안장 모양에서 약간 펴진다. 회색에서 청회색을 거쳐 거의 흑색으로 된다. 자루의 길이는 2~5cm, 굵기는 0.3~0.6cm로 원통형이며 기부로 약간 부푼다. 역시 회색에서 청회색을 거쳐 흑색으로 된다. 포자의 크기는 17~20×9~11μm로 타원형이며 표면은 매끄럽고 투명하다.
생태 여름 / 숲속의 땅에 단생한다.
분포 한국, 북아메리카

검은안장버섯

Helvella lacunosa Afzel.
H. sulcata Afzel.

형태 자실체는 머리와 자루로 구분되며 머리(자낭반)는 마치 꼬깃꼬깃하게 구겨진 종이 모양 또는 뇌 모양이나 때로 다소 일그러진 안장 모양이 되기도 한다. 두부의 지름은 3~7cm 정도며 가장자리는 자루와 붙어 있다. 표면의 자실층은 회흑색, 흑갈색 또는 흑색이다. 안쪽 자실층의 속은 비어 있고 흑회색이며 밋밋하다. 자루는 연한 회갈색이고 세로로 깊게 골이 져 있으며 표면은 밋밋하다. 자루의 속은 비어 있는데 절단해보면 빈 곳의 크기는 3~8×1~3cm 정도다. 포자의 크기는 15~20×10~12μm로 광타원형에 표면은 매끈하고 투명하며 1개의 큰 기름방울이 중앙에 들어 있다. 자낭의 크기는 240~350×13~16μm로 8-포자성이며 원통형에 기부 쪽으로 가늘다. 측사는 야구방망이형에 투명하며 갈색이다. 선단은 굵기가 4~7μm이다.

생태 여름~가을 / 숲속의 땅 또는 숲 가장자리, 길섶 등의 모래질이 많은 곳에 난다. 때로는 고목이 썩은 자리나 초지 등에서 단생 또는 군생한다.

분포 한국, 일본, 중국, 유럽, 북·중앙아메리카

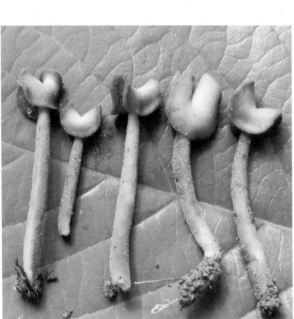

218

광포자안장버섯

Helvella latispora Boud.

형태 자실체는 두부와 자루로 구분되며 두부는 지름 0.3~1.6cm, 높이 0.5~1.5cm로 안장 모양에서 불규칙한 엽편 모양이다. 가장자리는 처음부터 안으로 말리며 이후 펴진다. 자실체 표면은 밋밋하다가 울퉁불퉁해지고 물결형으로 되며 연한 회색-갈색에서 갈색으로 된다. 건조 시 황갈색이다. 아랫면은 가루상이며 크림색에서 바랜 회갈색으로 된다. 자루는 길이 0.6~2cm, 굵기 0.1~0.5cm이며 기부가 약간 두껍다. 기부는 둥글다. 자루의 속은 차고 약간의 가루상이며 백색이다. 건조 시 크림색에서 바랜 회색의 황갈색으로 된다. 포자의 크기는 17~20.5×11~12.5μm로 광타원형이며 1개의 큰 기름방울을 가지며 투명하다. 자낭의 크기는 290~330×13~15.5μm로 8-포자성이다. 측사는 선단에서 5~8.6μm로 곤봉형이며 미세한 알갱이가 있고 투명하다.

생태 늦봄~여름 / 흙 또는 모든 종류의 쓰레기더미에서 단생 혹은 군생한다.

분포 한국, 북아메리카

긴대주발안장버섯

Helvella macropus (Pers.) P. Karst.
Macrospodia macropus (Pers.) Fuckel / Macroscyphus macropus (Pers.) Gray

형태 자실체는 머리와 자루로 구분되며 머리는 한쪽 폭이 넓은 접시 모양이다. 오래되면 드물게 약간 안장 모양이 되기도 한다. 머리의 지름은 1.5~4cm로 윗면 자실층은 매끄럽고 회색-회갈색이다. 바깥 면과 가장자리는 뚜렷하게 거친 융털 모양이며 윗면과 같은 색이거나 다소 연한 색이다. 자루는 길이 2~5cm, 굵기 3~5mm로 원통형이며 머리의 바깥 면과 같은 색이면서 위쪽이 가늘다. 융털 모양의 털이 덮여 있다. 포자의 크기는 20~27×10~12μm로 방추-타원형이고 기름방울이 1개 들어 있으며 투명하다. 흔히 미세한 반점들로 피복되고 드물게 표면이 매끈하다. 어릴 때 점상의 사마귀가 피복되는 것도 있다. 보통 양 끝에 1~2개의 작은 기름방울이 있다. 자낭의 크기는 220~350×15~20μm로 원통형에 8-포자성이다. 측사는 원통형이며 선단의 굵기는 9~12μm이다.

생태 여름~가을 / 주로 활엽수림, 때로는 침엽수림 지상에 나며 썩은 나무에도 난다. 맨땅이나 이끼가 덮인 곳에 단생 또는 군생한다.

분포 한국, 일본, 유럽, 북아메리카

주발안장버섯

Helvella pezizoides Afzel.

형태 자실체의 머리 지름은 1.5~5cm로 안장 모양이며 중앙이 깊게 파인다. 어릴 때 가장자리에 2장의 잎이 오므라진 모양으로 거의 겹쳐져 있거나 가장자리가 위쪽으로 감겨 있다. 오래되면 가장자리가 다소 벌어지며 암갈회색, 갈흑-흑색이다. 바깥 면(하면)은 융털이 밀생해 있고 회색이다. 자루는 길이 3~4cm, 굵기 10mm 이하로 원주형에 자실층(균모)과 같은 색이며 밋밋하거나 미세한 융털이 밀생해 있다. 포자의 크기는 17~20×10.5~12μm로 타원형에 표면은 매끈하며 중심부에 1개의 큰 기름방울과 양 끝에 작은 알맹이를 가진다. 자낭의 크기는 210~315×14~19μm로 8-포자성이다. 측사는 폭 4~9μm로 곤봉형이며 알갱이를 함유한다. 집단일 때는 갈색에서 흑갈색이 된다. 선단의 길이는 40~60μm이다.

생태 여름~가을 / 숲속의 땅 위에 나며 썩은 나무에도 난다.

분포 한국, 일본, 유럽, 북아메리카

얼룩안장버섯

Helvella queletii Bres.

형태 자실체의 지름과 높이는 30~60mm로 자낭반은 컵 모양에서 조개껍질 모양이고 흔히 옆에서 옆으로 압착되어 있다. 불규칙한 물결형에 가장자리가 어릴 때는 안으로 말리며 노후하면 찢어진다. 자실층은 밋밋하고 연한 갈색에서 검은 회갈색이 된다. 바깥면은 백색에서 황토색-회색이 되며 솜털이 있고 강한 펠트 같은 털이 가장자리 쪽으로 있다. 자루는 비교적 길고 다소 원통형에 기부 쪽으로 두껍다. 굵기는 10~15mm로 불규칙한 세로의 고랑이 있으며 몇 개의 둔한 짧은 능골이 있다. 회색에서 황토 백색이며 솜털이 꼭대기 쪽으로 분포한다. 자루의 속은 비었고 방 모양으로 되어 있다. 포자의 크기는 15~17×10~12µm로 광타원형에 표면은 매끈하고 투명하며 1개의 기름방울을 함유한다. 자낭의 크기는 170~225×13~16µm로 원통형이며 8-포자성이다. 측사는 원통형으로 격막이 있고 선단은 약간 곤봉형이며 두껍다. 두께는 5~7µm이다.

생태 여름 / 숲속 수풀 아래의 땅에 단생 혹은 군생한다.

분포 한국, 유럽

노을안장버섯

Helvella vespertina N.H. Nguyen & Vellinga

형태 자실체는 높이 5~30cm로 두부와 자루로 구성된다. 두부는 지름 2~5cm, 높이 1~7cm로 뇌 모양에서 둥근 모양 또는 안장 모양이며 건조성이다. 가장자리는 일반적으로 물결형이며 흔히 굽어 있다. 전체 또는 부분적으로 찢긴 모양이다. 자루는 길이 6~14cm, 굵기 1~3cm로 위아래가 같은 굵기다. 건조성이며 속은 비었거나 방으로 된다. 자루의 표면은 둔한 백색에서 회색 또는 흑색이다. 일반적으로 맥상이며 꼭대기는 검은색이다. 가끔 낮은 부분을 따라서 황토색이 되며 깊은 골과 동시에 맥상들은 분지하기도 하고 합쳐지기도 한다. 포자의 크기는 14.5~21.5×10~13.5㎛로 광타원형에 표면은 매끈하고 투명하며 약간 주름상에 1개의 기름방울을 함유한다. 자낭의 크기는 238~268×13~17㎛이며 8-포자성에 아미로이드 반응을 보이지 않는다. 측사는 원통형이고 선단은 곤봉형으로 미세한 알갱이를 함유하며 갈색이다.

생태 가을~초봄 / 썩은 구과식물의 고목에 단생·산생하며 때로는 집단으로 발생한다.

분포 한국, 북아메리카

굵은대곰보버섯

Morchella crassipes (Vent.) Pers.

형태 자실체는 머리와 자루로 이뤄진 큰 버섯이다. 머리 부분은 광난형-구형에 크기는 5~6×6~8cm로 황갈색-회색이며 그물 모양의 융기에 의해 벌집처럼 오목한 곳이 생긴다. 오목한 곳은 지름이 1cm이고 비뚤어진 다각형으로 밑바닥에는 주름이 없으며 융기상의 맥상은 연한 황색 또는 갈색이다. 자루는 길이 10~13cm, 굵기 6~7cm에 원통형이며 기부는 굵게 팽대되고 골이 파져 있다. 표면에는 큰 주름이 있으며 가루-쌀겨 모양으로 백색-연한 살색이다. 포자의 크기는 25~27×12~14μm로 연한 황색의 타원형이고 양 끝이 둥글며 표면은 매끄럽고 투명하다. 자낭의 크기는 272~352×17.5~30μm로 원통형에 아래로 가늘고 긴 자루로 되며 자낭벽은 얇다. 8-포자성이다. 측사는 실 모양이고 상부는 팽대되어 곤봉형이며 격막이 있다.

생태 봄 / 숲속의 땅에 단생 혹은 군생한다. 균근성이며 식용 가능하다.

분포 한국, 중국, 일본, 유럽, 북아메리카

맛곰보버섯

Morchella deliciosa Fr.

형태 자실체는 머리와 자루로 구분되며 높이는 4~10cm이다. 머리의 높이는 1.7~3.3cm, 지름은 0.8~1.5cm로 원추형이다. 표면은 요철의 갱도가 있는 긴 원형이며 연한 갈색에 방추상의 무늬가 배열하며 횡맥상으로 상호 교차한다. 가장자리는 머리와 연결된다. 자루는 길이 2.5~6.5cm, 굵기 0.5~1.8cm로 거의 백색-옅은 황색이며 기부는 팽대하고 오목하게 들어간다. 자낭포자의 크기는 18~20×10~11μm로 타원형이다. 자낭은 거의 원주형으로 크기는 300~350×16~25μm이며 8-포자성이다. 포자는 1열로 배열한다. 측사는 격막이 있고 분지하며 선단은 팽대하고 폭은 1~15μm이다.
생태 여름~가을 / 숲속의 땅에 단생 혹은 군생한다. 식용 가능하다.
분포 한국, 중국, 일본 등 전 세계

요철곰보버섯

Morhcella smithana Cooke

형태 자실체는 높이 24cm 혹은 그 이상인 것도 있다. 두부는 유구형으로 지름이 10cm에 달한다. 두부는 자루에 직생하며 늑맥은 세로로 발달하지만 가로로도 잘 발달한다. 그물꼴은 다각형으로 자실층 면은 황갈색이다. 자루는 원통형으로 굵다. 표면은 요철로 황색을 나타내며 알갱이가 있고 내부는 비었으며 살은 두껍다.
생태 봄 / 지상에 발생한다.
분포 한국, 일본, 유럽

탄사곰보버섯

Morchella elata Fr.

형태 자실체는 높이 5~15cm로 두부는 알 모양 또는 알 모양의 원추형으로 크기는 4~7×3~6cm이며 선단은 예리한 또는 둔한 두부 모양이다. 자루에서 떨어진다. 늑맥은 종맥으로 잘 발달하였고 횡맥은 잘 발달하지 않았다. 망목은 큰 그물눈으로 사각형이며 능형인 것도 많다. 자루의 길이는 4~8cm, 굵기는 2.5~4cm로 위아래가 같은 굵기로 거친 과립상이며 부서지기 쉽다. 표면은 주름 잡힌 상태가 뚜렷하다. 내부는 비었으며 솜털상의 균사가 산재한다. 포자의 크기는 18~25×11~15μm로 광타원형에 크림색이고 격막은 없으며 매끈하고 양쪽 끝에 작은 과립이 있다. 자낭의 크기는 250~300×20μm로 원통형에 8-포자성이며 포자는 1열로 배열한다. 측사는 원통형 또는 위쪽으로 약간 부풀고 분지하며 많은 격막이 있다. 폭은 8~17μm로 표면은 매끈하다. 포자문은 황색이다.

생태 봄 / 숲속의 땅에 군생한다.

분포 한국, 중국, 일본, 유럽

곰보버섯

Morhcella esculenta (L.) Pers. / M. conica Pers.
M. esculenta var. rotunda (Pers.) Sacc. / M. esculenta var. umbrina (Boud.) S. Imai

형태 자실체의 지름은 4~5cm, 높이는 8~15cm이다. 두부 부분은 넓은 난형이며 그물눈 모양으로 도려낸 것처럼 보이는 다수의 오목한 부분이 있다. 아래쪽에 자실층이 발달하며 연한 황갈색 또는 회황색이다. 안쪽은 두부 부분까지 비어 있다. 자루는 길이 2.5~5cm, 굵기 2~4cm이며 백색이다. 아래가 부풀어 있으며 쌀겨 같은 인편이 붙어 있고 세로줄의 홈선이 있다. 두부와 자루의 속은 살이 없어서 비어 있다. 포자의 크기는 20~25×12~15㎛이며 무색이고 광타원형이다. 표면은 매끄럽다. 가끔 양 끝에 작은 기름방울을 함유하며 이중막이다. 자낭의 크기는 300~380×17~22㎛로 곤봉형이며 8-포자성에 자낭포자는 1열로 배열한다. 측사는 원통형으로 격막이 있고 약간 응축하며 포크형이다. 선단은 곤봉형으로 굵다.

생태 봄 / 숲속이나 나무가 많은 곳에 식물과 공생생활을 하는 균근성 버섯이다. 식용 가능하다.
분포 한국 등 북반구 온대 이북
참고 프랑스에서 즐겨 먹으며 우표 도안으로도 사용한다.

곰보버섯(원추형)

M. conica Pers.

형태 자실체의 높이는 50~150㎜로 머리는 자루의 1/2~2/3를 차지하며 원통형 또는 예리한 원추형이다. 표면은 벌집 모양으로 각진형이고 굽은 세로줄의 고랑이 있으며 이들은 십자 고랑에 의해 연결된다. 회색에서 올리브-갈색이며 고랑이 오래되면 검은색으로 변한다. 머리의 가장자리는 예리하게 안으로 굽고 자루에 부착한다. 육질은 탄력이 있으며 맛이 좋고 온화하다. 자루는 백색에서 황토색이며 비듬이 분포한다. 표면에 녹슨 색의 작은 반점이 있으며 기부 쪽으로 넓게 주름지고 속은 비었다. 포자의 크기는 20~24×11~14㎛로 광타원에 표면은 매끈하고 투명하며 가끔 기름방울이 있다. 자낭의 크기는 300~350×25~28㎛로 8-포자성이다. 측사는 격막이 있고 분지하며 곤봉형이다. 선단의 두께는 16~18㎛이며 갈색의 이물질을 함유한다.

생태 봄 / 숲속의 이끼류 사이에 단생 혹은 군생한다.

분포 한국, 중국 등 전 세계

곰보버섯(둥근형)

M. esculenta var. **rotunda** (Pers.) Sacc.

형태 자실체의 높이는 3~20cm이며 머리는 자루의 1/3~1/2로 불규칙한 구형에서 난형 또는 원추형이 된다. 표면의 벌집 모양은 둥근형에서 여러 형태의 속이 깊은 다각형이다. 색은 황토색, 황색, 꿀색의 노란색 등 다양하며 오래되면 가끔 녹슨 색의 반점이 있다. 자루는 백색에서 황토색이며 비듬성의 알갱이가 있다가 소실되어 밋밋해진다. 기부는 주름지고 속은 비었으며 두껍고 한 옆이 엽편상 모양이다. 살은 유연하고 온화하다. 포자의 크기는 18~23×11~14μm이며 광타원형에 표면은 매끈하고 투명하며 가끔 양 끝에 작은 기름방울을 가지기도 한다. 자낭은 8-포자성이고 크기는 330~380×17~22μm이다. 측사는 격막이 있고 분지한다. 선단은 곤봉형이고 두꺼우며 20μm이다.

생태 봄 / 수풀, 울타리, 숲속의 옆, 초원에 단생 또는 군생한다.

분포 한국 등 전 세계

곰보버섯(황갈색형)

M. esculenta var. **umbrina** (Boud.) S. Imai

형태 자실체는 머리와 자루로 구분되며 높이는 5~12(20)*cm*이다. 전체 길이의 1/2~2/3 정도가 머리 부분이다. 머리는 불규칙한 구형, 난형 또는 무딘 원추형이다. 둥글거나 찌그러지거나 다각형인 벌집 모양의 구멍이 깊게 파져 있다. 자실층은 연한 황갈색-회황색 또는 회갈색 등이다. 자실층의 구멍 부분은 암흑색-흑갈색이고 근맥 부분은 연한 색이다. 자루는 원통형이며 색은 흰색-황색 끼를 띠고 쌀겨 모양의 미분이 덮여 있거나 밋밋하다. 밑동 쪽으로는 다소 주름이 잡혀 있다. 머리 부분과 자루의 상부는 속이 비어 있고 밑동 쪽은 열편 모양을 이룬다. 포자의 크기는 18~23×11~14*μm*로 광타원형에 표면은 매끈하고 투명하며 간혹 양 끝 바깥쪽에 기름방울이 달린다. 자낭의 크기는 330~380×17~22*μm*로 8-포자성이며 불규칙한 곤봉형이다. 측사는 격막이 있고 분지하며 선단은 굵기가 20*μm*이다.

생태 봄~초여름 / 숲의 가장자리, 초지, 비로 인해 토사가 쌓인 곳, 목장 등지에 단생 또는 군생한다. 맛이 뛰어난 식용버섯이며 드물다.

분포 한국, 일본, 유럽, 북아메리카

230

손가락머리버섯

Verpa digitaliformis Pers.

형태 자실체의 높이는 1~3cm, 굵기는 1~4cm로 종 모양 또는 반구형이다. 육질은 부서지기 쉽다. 표면은 결절상이며 밋밋하거나 줄무늬선이 있고 꼭대기가 약간 들어가며 적색-암갈색이다. 자루는 길이 3~10cm, 굵기 5~10mm로 원주형이며 거의 백색에 속은 비었다. 표면은 미세한 작은 인편이 가로로 배열한다. 포자의 크기는 22.9~26×11.4~14.3μm로 장타원형이다. 자낭은 원주형으로 크기는 230~250×14~20μm이다. 8-포자성이며 자낭 속에 포자는 1열로 배열한다. 측사는 가늘고 길며 꼭대기는 이물질이 차 있고 거칠며 폭은 8μm이다.

생태 봄 / 활엽수림의 땅에 단생 혹은 산생한다. 식용 가능하다.

분포 한국, 중국, 일본

방패쟁반버섯

Pachyella clypeatata (Schwein.) Le Gal.

형태 자실체의 크기는 0.5~4cm로 적갈색이며 나중에 올리브색을 띠었다가 흑녹색이 된다. 광택은 없다. 중앙이 얕은 컵 모양이며 자루는 없다. 기질에 넓게 부착하나 안쪽의 표면은 미끈거리고 고르지 않으며 흔히 주름져 있거나 피리(플루트) 모양이다. 바깥 면은 연한 회갈색이다. 육질은 투명하며 물 같고 끈적기가 있다. 포자의 크기는 25~35×12~14㎛로 타원형에 표면은 매끈하고 투명하며 기름방울을 1~2개 함유한다. 자낭포자는 자낭에 1열로 배열한다. 측사는 실처럼 가늘고 길며 선단은 곤봉형이다.
생태 봄~초여름 / 습한 곳에 묻힌 활엽수의 썩은 나무 또는 수분이 많은 산길의 매설된 나무나 계단목 등에 군생 혹은 산생한다.
분포 한국, 유럽

자갈색쟁반버섯

Pachyella celtica (Boud.) Häffn.
Peziza celtica (Boud.) Moser

형태 자실체의 크기는 1.5~3cm로 컵 모양에서 접시 모양이 된다. 표면의 자실층은 밋밋하고 습기가 있을 때는 광택이 나며 자갈색이나 오래되면 약간 퇴색한다. 아래의 바깥 면은 다소 연한 색이고 밋밋하지만 미세한 쌀겨 모양이다. 가장자리는 약간 물결 모양을 이루며 어릴 때는 안쪽으로 말린다. 포자의 크기는 15~19×8~9μm이고 타원형에 표면은 매끈하고 투명하며 간혹 사마귀 같은 점이 덮여 있다. 자낭의 크기는 200~250×10~15μm로 곤봉형이고 8-포자성이다. 포자는 1열로 배열한다. 측사는 원통형에 격막이 있고 선단은 약간 곤봉형으로 두껍다.

생태 가을 / 숲속의 풀밭, 맨땅에 군생한다. 드문 종.

분포 한국, 중국, 유럽, 북아메리카

숯가마주발버섯

Peziza echinospora Karst.

형태 자실체의 지름은 3~8cm로 컵 모양 또는 접시 모양이며 어릴 때는 가장자리가 안쪽으로 굽는다. 표면의 자실층인 안쪽 면은 밋밋하고 암갈색-연한 갈색이며 바깥 면은 밝은 갈색이나 유백색이고 심한 쌀겨 모양 또는 비듬 모양이다. 살은 부서지기 쉽고 갈색을 띤다. 자루 없이 땅에 난다. 포자의 크기는 14~15×7~8μm로 타원형이고 투명하며 표면은 미세한 반점상의 사마귀가 덮여 있다. 자낭의 크기는 250~280×11~12μm로 8-포자성에 자낭포자는 1열로 배열한다. 측사는 곤봉-실 모양이며 선단이 약간 부풀고 폭은 10μm로 격막이 있다.

생태 늦봄~가을 / 습기 많은 곳의 불탄 자리나 숯검정이가 버려진 곳에 산생 혹은 군생한다. 단생하거나 여러 개가 함께 겹쳐 날 경우 융합되기도 한다. 드문 종.

분포 한국, 중국, 유럽, 미국

모래주발버섯

Peziza arenaria Osbeck
P. ampelina Quél.

형태 자실체는 지름이 20~50mm로 컵 또는 컵받침 모양으로 불규칙하게 펴진다. 오래되면 가장자리가 갈라진다. 자실층인 안쪽은 밋밋하고 짙은 자색에서 자갈색으로 된다. 바깥 표면은 미세한 비듬성이고 밝은 황토색이다. 자루는 없다. 육질은 백자갈색이고 부서지기 쉽다. 포자의 크기는 18~22×9~11μm로 타원형에 투명하며 표면은 매끈하고 2개의 기름방울이 들어 있다. 자낭의 크기는 200~350×12~15μm로 8-포자성이다. 측사는 원통형으로 곧으며 선단은 약간 곤봉형이다.

생태 봄 / 숲속의 땅에 단생 혹은 군생한다. 단생들이 융합하여 속생 형태를 이루기도 한다. 드문 종.

분포 한국, 중국, 유럽

흰주발버섯

Peziza arvernensis Roze & Boud.
P. silvestris (Boud.) Sacc. & Traverso

형태 자실체의 지름은 3~8cm로 잔받침 모양, 방광 모양, 불규칙한 물결형으로 땅에 부착한다. 자낭반 안쪽의 자실층은 연한 갈색, 바깥 면은 백색이며 광택이 나고 밋밋하다. 자낭반의 가장자리는 부정형이며 안으로 말린다. 자루가 없다. 포자의 크기는 15~20×8~11μm로 광타원형이고 광택이 나며 표면은 매끈하다. 자낭의 크기는 260~280×12~16μm로 원통형이며 8-포자성이다. 자낭포자는 1열로 배열한다. 측사는 실 모양이며 가늘고 길다. 선단은 거칠고 폭은 3.5~6μm이다.
생태 여름 / 숲속의 땅에 단생 혹은 군생한다. 식용 가능하다.
분포 한국, 유럽

235

암자색주발버섯

Peziza atrovinosa Cooke & W.R. Gerard

형태 자실체의 지름은 2~5cm로 속이 깊은 컵 모양이다. 노쇠하면 비틀리거나 컵들이 겹쳐진 납작한 상태로 된다. 내면의 자실층은 갈색에서 거의 흑색으로 되며 올리브 색조가 있다. 바깥 표면은 적갈색에서 연기색이 된다. 자루는 없다. 포자의 크기는 10~15×17μm로 타원형에 표면은 매끈하고 투명하며 1~2개의 기름방울을 함유한다. 자낭의 크기는 275×14μm이다.

생태 여름~가을 / 숲속의 땅 또는 이끼류 사이에 밀집하여 군생한다. 식용에 부적당하다. 드문 종.

분포 한국, 유럽

자주주발버섯

Peziza badia Pers.

형태 자실체는 지름은 3~8*cm*로 주발 모양 또는 접시 모양이며 서로 붙어서 불규칙한 모양을 나타낸다. 전체가 흑갈색이며 내면의 자실층은 암올리브-갈색이고 밋밋하다. 외면은 어두운 색의 가는 쌀겨 같은 조각으로 덮여 있으며 가장자리 쪽이 심하다. 살은 부서지기 쉽고 얇으며 적갈색이다. 특이한 냄새와 맛은 없다. 포자의 크기는 17~20×8~10*μm*로 타원형에 투명하고 표면은 그물눈의 융기된 모양이 있으며 2개의 기름방울을 함유한다. 자낭의 크기는 300~330×15*μm*이고 8-포자성에 자낭포자는 1열로 배열한다. 측사는 실 모양이며 격막이 있다. 선단은 약간 부풀며 연한 황갈색이다.

생태 여름~가을 / 숲속의 땅에 군생한다.

분포 한국, 중국, 일본, 유럽, 북아메리카

237

흰자주주발버섯

Peziza badia var. **alba** Park, S.S. & D.H. CHo

형태 자주주발버섯과 비슷하나 색이 흰색인 점이 다르다. 자실체는 소중형으로 주발 모양 또는 접시 모양이며 서로 붙어서 불규칙한 모양을 나타낸다. 전체가 백색이고 자실층도 백색이며 밋밋하다. 살은 부서지기 쉽고 얇으며 마찬가지로 백색이다. 포자는 비교적 대형에 타원형이고 투명하다. 표면에 융기된 그물눈이 있다. 2개의 기름방울을 함유한다.

생태 여름~가을 / 숲속의 땅에 군생한다.

분포 한국

눌린주발버섯

Peziza depressa Pers.

형태 자실체는 지름이 20~40mm로 컵 모양에서 잔 모양으로 된다. 자루는 없거나 있으면 짧은 자루를 가진다. 자실층은 매끈하고 자색에서 밤색의 갈색으로 된다. 바깥 면은 거의 밋밋하고 자실층보다 광택이 난다. 가장자리는 자색이다. 싱싱한 자실체는 자르면 물 같은 액체를 분비한다. 포자의 크기는 17.5~20×9~11 μm로 타원형이며 투명하고 드물게 사마귀 반점이 있다. 1~2개의 기름방울을 함유하거나 어떤 것은 여러 개의 작은 기름방울을 함유한다.

생태 여름~가을 / 모래 등이 섞인 길가의 언저리에 단생 혹은 군생한다. 드문 종.

분포 한국, 유럽

집주발버섯

Peziza domiciliana Cooke

형태 자실체는 지름이 15~50mm로 불규칙한 찻잔받침 모양이며 오랫동안 안으로 구부러진 채로 된다. 가장자리가 어떤 것은 부분적으로 찢어지고 구부러진 것은 나중에 펴져서 편평하게 되며 오래되면 모양이 바뀐다. 자루는 없거나 있으면 아주 짧다. 안쪽 면의 자실층은 밋밋하며 밝은 갈색이다. 바깥 표면은 회색에서 황토-백색이고 거의 밋밋하다. 육질은 비교적 얇고 부서지기 쉽다. 포자의 크기는 14~18×8~9㎛로 타원형에 투명하고 오랫동안 매끈하며 희미한 반점이 있다. 자낭의 크기는 200~250×11~12㎛로 곤봉형에 8-포자성이다. 자낭포자들은 1열로 배열한다. 측사는 가늘고 긴 곤봉형이며 선단은 두껍고 폭은 5~6㎛로 격막이 있다.

생태 여름~가을 / 젖은 고목, 습기 찬 모래땅 등에 단생 혹은 속생한다.

분포 한국(백두산), 유럽

240

끈적주발버섯

Peziza fimeti (Fuckel) E.C. Hansen
P. bovina W. Phillips

형태 자실체는 지름이 0.5~1.5㎝로 자루는 없거나 흔적만 있다. 자실체의 내부 표면은 밋밋하며 오목하다가 거의 편평하게 된다. 가장자리는 톱니형이고 퇴색한 갈색에서 노란 갈색으로 된다. 바깥 면은 밋밋하다가 비듬으로 되는데 둥근 세포의 부스럼으로 된 비듬이며 자실체의 표면과 같은 색이다. 포자의 크기는 18~22.5×9.5~12.5㎛이고 타원형에 표면은 매끄럽고 기름방울을 함유한다. 자낭의 크기는 280×18㎛로 원통형에 선단의 포자 분출구멍은 아미로이드 반응을 나타낸다. 자낭은 8-포자성이며 자낭포자들은 1열로 배열한다. 측사는 많으며 불규칙하게 부푼다. 선단의 폭은 8㎛이며 곧거나 휘었고 예리한 각을 가진다. 투명하거나 분명한 노란색의 기름방울을 함유한다.
생태 여름~가을 / 초식동물의 똥, 진흙의 나무가 섞인 땅, 불탄 땅에 군생한다. 식용 여부는 모른다.
분포 한국, 유럽 등 전 세계

241

과립주발버섯

Peziza granulosa Schum.

형태 자실체는 자루 없이 땅 또는 기질에 난다. 지름은 1~3cm로 어릴 때 컵 모양에서 접시 모양이 된다. 표면의 자실층은 어릴 때 연한 황갈색에서 오래되면 갈색으로 된다. 바깥 면은 암색의 비늘이 있으며 자실층과 같은 색이거나 약간 연한 색이다. 가장자리는 미세한 치아상이고 오래되면 흔히 뒤틀린다. 포자의 크기는 19~22×10~12㎛로 타원형에 표면은 매끈하고 투명하며 기름방울이 있다. 자낭의 크기는 300~17×20㎛로 곤봉형이고 8-포자성이다. 측사는 곤봉형이며 선단은 두껍고 폭은 6㎛이다.
생태 여름~가을 / 정원, 목초지, 숲의 땅, 습한 땅이나 썩은 초본류 줄기에 산생 혹은 군생한다.
분포 한국, 유럽

배꼽주발버섯

Peziza limnaea Maas Geest.
P. limosa (Grélet) Nannf.

형태 자실체는 지름이 5~30㎜로 자루가 없거나 아주 짧은 자루가 있으며 기물에 착 달라붙어서 지상 또는 기질에 난다. 어릴 때 접시 모양이다가 후에 원반 모양이 된다. 표면의 자실층은 밋밋하나 간혹 표면 중앙이 배꼽 모양으로 오목 들어가기도 한다. 바깥 면(하면)은 어릴 때 미세한 쌀겨 모양이나 후에 밋밋해진다. 색은 진한 황갈색-적갈색이며 건조하면 거의 흑색이 된다. 살은 부서지기 쉽다. 포자의 크기는 15~18×9~10㎛로 좁은 타원형이며 투명하고 표면에 사마귀점들이 덮여 있다. 사마귀점들은 능선에 의하여 연결되지만 그물꼴은 형성하지 않는다. 자낭의 크기는 250~340×11~12㎛이며 굽은 원통형으로 8-포자성이다. 자낭포자들은 1열로 배열한다. 측사는 원통형이고 격막이 있으며 선단 쪽으로 불규칙하게 팽대되며 굵기는 3~8㎛이다.

생태 여름 / 길가의 진흙이 많은 곳, 모래땅, 건물의 부스러기더미, 쐐기풀, 머위 부근 등에 단생 또는 군생한다.

분포 한국, 유럽

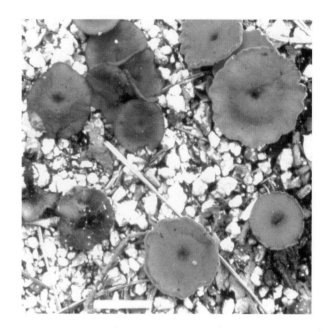

적갈색주발버섯

Peziza michelii (Boud.) Dennis

형태 자실체의 지름은 2.5~5㎝이고 사발 모양 또는 접시 모양이다. 표면의 자실층은 밋밋하고 밝은 적갈색이면서 약간 보라색 끼를 띤다. 가장자리가 심하게 위쪽으로 굽어 있다. 자루는 없거나 짧은 대를 가지고 있으며 토양 또는 기질에 부착한다. 바깥 면은 약간 연한 색-연한 적갈색이며 미세한 쌀겨 모양이다. 살은 부서지기 쉽고 상처를 받으면 물방울이 배어 나온다. 상처 부위는 후에 황색 끼를 띤다. 포자의 크기는 16~17.5×8㎛로 타원형이며 투명하다. 표면에 드물게 미세한 사마귀 반점상이 덮이고 2개의 기름방울이 있다. 자낭의 크기는 235~280×11~12㎛이며 가는 원통형에 약간 휘었고 8-포자성이다. 자낭포자들은 1열로 배열한다. 측사는 원통형이고 격막이 있으며 선단은 약간 곤봉형으로 굵다.

생태 여름~가을 / 숲속이나 가장자리, 길가 등의 나지 토양에 단생 또는 군생한다.

분포 한국, 유럽

짧은대주발버섯

Peziza micropus Pers.

형태 자실체의 지름은 20~50mm로 찻잔받침 모양에서 불규칙하게 펴진다. 가장자리는 톱니형 또는 물결형이며 짧은 자루에 의해 기질에 부착한다. 자실층인 안쪽 면은 밋밋하고 밤갈색 또는 적갈색이다. 바깥 표면은 백색에서 연한 갈색이고 미세한 비듬이 있는데 특히 가장자리 쪽에 많이 분포한다. 육질은 얇고 부서지기 쉽다. 포자의 크기는 14~15×7.5~9㎛로 타원형에 투명하며 표면은 매끈하다. 자낭의 크기는 230~250×12~14㎛로 곤봉형 또는 원통형이다. 자낭포자들은 1열로 배열한다. 측사는 원통형으로 격막이 있고 선단 끝은 폭이 4㎛이다.

생태 여름~가을 / 썩은 고목(너도밤나무 등)에 단생 혹은 군생한다. 드문 종.

분포 한국, 중국, 유럽

반침주발버섯

Peziza moravecii (Svrček) Donadini

형태 자실체의 지름은 10~30mm로 반구형에서 찻잔받침 모양으로 되었다가 펴져서 편평하게 된다. 자실층은 조개 모양에 어릴 때 황토색에서 밝은 연한 갈색-갈색 또는 밤색의 갈색이며 가장자리는 더 밝은색이다. 바깥 표면은 밋밋하고 밝으며 미세한 과립이 있다. 자루는 없으며 육질은 얇고 부서지기 쉽다. 포자의 크기는 13~15×6~8㎛로 타원형이며 투명하다. 표면은 매끈하고 반점상으로 기름방울은 없다. 자낭의 크기는 190~200×10~12㎛로 가늘고 길며 8-포자성이다. 포자는 1열로 배열한다. 측사는 원통형의 실 모양으로 두께는 5~6㎛이며 과립을 함유한다.

생태 여름~가을 / 비옥한 땅에 단생 혹은 군생한다. 드문 종.

분포 한국, 중국, 유럽

접시주발버섯

Peziza petersii Berk.

형태 자실체의 지름은 2~5cm로 처음 구형에서 점차 펴져 규칙적 또는 뒤틀린 컵 모양이 된다. 일반적으로 부채 모양 같은 가장자리를 가진다. 내면의 자실층은 연한 갈색에서 검은 갈색 또는 적갈색, 가끔 회색에서 녹색을 띤다. 바깥 면은 처음에는 거의 밋밋하다가 비듬상으로 되고 밀집된 부스러기 같이 되며 성숙하면 밀기울 같다. 가장자리 쪽으로 갈색이며 기부 쪽은 녹색에서 납회색이고 살은 얇고 회색이다. 자루는 없다. 포자의 크기는 10~12×5.5~6㎛로 타원형이며 표면에 미세한 사마귀 반점들이 있고 보통 커다란 기름방울을 함유한다. 멜저액에 의해 아미로이드 반응을 보인다. 자낭의 크기는 200×10㎛로 야구방망이형에 8-포자성이며 자낭포자는 1열로 배열한다. 측사는 곤봉형이며 선단은 지름이 7~8㎛이다.

생태 여름~가을 / 불탄 땅, 숯, 기름진 침엽수림의 등걸에 단생 또는 속생한다. 식용은 불가능하다.

분포 한국, 유럽, 북아메리카

가루주발버섯

Peziza praetervisa Bres.

형태 자실체의 지름이 1~6cm인 중소형 버섯이다. 어릴 때 둥근 요강 또는 사발 모양에서 접시 모양이었다가 펴진다. 가장자리는 다소 불규칙한 물결 모양을 이룬다. 때로는 여러 개의 개체가 함께 융합되어 꽃송이 모양이 되는 경우도 있다. 표면의 자실층은 밋밋하고 연보라색-진한 보라색 또는 자갈색이다. 바깥 면은 색이 연하고 미세한 쌀겨 모양이다. 자루는 없고 지면이나 기주에 직접 부착한다. 육질(살)은 얇고 부서지기 쉽다. 포자의 크기는 12~14×6~8µm로 타원형이다. 표면에 미세한 사마귀점이 덮여 있고 투명하며 2개의 기름방울이 있다. 자낭의 크기는 170~250×9~12µm로 곤봉형에 8-포자성이다. 측사는 약간 곤봉형이고 폭은 1.5~2.5µm로 조금 휘었고 선단은 자갈색이다.

생태 봄~가을 / 불탄 자리, 길가 정원 등에 단생 혹은 군생하며 때로 집단으로 발생한다.

분포 한국, 일본, 유럽

변색주발버섯

Peziza proteana (Boud.) Seaver
P. proteana f. sparssoides (Boudier) Korf

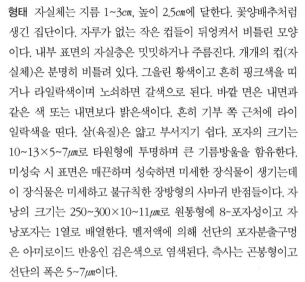

형태 자실체는 지름 1~3cm, 높이 2.5cm에 달한다. 꽃양배추처럼 생긴 집단이다. 자루가 없는 작은 컵들이 뒤엉켜서 비틀린 모양이다. 내부 표면의 자실층은 밋밋하거나 주름진다. 개개의 컵(자실체)은 분명히 비틀려 있다. 그을린 황색이고 흔히 핑크색을 띠거나 라일락색이며 노쇠하면 갈색으로 된다. 바깥 면은 내면과 같은 색 또는 내면보다 밝은색이다. 흔히 기부 쪽 근처에 라이일락색을 띤다. 살(육질)은 얇고 부서지기 쉽다. 포자의 크기는 10~13×5~7μm로 타원형에 투명하며 큰 기름방울을 함유한다. 미성숙 시 표면은 매끈하며 성숙하면 미세한 장식물이 생기는데 이 장식물은 미세하고 불규칙한 장방형의 사마귀 반점들이다. 자낭의 크기는 250~300×10~11μm로 원통형에 8-포자성이고 자낭포자는 1열로 배열한다. 멜저액에 의해 선단의 포자분출구명은 아미로이드 반응인 검은색으로 염색된다. 측사는 곤봉형이고 선단의 폭은 5~7μm이다.

생태 봄 / 불탄 땅에 집단으로 군생한다.

분포 한국, 북아메리카

넓은주발버섯

Peziza repanda Pers.

형태 자실체는 지름이 3~12cm로 처음에는 컵 모양에서 약간 펴진다. 가장자리는 톱니처럼 고르지 못하여 이빨 모양이다. 자루 없이 기주에 직접 붙는다. 표면의 자실층인 안쪽 면은 연한 황토 갈색-연한 밤갈색이며 바깥 면은 황토-크림색이면서 약간 비듬이 있다. 포자의 크기는 15~16×9~10μm로 타원형에 표면은 매끈하고 투명하며 양 끝은 둥글다. 자낭의 크기는 300×13μm로 8-포자성이며 요오드용액에 의하여 포자분출구멍은 청색으로 변한다. 측사는 매우 가늘고 선단은 약간 곤봉형이다.
생태 여름~가을 / 낙엽송 아래의 땅, 썩은 고목 위, 그루터기 주변의 낙엽층 및 톱밥 등에 단생 또는 군생한다.
분포 한국, 중국, 유럽

푸대주발버섯

Peziza saccardoana Cooke

형태 자실체는 지름이 50mm 정도로 컵 모양이며 자낭반의 자실층은 적갈색 또는 갈색이다. 가장자리는 약간 비듬성이고 분명한 엽편 모양이다. 바깥 면은 자실층과 같은 색이며 알갱이가 부착한다. 자루는 없다. 포자의 크기는 13~15×9~10μm이고 1~2개의 기름방울이 있으며 투명하다. 사마귀 반점이 있고 양 끝은 둥글다. 자낭은 8-포자성으로 요오드 반응에 의하여 청색이 된다. 측사는 격막이 있고 선단은 약간 부푼다. 털은 없다.
생태 여름~가을 / 진흙, 모래흙, 이끼흙 외에 숲속 길가의 땅, 냇가의 땅에 군생한다. 드문 종.
분포 한국, 유럽

엷은자주주발버섯

Peziza sublilacina Svrček

형태 자실체는 지름이 0.5~3cm로 컵 모양에서 찻잔받침 모양으로 된다. 자루는 없지만 흔적은 있다. 내면의 자실층은 밋밋하고 라일락색 또는 자색에서 적자색으로 된다. 바깥 면은 내면의 색보다 연하다. 때로는 회색이지만 밝은 회색-자색에서 밝은 갈색으로 되는 것도 있다. 포자의 크기는 13~17×7~10μm로 타원형에 표면은 매끈하고 투명하며 기름방울을 함유한다. 자낭포자들은 1열로 배열한다. 자낭의 크기는 300~340×10~11μm로 8-포자성이다. 선단은 아미로이드 반응으로 검게 된다. 측사는 곤봉형(선단의 지름 7μm)이며 선단은 휘었고 갈색에서 자갈색으로 되며 알갱이를 가지고 있다.

생태 봄~가을 / 대부분 봄에 발생한다. 불탄 땅에 산생·군생한다. 흔한 종은 아니다.

분포 한국, 유럽, 북아메리카 등 전 세계

즙주발버섯

Peziza succosa Berk.

형태 자실체의 지름은 5~60mm로 불규칙한 컵의 모양에서 찻잔 받침 모양을 거쳐 편평하게 펴진다. 자낭반의 자실층인 안쪽 면은 밋밋하고 둔하며 안쪽은 중앙으로 수축되고 주름지며 개암나무 열매색에서 밝은 갈색으로 된다. 자낭반의 바깥쪽은 밝고 미세한 갈색의 비듬이 분포한다. 가장자리는 노란색이다. 살은 단단하고 상처 시 즙액을 방출하며 노란색이다. 자루는 없다. 포자의 크기는 17~21×9.5~11.5μm로 타원형이며 투명하고 표면은 거친 사마귀점과 짧은 늑골이 있으며 2개의 기름방울을 함유한다. 자낭의 크기는 330×15μm이고 굽은 원통형에 8-포자성이고 자낭포자는 1열로 배열한다. 측사는 원통형으로 격막이 있고 꼭대기는 약간 곤봉형이며 두께는 9μm로 선단은 포크형이다.

생태 여름 / 젖고 죽은 나뭇가지 등에 단생 · 군생한다.

분포 한국(백두산), 중국, 유럽

보라주발버섯

Peziza violacea Pers.

형태 자실체는 지름이 30mm로 처음에 컵 모양에서 약간 불규칙하게 입이 넓어진다. 자낭반은 라일락색의 흑자색이고 가루상이다. 가장자리와 바깥 면은 연한 갈색에서 회색으로 된다. 가장자리는 말렸다가 다음에 펴지고 굽어진다. 자루는 없거나 있으면 매우 짧으며 직접 기주에 부착한다. 보통 작은 집단으로 발생한다. 포자의 크기는 11.5~15×6.5~9μm로 표면은 매끈하고 투명하며 2개의 기름방울을 함유하고 양 끝은 둥글다. 자낭은 8-포자성으로 요오드용액에 반응하여 포자분출구멍은 청색으로 변색한다. 측사는 흔히 부풀고 선단에서 굽었고 불규칙한 모양이며 갈색이다. 털은 없다.

생태 봄~가을 / 낙엽송, 구과식물 숲에 있는 불탄 땅에 군생한다.

분포 한국, 유럽

251

다색주발버섯

Peziza varia (Hedw.) Alb. & Schwein.

형태 자실체의 지름은 20~60mm로 컵 모양에서 찻잔받침 모양으로 되었다가 곧 불규칙하게 펴져서 편평해진다. 흔히 자루의 흔적을 가지고 있다. 가장자리는 물결형이고 약하게 홈이 파져 있다. 자실층은 밋밋하고 연한 갈색에서 코냑색이 되며 바깥 면은 백색에서 회갈색으로 되고 미세한 비듬이 있다. 육질은 백색이고 쉽게 부서지지 않는다. 포자의 크기는 14~16×8~10μm로 타원형에 표면은 매끈하고 투명하며 가끔 반점을 가진다. 기름방울은 없다. 자낭의 크기는 250~300×12~13μm이며 8-포자성에 자낭포자는 1열로 배열한다. 측사는 격막이 있고 하나하나의 세포는 가끔 격막에 의하여 응축된다. 측사는 체인처럼 1열로 정돈된다. 두께는 20μm이고 선단은 가늘다.

생태 봄~가을 / 숲속 또는 숲속의 파묻힌 썩은 고목에서 단생 · 군생한다. 단생하는 것들이 융합하여 뭉쳐서 속생하기도 한다. 보통종.

분포 한국, 유럽

주발버섯

Peziza vesiculosa Bull.

형태 자실체는 지름이 3~10㎝로 주발 모양이다. 안쪽 면의 자실층은 밝은 황토-갈색에 바깥 면은 밋밋하고 황토색에서 칙칙한 백색으로 되며 비듬이 있다. 다수가 모여 나기 때문에 서로 눌려서 불규칙하게 비뚤어져 있다. 살은 부서지기 쉽고 연한 색이다. 자루는 없다. 포자의 크기는 20~24×11~14㎛로 타원형에 표면은 매끄럽고 투명하며 기름방울은 없다. 자낭의 크기는 320~370×17~24㎛에 원통형이며 8-포자성으로 자낭포자들은 1열로 배열한다. 측사는 가늘고 격막이 있으며 선단은 부푼다.

생태 연중 / 썩은 짚 위나 밭에 단생 · 군생한다. 식용 가능하다.

분포 한국, 중국 등 전 세계

왈트주발버섯

Peziza waltersii Seaver

형태 자실체는 지름이 2~3cm로 약간 결절형에 기부 쪽으로 응축된다. 짧은 튼튼한 자루가 있다. 내면의 자실층은 중앙에서 약간 들어가고 칙칙한 노란색이다. 바깥 면은 거의 내면과 같은 검은 칙칙한 노란색이다. 살은 매우 부드럽다. 포자의 크기는 20×10μm로 타원형이고 성숙하면 거친 결절로 되고 투명하다. 자낭의 크기는 340×15μm로 원통형에 8-포자성이고 포자는 자낭 속에 1열로 배열한다. 측사는 부풀며 선단의 지름은 5μm이고 속은 알갱이로 차 있다.

생태 초여름 / 단풍나무, 너도밤나무가 썩은 곳에 발생한다. 드문 종.

분포 한국, 북아메리카

들주발버섯

Aleuria aurantia (Fr.) Fuckel

형태 자실체의 지름은 2~5cm이며 주발 모양 또는 접시 모양이다. 주발의 안쪽은 밝은 주홍색 또는 주황색이고 바깥 면은 연한 붉은색이고 흰 가루 같은 털로 덮여 있다. 가장자리는 불규칙한 물결 모양이다. 살은 부서지기 쉽다. 자루는 없다. 포자의 크기는 16~22×7~10㎛로 타원형이고 투명하며 표면에 그물눈 같은 조각 모양이 있다. 양 끝에 짧은 돌기가 있다. 자낭의 크기는 185~200×10~13㎛로 굽은 원통형에 8-포자성으로 자낭포자는 1열로 배열한다. 측사는 원통형이며 격막이 있고 포크형이다. 요오드용액에 반응하여 녹색이 되며 오렌지색의 알갱이를 가지고 있다.

생태 여름~가을 / 맨땅에 군생한다.

분포 한국, 일본, 유럽, 북아메리카

큰낭상체검은털버섯

Anthracobia macrocystis (Cooke) Boud.

형태 자실체의 지름은 1~3mm로 어릴 때 반구형이다가 원반형을 거쳐 얕은 술잔 모양이 된다. 자실층은 오렌지색에서 적오렌지색으로 된다. 바깥 면은 더 연한 색이고 균사가 뭉친 갈색의 작은 반점이 있다. 가장자리도 마찬가지다. 자루 없이 기주에 부착한다. 포자의 크기는 16~18×8~9μm로 광타원형에 표면은 매끈하고 투명하며 2개의 기름방울을 함유한다. 자낭의 크기는 160×15μm로 원통형에 8-포자성이며 자낭포자는 1열로 배열한다. 측사는 원통형으로 격막이 있고 선단의 폭은 7μm으로 두껍다. 자낭보다 길어서 위로 올라온다.

생태 봄~가을 / 불탄 땅에 군생하여 집단을 이룬다. 드문 종.

분포 한국, 유럽

테두리검은털버섯

Anthracobia maurilabra (Cook.) Boud.

형태 자실체의 지름은 2~5mm로 어릴 때 반구형이지만 편평해져서 접시형이 된다. 안쪽의 자실층은 중앙이 깊게 들어가며 연한 노란색에서 연한 황토색이다. 바깥 면은 내면과 똑같은 색이고 미세한 반점들이 가장자리에 있으며 작은 털 같이 뭉친 균사가 있다. 자루 없이 기질에 부착한다. 포자의 크기는 19~20×8~9μm로 좁은 타원형에 표면은 매끈하고 투명하며 2개의 기름방울을 가진다. 자낭의 크기는 175~190×19μm로 원통형이며 8-포자성이다. 측사는 가늘고 길며 격막이 있고 선단은 포크형이다.

생태 여름 / 숲속의 고목에 뭉쳐서 군생한다.

분포 한국, 유럽

검은털버섯

Anthracobia melaloma (Alb. & Schwein.) Boud.

형태 자실체의 지름은 1~3㎜로 어릴 때 반구형에서 원반형을 거쳐 얕은 찻잔 모양으로 된다. 자실층의 중앙은 깊이 들어가며 오렌지색에서 연한 오렌지색이 된다. 바깥 면은 밝은색이나 약간 검은 반점이 있으며 작은 털이 압착된 작은 덤불처럼 된다. 가장 자리는 비듬이 있는데 균사가 모인 비듬이다. 기주 위에 자루 없이 부착한다. 포자의 크기는 16~17×8~9㎛로 좁은 타원형에 표면은 매끈하고 투명하며 2개의 기름방울을 함유한다. 자낭의 크기는 160~190×11~12㎛로 원통형에 8-포자성이며 자낭포자는 1열로 배열한다. 측사는 가늘고 원통형이며 격막이 있고 선단은 두꺼우며 굵기는 6㎛이다.

생태 봄~가을 / 불탄 땅과 숯이 있는 나무에 군생하며 집단으로 발생한다. 보통종.

분포 한국, 유럽

유방빵떡버섯

Cheilymenia theleboloides (Alb. & Schwein.) Boud.

형태 자실체의 지름은 0.5~1cm로 얇은 컵-접시 모양이다. 윗면의 자실층은 오렌지-유황색이고 바깥의 아랫면도 윗면과 같은 색이다. 가장자리는 약간 진하고 성숙하면 바깥쪽으로 굽는다. 가장자리와 바깥 면(아랫면)은 거의 같은 색이다. 드문드문하게 미세하고 투명한 털이 붙어 있다. 자실체는 자루 없이 기질에 직접 붙는다. 포자의 크기는 15~20×9~10.5㎛로 타원형에 표면은 매끈하고 투명하나 기름방울은 없다. 자낭의 크기는 250×13.5㎛이고 야구방망이형으로 8-포자성이며 자낭포자는 1열로 배열한다. 측사는 가늘고 길며 원통형이다. 선단은 약간 방망이형으로 굵기가 6㎛이며 격막이 있다.

생태 봄~가을 / 식물체 잔유물, 썩은 뿌리나 목재, 말똥과 짚이 섞인 곳 등에 군생한다.

분포 한국, 일본, 대만, 중국, 유럽, 남북아메리카

259

꾀꼬리노랑째진버섯

Flavoscypha cantharella (Fr.) Harmaja
Otidia concinna (Pers.) Sacc. var. concinna

형태 자실체는 지름과 높이가 50mm 정도고 보통 한쪽으로 길게 기울어지면서 안으로 말리지만 분명 귀 모양은 아니다. 표면의 색은 밝은 레몬-노란색으로 밋밋하며 기부는 더 밝은색이다. 육질은 백색이다. 포자의 크기는 10~12×5~6μm로 타원형에 표면은 매끄럽고 투명하며 기름방울을 2개 함유한다. 자낭의 크기는 150×10μm로 원통형에 8-포자성이다. 측사의 굵기는 3~4μm이고 선단 쪽으로 굽었으며 노란색이다.
생태 여름~가을 / 이끼류가 있는 땅, 숲속의 땅에 군생한다. 가끔 단생하나 때로는 군생하여 집단을 형성한다.
분포 한국, 유럽

반자루주발버섯

Jafnea semitosta (Berk. & M.A. Curtis) Korf

형태 자실체는 지름 2~5cm, 높이 2~7cm로 깊은 컵 모양이고 내부 표면은 어릴 때 백색에서 크림색의 노란색으로 된다. 오래되면 그을린 황갈색이 갈색으로 되며 표면은 밋밋하다. 바깥 면은 연한 크림색의 노란색이 연한 노랑의 갈색으로 된다. 부드러운 갈색 털이 밀집된 층에 의하여 피복된다. 컵의 기부는 오그라들어서 짧은 자루를 형성하며 길이 1~2.5cm, 굵기 2cm이다. 노란색에서 갈색으로 되며 부드러운 갈색 털로 덮인다. 포자의 크기는 25~35×10~12μm로 타원형에서 방추형으로 되며 성숙하면 사마귀 반점이 생긴다. 큰 기름방울을 1개 함유하고 한쪽으로 기울어져 있다. 자낭의 크기는 300~325×14~15μm로 원통형에서 곤봉형이 되며 8-포자성이다. 측사는 실 모양으로 가늘고 길며 격막이 있고 선단은 곤봉형이다.
생태 여름~가을 / 흙 또는 구과식물, 떡갈나무 같은 숲의 나무가 썩은 곳에 단생 또는 산생한다. 드문 종.
분포 한국, 북아메리카

자루주발버섯

Jafnea fusicarpa (W.R. Gerad) Korf

형태 자실체는 두부와 자루로 구분된다. 두부의 지름은 2~3cm, 자낭반의 깊이는 1~2cm 정도다. 자낭반은 깊은 컵 모양이고 표면은 성성할 때 크림-백색이나 오래되거나 건조하면 갈색이 된다. 바깥 면은 연한 갈색이며 부드러운 면모로 덮여 있다. 자루는 매우 짧고 길이는 5mm, 굵기는 3~5mm이며 거의 고르지만 간혹 내부에 가는 구멍이 있다. 바깥 면과 비슷하게 부드러운 면모가 덮여 있다. 자루가 흙 속에 묻혀 있어서 겉보기에는 자루가 없는 것처럼 보인다. 포자의 크기는 30~45×10~12μm로 방추형이고 투명하며 연한 황색이다. 2개의 기름방울이 있고 미세한 사마귀 반점이 있다.

생태 여름~가을 / 숲속의 이끼류 또는 흙에 군생한다.

분포 한국, 유럽

목탄땅털버섯

Geopyxis carbonaria (Alb. & Schwein.) Sacc.

형태 자실체의 지름은 5~15mm로 술잔 모양에서 찻잔 모양이 된다. 가느다란 자루가 기주에 파묻혀 있다. 자실층은 적갈색이고 밋밋하다. 바깥 면은 자실층과 같은 색이고 가장자리 쪽으로 밝은색이며 백색의 먼지 가루가 있다. 포자의 크기는 12~15×6.5~8㎛로 타원형에서 약간 방추형이며 표면은 매끈하고 투명하다. 기름방울은 없다. 자낭의 크기는 180~210×10~11㎛로 곤봉형이며 8-포자성이다. 자낭포자는 1열로 배열한다. 측사는 가늘고 원통형이며 기부 쪽으로 포크형에 선단은 약간 두꺼운 곤봉형이다.

생태 봄~가을 / 불탄 땅에 단생 · 군생하여 집단으로 발생한다.

분포 한국, 유럽

갈색사발버섯

Humaria hemisphaerica (F.H. Wigg.) Fuckel

형태 자실체는 지름 1~3*cm*, 높이 1~2*cm* 정도로 처음에는 구형이다가 위쪽에 입이 열리면서 사발 모양이 되고 나중에 컵 모양이 된다. 표면의 자실층은 흰색이다. 바깥 면은 갈색-암갈색의 빳빳한 털이 덮여 있다. 자실체는 자루가 없다. 포자의 크기는 22.5~27×10~13μm로 광타원형에 투명하고 거친 사마귀 반점이 덮여 있으며 2개의 기름방울이 들어 있다. 자낭의 크기는 230~270×19~23μm로 원통형이며 8-포자성이다. 자낭포자는 1열로 배열한다. 측사는 두꺼운 곤봉 모양으로 두께는 7~8μm 이다.
생태 여름~가을 / 습한 숲속의 토양이나 썩고 젖은 목재 위에 단생 · 군생하여 집단으로 발생한다.
분포 한국, 일본, 유럽

램프포자버섯

Lamprospora crechqueraultii (P. Crouan & H. Crouan) Boud.

형태 자실체의 지름은 2~5㎜로 얕은 컵 모양에서 접시형이 된다. 내면의 자실층은 밋밋하고 연한 오렌지색에서 연한 오렌지-노란색으로 된다. 가장자리는 고르지 않다. 바깥 면은 밋밋하고 매우 연한 오렌지색이다. 자루는 흔적만 있거나 없다. 포자의 크기는 20~25㎛로 구형이며 처음에 표면은 매끈하나 분명히 가시가 있다. 자낭의 크기는 300~325×25~27㎛이며 원통형에서 아원통형으로 되고 8-포자성으로 자낭포자들은 1열로 배열한다. 측사는 강하게 부푼 선단을 가지며 투명하다.

생태 여름~가을 / 땅 위 또는 이끼류에 군생하여 집단으로 발생한다.

분포 한국, 북아메리카

털흰컵버섯

Leucoscypha leucotricha (Alb. & Schwein.) Boud.

형태 자실체의 지름은 5~10㎜로 컵 모양에서 가끔 불규칙한 찻잔받침 모양으로 된다. 안쪽 면과 바깥 면은 순백색이고 바깥 표면과 가장자리는 긴 백색의 털로 덮여 있다. 건조 시 자낭반의 속은 아치 모양이다. 자루는 없다. 포자의 크기는 30~32.5×11.5~13.5㎛로 좁은 타원형에 표면은 매끈하고 투명하다. 기름방울을 2개 함유하고 두꺼우며 미세한 사마귀 반점을 가진다. 자낭의 크기는 305×13.5~14㎛로 원통형이며 8-포자성에 자낭포자는 1열로 배열한다. 측사는 원통형으로 격막이 있고 기부는 포크형이며 두께는 5㎛이다.

생태 여름~가을 / 숲속의 썩은 낙엽 아래 젖은 이끼가 뒤덮인 땅에 군생하여 집단을 이룬다.

분포 한국, 유럽

꽃접시버섯

Melastiza chateri (W.G. Smith) Boudier

형태 자실체의 지름은 0.5~2cm로 처음에는 접시형이었다가 편평해지며 나중엔 가장자리가 아래쪽으로 휘기도 한다. 표면 안쪽의 자실층은 주홍색-주황색을 띤 오렌지색이고 바깥의 하면은 연한 색이며 미세한 갈색의 털이 덮여 있다. 자루는 없다. 포자의 크기는 17~19×9~11㎛로 타원형이며 표면은 거친 융기된 각진형의 그물꼴이고 간혹 양 끝에 작은 기름방울을 갖는 것도 있다. 자낭의 크기는 300×15㎛로 원통형이며 8-포자성이다. 측사는 곤봉형으로 선단은 둥글고 폭은 7㎛ 정도다.

생태 가을~봄 / 나지, 모래땅에 군생한다.

분포 한국, 중국, 일본, 유럽

자루꽃접시버섯

Melastiza scotica Graddon

형태 자실체의 지름은 10~30mm로 어릴 때 컵 모양이 차차 펴져서 접시 모양으로 된다. 자실층은 밋밋하고 밝은 노란색의 오렌지색이다. 바깥 표면은 연한 노랑이나 퇴색하며 아래(기부)쪽으로 주름지는데 짧은 자루로 된다. 자실체의 좁은 가장자리는 짧고 약간 둔한 갈색 털로 된다. 포자의 크기는 24~26×12.5㎛로 거친 사마귀 반점이 있다. 사마귀점 사이는 희미한 그물꼴로 연결되며 투명하다. 자낭은 8-포자성으로 원통형이며 크기는 285~350×18㎛이다. 측사는 가늘고 선단의 끝 두께는 6㎛이다. 털은 갈색이며 매끈하고 많은 격막이 있으며 선단은 둥글고 크기는 380~400×18~20㎛이다.

생태 여름 / 침엽수림 속의 땅, 관목 아래 토탄질의 땅에 군생한다. 이끼류 속에서도 발생한다. 여기저기 집단으로 촘촘히 발생한다.

분포 한국, 유럽

주황새술잔버섯

Neottiella rutilans (Fr.) Dennis

형태 자실체는 지름이 0.5~1.5cm로 얕은 컵 모양 또는 원반 모양에서 물결 모양이며 불규칙하고 비틀리는데 자실체가 여러 개 뭉쳐 부딪치는 곳에서 일어난다. 자루는 없고 가끔 짧은 자루로 기주에 부착한다. 내면의 자실층은 밝은 노란 오렌지색으로 밋밋한 육질을 가진다. 바깥 면은 보다 연한 미세한 하얀 털로 뒤덮인다. 자루는 가끔 땅에 깊이 파묻기도 하며 백색이다. 포자의 크기는 22~25×13~15㎛로 광타원형에 투명하고 1~2개의 기름방울을 함유하며 장식물은 다소 무색의 그물꼴을 형성한다. 자낭은 8-포자성이다. 측사는 약간 곤봉형이며 요오드용액에 반응하여 오렌지색이 녹색으로 된다.
생태 여름 / 이끼류 속의 모래땅에 군생하며 가끔 자루가 모래땅 속 깊이 파묻히기도 한다. 단생 또는 소집단으로 발생한다. 흔한 종은 아니다.
분포 한국, 유럽 등 광범위하게 분포

267

흙팔포자버섯

Octospora humosa (Fr.) Dennis

형태 자실체의 지름은 5~10㎜로 잔받침 모양에서 원반 모양으로 되며 자실층은 연한 오렌지색에서 밝은 오렌지색으로 된다. 바깥 면은 연한 색이고 박편의 비듬이 있다. 가장자리는 약간 홈 파진 모양이고 자실층보다 연한 색이다. 자루 없이 땅에 부착한다. 포자의 크기는 19~21×11~12㎛로 타원-원통형이고 표면은 매끈하고 투명하며 1개의 큰 기름방울을 함유하거나 때로는 작은 기름방울을 여러 개 함유하기도 한다. 자낭은 8-포자성이며 크기는 220×19㎛이다. 측사는 가늘고 길며 선단은 지팡이의 손잡이처럼 굽었고 약간 곤봉형에 두껍다.

생태 봄~가을 / 이끼류 속의 땅, 불탄 곳의 이끼류가 있는 곳에 단생하거나 군생한다.

분포 한국, 유럽 등 전 세계

주머니째진귀버섯

Otidea alutacea (Pers.) Massee

형태 자실체의 높이는 2~6cm, 지름은 2~4cm로 머리는 여러 가지의 형태인데 흔히 세로로 길게 열려 있는 동물의 째진 귀 모양이거나 비스듬히 선 모양이다. 다발로 발생하며 흔히 불규칙하게 물결 모양 또는 찌그러진 모양이 되기도 한다. 꼭지 부분은 흔히 잘린 모양이 되기도 한다. 내면의 오목한 부분의 자실층은 밋밋하고 색은 그을린 색, 연한 갈색, 회갈색 또는 갈색 등 다양하다. 바깥 면은 흔히 비듬투성이고 연한 갈색-갈색이다. 살은 부서지기 쉽다. 자루는 없거나 극히 짧고 가늘며 유백색이고 밑동은 미세한 털이 있다. 포자의 크기는 13~17×6~8μm로 타원형에 표면은 매끈하고 투명하며 2개의 기름방울이 있다. 자낭의 크기는 250~300×8~10μm로 원통형이고 8-포자성에 자낭포자들은 1열로 배열한다. 측사는 가늘고 두께는 3~4μm이며 선단은 굽었고 격막이 있다. 기부는 포크형이다.

생태 가을 / 숲속의 부식층에 산생하거나 속생한다.

분포 한국, 중국, 일본, 북아메리카

민자루째진귀버섯

Otidea onotica (Pers.) Fuck.

형태 자실체의 지름은 30~60mm로 불규칙한 컵 모양이지만 위로 곧바로 선다. 자실체의 한쪽이 갈라지고 간혹 한쪽으로 길게 늘어나기도 한다. 자실층은 검은 땅색에서 칙칙한 회갈색이다. 안쪽 면의 자실층은 옅은 오렌지-황색 또는 옅은 은행 같은 황색이다. 바깥 면은 오렌지-황색 또는 옅은 색이다. 표면은 밋밋하다가 비듬같이 된다. 자루가 없다. 포자의 크기는 10~12×6~7μm로 타원형에 약간 황색이며 표면은 매끈하고 투명하다. 기름방울이 2개 있다. 자낭의 크기는 16~18.5×10~13μm로 긴원통형 또는 곤봉형이며 8-포자성이고 자낭포자는 1열로 배열한다. 측사는 굵기가 3~4μm로 실 모양이고 교차 분지한다. 격벽이 있으며 선단(상부)은 만곡지고 갈고리형이다.

생태 늦여름~초겨울 / 숲속의 땅에 군생 · 속생한다.

분포 한국, 중국, 유럽

털이끼접시버섯

Pseudombrophila hepatica (Batsch) Brumm.
Fimaria hepatica (Batsch) Brumm.

형태 자낭반은 지름이 4mm 정도며 렌즈 모양으로 원반처럼 편평하고 연한 적갈색이며 자낭을 함유한 반점이 있다. 가장자리는 치아상이다. 바깥 면은 밋밋하거나 자갈색이며 색이 없는 부드러운 털로 피복된다. 포자의 크기는 20~25(38)×10~13μm로 타원형에 표면은 매끄럽고 성숙하면 노란색이 된다. 자낭의 크기는 230×25μm로 자낭 속에 1열로 배열한다. 측사는 가늘고 분지하며 선단에서는 폭이 8μm이고 포도색의 색소가 덮여 있다.

생태 여름~겨울 / 썩은 고목 또는 생쥐나 토끼의 똥이 있는 흙 주위에 군생한다. 보통종은 아니다.

분포 한국, 유럽

흙이끼접시버섯

Pseudombrophila deerrata (P. Karst.) Seaver

형태 자실체는 지름이 0.5~1cm 정도인 소형 버섯이다. 어릴 때 볼록렌즈 모양이나 점차 커지면서 접시 모양 혹은 편평한 모양이 된다. 표면의 자실층은 어두운 자회색이다가 연한 보라-분홍색을 띤 연한 보라색으로 된다. 바깥 면도 자실층과 같은 색이며 약간 진한 색의 미세한 점상의 비늘이 있다. 가장자리는 둥근 모양이지만 오래되면 불규칙한 모양으로 되며 바깥쪽으로 휘기도 한다. 자루는 극히 짧다. 포자의 크기는 13~15×7~8μm로 타원형이고 투명하며 기름방울은 없다. 자낭은 8-포자성으로 크기는 150~160×7~8μm이다. 측사는 실처럼 가늘고 길며 분지한다. 두께는 2μm로 격막이 있고 검은 알갱이를 가지고 있는 것도 있다.

생태 봄~여름 / 새똥이 많이 떨어진 가문비나무나 전나무 밑의 낙엽이나 부식층에 군생한다.

분포 한국, 유럽

석탄벼개버섯

Pulvinula carbonaria (Fuckel) Boud.

형태 자실체는 지름이 0.1~0.4cm로 편평한 원반 또는 컵 모양이다. 내부 표면의 자실층은 돌출된 측사 때문에 거칠고 연한 오렌지색이다. 바깥 면은 내부보다 조금 연한 색이다. 자루는 없다. 포자는 지름이 15~18μm로 구형에 표면은 매끈하고 투명하며 1개의 기름방울을 함유하고 거의 포자를 채운다. 자낭의 크기는 225×18~20μm이며 원통형에 가깝다. 측사는 실 모양으로 가늘고 길며 폭은 3~4μm에 달한다. 선단은 넓다. 어린 자낭보다 더 길고 강하게 굽었고 갈고리 모양을 띠기도 한다.

생태 봄~여름 / 썩은 고목이나 불탄 지역의 흙을 덮은 이끼류 위에 군생 또는 밀집되어 군생한다.

분포 한국, 북아메리카, 유럽

집핵버섯

Pyronema domesticum (Sow.) Sacc.

형태 자실체의 지름이 0.5~1㎜ 정도인 아주 작은 버섯이다. 모양은 볼록렌즈 또는 서양팽이 모양이고 드물게 1개만 나기도 하지만 흔히 여러 개의 자실체가 뭉쳐서 집단으로 난다. 때로는 수십 ㎝의 폭으로 지면을 덮을 때도 있다. 색은 오렌지 적색-연어 살색이다. 자루 없이 지면에 흰색의 균사속을 형성하면서 그 위에 발생한다. 포자의 크기는 15~17×10~11.5㎛로 광타원형에 표면은 매끈하고 투명하며 미세한 사마귀 반점들이 있으나 기름방울은 없다. 자낭의 크기는 170~200×13~14㎛로 약간 휘어진 곤봉형이며 8-포자성이고 자낭포자는 1열로 배열한다. 측사는 원통형에 격막이 있고 선단 쪽으로 약간 곤봉형이고 굵다.

생태 여름 / 숲속의 불탄 땅과 숯에 군생·속생한다.

분포 한국, 유럽

장미분홍땅주발버섯

Rhodotarzetta rosea (Rea) Dissing & Siversten
Tarzetta rosea (Rea) Dennis

형태 자실체의 지름은 3~20㎜, 높이는 3~15㎜로 어릴 때 거의 구형이지만 곧 컵 모양이 되며 흔히 변형되는 것이 있다. 내면의 자실층은 밋밋하고 밝은 핑크색에서 핑크-적색이다. 바깥 면은 밋밋하다가 약간 거칠고 또는 미세한 털이 있다. 내면의 자실층과 색이 같다. 가장자리는 전체가 가끔 갈라진다. 보통 자루가 없거나 짧은 백색의 자루를 가지고 있다. 포자의 크기는 16~20× 9~11㎛로 광타원형이며 표면은 매끈하고 투명하며 2개의 큰 기름방울을 함유한다. 자낭의 크기는 250×13㎛로 원통형에 8-포자성이며 자낭포자들은 1열로 배열한다. 측사는 원통형이며 선단에서 약간 부풀고 핑크색의 알갱이를 가지고 있다.

생태 봄~여름 / 불탄 땅이나 재목, 이끼류 속에 집단 또는 밀생하여 속생한다.

분포 한국, 북아메리카 등 전 세계

강포자접시버섯

Scutellinia armatospora Denison

형태 자실체의 지름은 2~5mm로 원형이다. 어릴 때 컵 모양에서 차차 편평해져서 원반 모양이 된다. 안쪽의 자실층은 밝은 오렌지색에서 혈적색으로 된다. 바깥 표면과 가장자리는 두꺼우며 흑갈색의 빳빳한 털이 있다. 자루 없이 땅에 바짝 부착한다. 포자의 크기는 (가시를 제외) 16~18μm로 구형이며 투명하다. 표면은 둔한 원통형에서 원추형의 가시를 가진 장식이 있다. 가시는 길이가 1μm 정도며 기름방울은 없다. 자낭의 크기는 285~300×20~23μm로 야구방망이형이며 자낭포자들은 1열로 배열하고 8-포자성이다. 측사는 원통형에 선단은 곤봉형으로 굵기는 12μm에 달한다.

생태 여름~가을 / 활엽수림 또는 침엽수림의 맨 모래땅 돌 틈 사이에 단생 또는 군생한다.

분포 한국, 유럽

십자접시버섯

Scutellinia crucipila (Cooke & W. Phillips) J. Moravec

형태 자실체의 지름은 0.1~0.4㎝이고 처음엔 아구형에 거의 가깝고 후에 찻잔받침형으로 되었다가 원반 모양으로 된다. 넓게 기주에 부착한다. 위의 자실층 표면은 오렌지색에서 오렌지-적색이며 건조 시 약간 퇴색된다. 아래 바깥 면은 가장자리와 같은 색이며 미세한 분지된 털이 있다. 표면보다 연한 색이다. 털은 밝은 갈색이다. 포자의 크기는 15~20×7~10㎛로 타원형에 미세한 사마귀 반점들이 있고 기름방울을 함유한다. 자낭의 크기는 180~220㎛로 원통형이고 8-포자성에 멜저액으로 염색하면 난아미로이드 반응을 나타낸다. 측사는 폭이 2~3㎛로 아곤봉형이다.

생태 여름 / 젖은 이끼류, 맨땅에서 산생하거나 밀생하여 집단을 이룬다.

분포 한국, 북아메리카

침접시버섯

Scutellinia erinaceus (Schw.) Kuntze

형태 자실체의 지름은 2~3mm로 어릴 때 다소 컵 모양이나 접시 모양으로 퍼진다. 표면의 자실층은 어릴 때 연한 오렌지-황색이나 성숙하면 차차 칙칙한 오렌지-황색 또는 오렌지-적색으로 된다. 표면은 밋밋하고 광택이 나거나 칙칙하다. 바깥층과 가장자리는 칙칙한 갈색의 오렌지색이다. 갈색의 긴 강모(剛毛)가 있는데 어릴 때는 다소 안쪽으로 감싸고 있다가 펴지면 위쪽이나 바깥쪽으로 뻗친다. 자루는 없어서 기질에 직접 부착한다. 포자의 크기는 17.5~20×10~12.5μm로 타원형이다. 표면은 매끈하고 투명하며 미세한 사마귀 반점이 산재해 있다. 자낭의 크기는 270~325×12~15μm로 원통형에 멜저액에 의해 난아미로이드 반응을 보이며 8-포자성이다. 측사는 실처럼 가늘고 선단은 곤봉형이며 오렌지색의 알갱이를 함유한다.

생태 연중 / 습지에 쓰러져 있는 나무에 난다.

분포 한국, 일본, 유럽

짧은털접시버섯

Scutellinia kerguelensis (Berk.) O. Kuntze

형태 자실체는 지름이 3~8mm로 어릴 때 방석 모양에서 낮은 접시 모양이 되었다가 편평한 모양으로 된다. 자실층은 주황색을 띤 적색이다. 바깥 면과 가장자리는 두껍고 흑갈색의 털로 덮여 있는데 흑갈색의 부서지기 쉬운 털이다. 자루가 없다. 포자의 크기는 20~23×12~15μm에 광타원형이며 표면엔 미세한 사마귀 반점이 덮여 있으며(Cottonblue로 염색해야 보인다) 투명하다. 내부에는 많은 기름방울이 있다. 자낭은 8-포자성이고 크기는 180×18μm이다. 측사는 원통형에 격막이 있으며 선단은 곤봉형이고 두꺼우며 굵기는 10μm이다. 털은 두꺼운 벽이 있고 드물게 격막이 있으며 선단은 예리하고 기부는 분지하지 않는다.

생태 여름~가을 / 습지 토양 또는 썩고 젖은 나무에 군생한다.

분포 한국, 유럽

센털접시버섯

Scutellinia pilatii (Velen.) Svrček

형태 자실체의 지름은 3~12mm로 접시 모양에 밝은 적색으로 짧은 털이 드문드문 있으며 연한 갈색이다. 안쪽 면의 자실층은 밝은 주홍색이며 가장자리는 검은 눈썹 같은 빳빳한 털이 있고 어두운 갈색이다. 자루는 없다. 포자의 크기는 21~27.5×11.5~16.5 µm로 타원형이다. 표면에 드물게 희미한 사마귀 반점들이 있고 능선의 지름은 0.3~0.6µm이며 높이는 0.3µm이다. 털의 크기는 600~1,600×25~43µm이며 균사 같다.

생태 여름~가을 / 죽은 나무에 군생한다.

분포 한국, 북아메리카

접시버섯

Scutellinia scutellata (L.) Lamb.

형태 자실체의 지름은 0.5~1cm로 어릴 때 구형의 혹처럼 생겼다가 원추형을 거쳐 찻잔 모양으로 된다. 성숙하면 펴져서 작은 접시 모양으로 된다. 가장자리는 위로 말린다. 자실체 안쪽면의 자실층은 밝은 주홍색이다. 가장자리에는 검은 눈썹 같은 빳빳한 털이 있으며 어두운 갈색이다. 자루는 없다. 포자의 크기는 20~24×12~15μm이고 광타원형에 투명하며 미세한 반점이 있다. 어릴 때 많은 작은 기름방울을 가진다. 자낭의 크기는 253~266×18~20μm로 원통형이며 8-포자성으로 자낭포자들은 1열로 배열한다. 측사는 가늘고 선단 쪽으로 굵어지며 굵기는 10μm이다.

생태 여름~가을 / 썩은 나무에 무리지어 나며 부생생활로 나무를 썩힌다.

분포 한국, 일본, 중국, 유럽, 북아메리카

280

그늘접시버섯

Scutellinia umbrorum (Fr.) Lamb.
S. pseudoumbarum J. Moravec

형태 자실체의 지름이 3~10(15)mm인 매우 작은 버섯이다. 어릴 때 볼록렌즈 모양이다가 접시 모양이 되고 나중에 거의 편평형으로 된다. 표면의 자실층은 칙칙한 오렌지-적색이며 때로는 가운데가 쏙 들어가기도 한다. 바깥 면과 가장자리는 빳빳한 털을 가지며 흑갈색으로 부서지기 쉽다. 특히 가장자리 끝은 0.8mm 정도며 암갈색의 강모형 털이 촘촘히 나 있다. 자루는 없고 기물에 직접 부착한다. 포자의 크기는 19~20×13~14μm로 광타원형이고 투명하다. 거친 사마귀 반점과 큰 점상의 사마귀 반점으로 덮여 있으며 많은 기름방울이 있다. 자낭의 크기는 240~270×19~21μm로 원통형에 8-포자성이다. 포자들은 1열로 배열하며 측사는 원주형으로 격막이 있고 밑동이 다소 갈고리 모양이다. 선단은 약간 부풀어 있으며 굵기는 8μm 정도다.

생태 늦봄~가을 / 습기가 많은 땅 위 또는 젖고 썩은 고목, 식물체를 버린 곳 등에 단생 또는 군생한다.

분포 한국, 유럽

그늘접시버섯(흙에서 발생)

S. pseudoumbarum J. Moravec

형태 그늘접시버섯(Scutellinia umbrorum)과 매우 흡사하나 땅에서 발생하는 것이 가장 큰 차이점이다. 자좌는 오렌지색의 자실층이고 가장자리에 갈색털이 있다. 외피층은 갈색이고 갈색 털로 피복된다. 포자는 대형이며 표면은 매끈하고 투명하다. 사마귀점이 있다.

생태 여름 / 젖은 땅에서 발생한다.

분포 한국, 유럽

등적색접시버섯

Scutellinia pennsylvanica (Seaver) Denison

형태 접시버섯(Scutellinia scutellata)과 비슷한 종으로 연한 연어-오렌지색이며 일반적으로 오렌지-적색에 가깝다. 이 종은 접시버섯의 표면에서 발견되는데 털이 없다. 포자의 크기는 (14)16~ 19(21)×(8)10~13(14)μm이다.

생태 썩은 고목이나 흙에서 군생한다.

분포 한국, 북아메리카(미국)

황금대접버섯

Sowerbyella imperialis (Peck) Korf

형태 자실체의 지름이 2~4cm인 작은 버섯이다. 자실체는 컵-원반 모양이다. 가장자리는 오래되면 위쪽으로 말리며 물결 모양으로 굴곡된다. 표면의 자실층은 밋밋하고 둔하며 간혹 중앙에 주름이 잡히기도 한다. 밝은 오렌지-황색이다. 바깥 면(하면)은 연한 색 또는 크림색이고 쌀겨 같은 것이 부착한다. 자루는 다소 짧거나 긴 자루가 있고 표면은 털이 밀생한다. 포자의 크기는 12~15×6.3~7.3μm로 타원형이며 투명하지만 표면에 미세한 점상의 반점이 많이 돌출해 있고 1~2개의 기름방울이 있다. 자낭의 크기는 200~250×7~11μm로 긴 원통형에 8-포자성이며 포자는 1열로 들어 있다. 측사는 가늘고 폭 3.5μm에 격막이 있으며 포크형으로 굽어지지 않는다. 선단 부분은 곤봉상으로 다소 부푼다.
생태 가을 / 침엽수림의 임지 또는 혼효림 임지의 낙엽 사이에 군생 또는 총생한다.
분포 한국, 유럽

자루황금대접버섯

Sowerbyella rhenana (Fuckel) J. Moravec

형태 자실체는 지름이 1~4*cm*로 컵 모양이다. 내면의 자실층은 밝은 오렌지색에서 노란 오렌지색으로 되며 밋밋하다. 바깥 면은 연한 노란색 또는 백색으로 약간 비듬성이다. 가장자리는 안으로 말리고 물결형이 되며 성숙하면 찢겨진다. 컵의 기부는 압축되고 주름진다. 자루의 길이는 2*cm* 정도로 표면은 늑맥상이고 균사체가 밀집된 것으로 덮인다. 포자의 크기는 18~26×9~12*μm*에 타원형이며 표면은 매끈하고 투명하였다가 거친 그물꼴로 덮인다. 자낭의 크기는 300~350×151*μm*이며 원통형에서 곤봉형이고 포자들은 1열로 배열한다. 측사는 선단에서 부풀고 오렌지색 알갱이로 가득 찬다. 멜저액으로 염색하면 녹색으로 되었다가 곧 사라진다.

생태 여름~가을 / 숲속의 땅 또는 이끼류에 군생 · 속생한다. 보통 구과식물과 관계가 있다. 흔한 종은 아니다.

분포 한국, 유럽

갈색땅주발버섯

Tarzetta catinus (Holmsk.) Korf & Rogers

형태 자실체는 지름이 1~4*cm*인 소형 버섯이다. 자실체는 컵 모양 또는 사발 모양으로 오래 유지되지만 간혹 오래되면 편평해지기도 하며 갈라져서 엽편 모양이 되기도 한다. 표면의 자실층은 크림색-연한 갈색이다. 바깥 면은 표면과 같은 색이거나 다소 연한 색으로 솜털 같은 비로드상으로 덮인다. 가장자리는 톱니 모양이다. 살은 얇고 부서지기 쉽다. 자실체의 밑바닥은 결절상으로 맥상이다. 자루는 흔히 땅속에 묻혀 있으며 다소 길거나 짧다. 포자의 크기는 20~24×11~13*μm*로 타원형이다. 표면은 매끈하고 투명하며 2개의 큰 기름방울이 들어 있다. 자낭의 크기는 280×16*μm*로 원통형에 8-포자성이고 포자들은 1열로 배열한다. 측사는 가늘고 격막이 있으며 기부 쪽으로 포크형이다. 선단은 약간 굵고 4*μm* 정도로 엽편 모양이다.

생태 여름~가을 / 침엽수 또는 활엽수의 숲속, 정원, 길섶 등의 토양에 단생하거나 때로는 뭉쳐서 함께 난다.

분포 한국, 일본, 유럽, 북아메리카

오목땅주발버섯

Tarzetta cupularis (L.) Svrček

형태 자실체는 지름이 0.5~1.5(2)cm인 아주 작은 버섯이다. 처음에는 위쪽에 구멍이 뚫린 구형이다가 오목한 주발 모양 또는 컵 모양이 되며 오랫동안 찻잔 모양 또는 컵 모양으로 남아 있다. 가장자리는 불규칙하고 미세하게 치아상이다. 어린 종들은 닭 벼슬 같고 회백색에서 황회색으로 된다. 안쪽 자실층은 밋밋하고 회색을 띤 연한 가죽색이며 바깥 면(하면)은 갈색의 물집투성이에 미세한 솜털 모양이 덮여 있다. 자루는 땅속에 뚜렷하게 있다. 포자의 크기는 20~22×13~15μm로 광타원형에 표면은 매끈하고 투명하며 2개의 큰 기름방울이 들어 있다. 자낭의 크기는 250~280×15~16μm로 불규칙한 야구방망이꼴이다. 8-포자성이며 자낭포자들은 1열로 배열한다. 측사는 가늘고 길며 격막이 있다. 기부는 포크형이다. 선단은 약간 두껍다.

생태 봄~가을 / 습기가 많고 이끼가 많은 땅에 군생한다.

분포 한국, 유럽, 북아메리카

갈색털들주발버섯

Trichaleurina celebica (P. Henn.) M. Carbone, Agnello & P. Alvarado
Galiella celbica (Henn.) Nannf.

형태 자실체는 지름 4~7*cm*, 높이 3~4*cm*로 처음 구형에서 반구형-도원추형으로 된다. 자루가 거의 없고 흑갈색이며 고무처럼 탄력이 있다. 윗면의 자실층은 처음에는 주발 모양에서 편평한 접시 모양으로 되고 가장자리와 바깥쪽은 짧은 털로 덮인다. 흑갈색이고 내부의 살은 두꺼우며 젤라틴질이다. 포자의 크기는 25~30×12~13*μm*로 타원형에 양쪽 끝이 가늘고 어떤 것은 방추형이면서 표면에 사마귀돌기가 있다. 요오드 반응에서 꼭대기는 청색으로 된다. 측사는 실 모양이며 지름은 2.5~3.5*μm*이다. 격막이 있고 위쪽에 갈색의 과립이 있다.

생태 가을 / 숲속의 썩은 재목에 군생한다.

분포 한국, 중국, 일본, 인도네시아, 뉴기니, 마다가스카르, 유럽

털접시버섯

Tricharina gilva (Boud. ex Cooke) Eckblad

형태 자실체의 지름이 0.2~0.5cm 정도인 아주 작은 버섯이다. 자실체는 어릴 때 컵 모양이다. 자실층의 표면은 오렌지-황색이나 점차 커가면서 사발 모양 또는 접시 모양으로 벌어지며 색은 연해져서 밝은 황토색이 된다. 바깥 면도 자실층과 같은 색으로 약간 쌀겨 모양을 띤다. 가장자리에는 짧은 갈색의 털이 있다. 자루 없이 땅에 난다. 포자의 크기는 14~16×8~10μm로 타원형에 표면은 매끈하고 투명하며 기름방울은 없다. 자낭의 크기는 170~180×14~16μm이고 원통형에 8-포자성이다. 자낭포자들은 1열로 배열한다. 측사는 가늘고 길며 선단의 굵기는 4μm 정도로 굵다.

생태 봄~여름 / 불이난 지역의 불탄 나무와 맨땅, 또는 이끼 부근에 난다.

분포 한국, 유럽

털잔버섯

Trichophaea gregaria (Rehm) Boud.

형태 자낭반의 지름이 3~8㎜ 정도인 아주 작은 버섯이다. 자실체는 처음에는 반구상 주머니 모양이나 쟁반 모양으로 되었다가 편평한 모양으로도 된다. 가장자리는 섬모로 덮여 있고 항상 위를 향한다. 표면의 자실층은 회백색-연한 회색이고 때때로 푸른색 끼가 있다. 가장자리와 바깥 하면은 짧은 암갈색-적갈색의 털이 덮여 있다. 자실체는 자루가 없다. 포자의 크기는 23~25.5×9~10㎛로 좁은 타원-약간 방추형에 표면은 매끈하고 투명하며 작은 기름방울이 많이 들어 있거나 1개의 큰 기름방울이 들어 있다. 자낭의 크기는 200×13㎛로 원통형에 약간 굽었고 8-포자성이며 자낭포자들은 1열로 배열한다. 측사는 가늘고 원통형이며 격막이 있고 선단 쪽으로 약간 두껍다.

생태 가을 / 불탄 자리나 불탄 부스러기가 있는 곳에 군생한다.

분포 한국, 유럽

288

사발털잔버섯

Trichophaea hemisphaerioides (Mouton) Graddon

형태 자실체는 지름이 15*mm* 정도로 자낭반(자실층)은 백색에서 연한 회색이 된다. 가장자리는 자실층과 같은 색이다. 바깥 면은 광택이 나며 갈색의 뾰족한 털로 덮여 있다. 자루 없이 직접 기주에 부착한다. 포자의 크기는 12.5~16×6.75~8*μm*로 표면은 매끈하고 투명하며 2개의 기름방울을 함유하고 양 끝은 둥글다. 자낭은 8-포자성으로 요오드용액 반응에서 포자분출 주위가 청색으로 변색하지 않는다. 측사는 가늘고 길며 선단은 약간 부풀고 기부는 흔히 포크형이다. 털은 갈색에 벽은 두껍고 많은 격막이 있으며 아래로 가늘고 뾰족하다. 크기는 200~400*μm*이다.

생태 연중 / 기질은 불탄 땅 또는 가끔 숯과 이끼류에서 단생·군생한다.

분포 한국, 유럽

회색털잔버섯

Trichophaea woolhopeia (Cooke & W. Phillips) Boud.

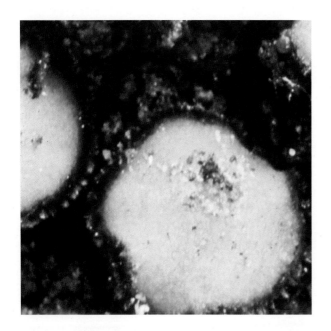

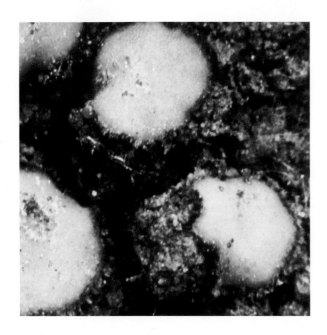

형태 자실체는 지름이 3~6㎜로 어릴 때 반구형이다가 후에 편평해져서 원반 모양이 된다. 표면의 자실층은 연한 회색-연한 황토색이다. 가장자리와 바깥 하면은 갈색의 억센 털이 빽빽이 덮여 있다. 기질에 자루 없이 직접 부착한다. 포자의 크기는 21~22×13~15㎛로 광타원형에 표면은 매끈하고 투명하며 큰 기름방울이 1개 들어 있거나 작은 기름방울이 1개 더 들어 있다.

생태 여름~가을 / 맨땅, 이끼나 풀밭, 불탄 자리, 길가나 냇물가 등의 습하고 그늘진 곳에 흔히 군생한다.

분포 한국, 유럽

땅해파리

Rhizina undulata Fr.

형태 자실체의 지름은 3~10cm, 두께는 0.2~0.3cm이고 쟁반처럼 생긴 구름 모양이며 땅 위로 펴진다. 표면은 불규칙하게 자라 올라와서 울퉁불퉁하고 가장자리는 아래쪽으로 구부러진다. 쟁반 윗면의 자실층은 밤갈색, 적갈색 또는 흑갈색이다. 가장자리는 백색의 단단한 살로 되어 있으며 불규칙한 물결형이다. 살은 단단하고 적갈색이며 두껍다. 아랫면에는 백색의 균사 다발이 뿌리처럼 뭉쳐 기주에 부착한다. 포자의 크기는 30~40×8~10μm로 무색의 방추형이며 양 끝에 돌기가 있고 기름방울을 함유하는 것도 있으며 미세 반점 또는 그물눈을 가지고 있다. 자낭의 크기는 300~400×5~20μm로 8-포자성이며 자낭포자들은 1열로 배열하나 2열로 배열하는 것도 있다. 측사는 원통형이며 약간 곤봉형으로 굵기는 5~8μm이다.

생태 여름~가을 / 침엽수림의 땅, 특히 불탄 자리에 무리지어 난다. 집단적으로 발생해서 소나무를 말라죽게 하기도 한다.

분포 한국, 북반구 온대 이북지역

예쁜술잔버섯

Caloscypha fulgens (Pers.) Boud.

형태 자실체의 지름이 1.5(2)~4cm인 소형 버섯으로 어릴 때 구형-요강 모양에서 불규칙한 컵 모양이나 접시 모양이 된다. 자실체 위의 자실층 면은 밝은 황색이고 건조할 때는 다소 오렌지색 또는 적황색 등이며 밋밋하거나 때로는 결절이 있다. 바깥 면(하면)은 황토-갈색이고 손으로 만지거나 오래된 경우 초록색 끼를 띤다. 분상이다. 가장자리는 고르거나 물결 모양을 이룬다. 부분적으로 찢어지기도 하고 잘라져 나가기도 한다. 자루 없이 직접 기물에 부착하거나 때로는 짧은 자루가 있다. 포자의 크기는 5~6μm로 구형에 표면은 매끈하고 투명하며 기름방울은 없다. 자낭의 크기는 100×10μm로 휘어진 야구방망이꼴이며 8-포자성으로 자낭포자는 1열로 배열한다. 측사는 원통형이고 격막이 있으며 기부 쪽으로 포크형이다.

생태 봄~가을 / 높은 산지의 이끼가 많거나 낙엽이 많은 침엽수, 활엽수 숲의 땅에 단생 또는 군생한다.

분포 한국, 유럽

컵요리버섯

Cookeina sulcipes (Berk.) Kuntze

형태 자실체의 지름은 1~2cm로 자실체인 컵의 깊이는 1cm이다. 위 표면의 자실층은 짙은 오렌지색에서 황토색으로 되며 건조하면 퇴색한다. 털은 짧다. 자루는 없지만 있는 경우 길이가 3cm, 지름은 0.2cm 정도다. 포자의 크기는 27~33×12~14μm로 타원형에서 방추형이며 큰 기름방울을 1~2개 함유한다. 표면에 세로 줄무늬 선이 있고 약간 투명하다. 자낭의 크기는 350~375×20μm로 원통형이며 4-포자성이다. 측사는 실 모양으로 가늘고 길다. 선단이 약간 부푼다.

생태 연중 / 죽은 나무의 껍질에 군생한다.

분포 한국, 북아메리카

털작은입술잔버섯

Microstoma floccosum (Schw.) Raittv.

형태 자실체의 지름은 0.5~1㎝, 높이는 1㎝ 정도며 컵 모양이다. 안쪽의 자실층 면은 진한 홍색이다. 바깥 면에 백색의 털이 거칠게 나 있다. 자낭이 안쪽의 자실층 면에 파묻혀 있어서 밋밋하다. 가장자리에 큰 거친 털이 있다. 자루의 길이는 3~5㎝, 굵기는 0.15~0.5㎝이고 백색이며 가늘고 털이 많이 나 있다. 포자의 크기는 20~35×15~17㎛이고 타원형에서 방추형이 되며 표면은 매끈하고 투명하다. 자낭의 크기는 300~325×20㎛로 원통형 또는 아원통형이며 포자들은 1열로 배열한다. 측사는 실 모양이고 선단은 약간 부푼다.

생태 여름~가을 / 활엽수의 고목, 땅에 묻힌 나무, 이끼류가 자라는 고목 등에 무리지어 난다. 고목 옆에 붙어서 나는 것은 자루가 고목 옆을 따라서 자라기 때문이다. 특히 초가을에 많이 발견된다.

분포 한국, 북아메리카의 동남부

키다리털작은입술잔버섯

Microstoma protractum (Fr.) Kanouse

형태 자실체는 컵 모양이고 가장자리는 엽편 모양이다. 컵 높이
는 2cm로 조그만 구멍에 의해 열리고 빳빳하며 짧은 투명한 털로
싸인다. 내부는 끈적기가 있는 장미-적색에서 거의 주홍색으로
되며 맨 아랫부분은 밋밋, 아랫부분은 부드러운 백색 털로 유연
하고 섬세하다. 자루는 길이 3~4cm, 굵기 0.1~0.2cm이며 원통형
으로 길고 가늘다. 자루의 반절은 백색에 투명하고 부드러운 털
을 가지며 아래의 반 정도는 흑색이다. 헛균사가 나무 또는 나무
뿌리에 부착한다. 포자의 크기는 25~50×10~16μm로 타원-방추
형에 매끈하고 투명하며 약간 노란색이다. 보통 1개의 큰 기름방
울과 1~2개의 작은 기름방울을 함유한다. 자낭은 8-포자성으로
1열로 배열하며 크기는 200~275×20~23μm이다. 측사는 가늘고
가끔 자낭보다 위로 솟으며 휘어지지 않는다.

생태 봄~여름 / 단단한 나무와 구과식물의 땅에 묻힌 막대기나
뿌리에 발생하거나 눈이 녹은 후 언 땅 위에 발생하기도 한다.

분포 한국, 일본, 유럽, 러시아

무리작은입술잔버섯

Microstoma aggregatum Otani

형태 자실체는 지름 5~10mm, 깊이 5~8mm로 와인잔 모양이다. 자실층 면은 내측에 있으며 핑크색-연한 붉은색이고 밋밋하다. 바깥 면은 백색의 털이 밀생한다. 자실체의 입구는 처음에 닫혀 있을 때는 구형이지만 나중에 술잔 모양으로 열린다. 자실체의 가장자리는 약간 거치상이다. 자루는 가늘고 길며 원통-약간 편평상이며 기부는 상호 교차하여 유착한다. 표면은 유백색이며 바깥면과 같은 백색의 털로 피복된다. 포자의 크기는 19~22×6~9㎛이다.

생태 가을 / 고목에 겹쳐서 기왓장처럼 속생한다.

분포 한국, 중국, 일본

흰분홍술잔버섯

Phillipsia domingensis Berk.

형태 자실체는 지름이 1~3cm로 불규칙한 접시 모양 또는 얕은 찻잔 모양이며 암적색-연지색이다. 자낭반은 육질로 자실층은 건조한 감촉이 있다. 바깥 면은 오백색 또는 가루색이나 간혹 황색이기도 하다. 자실체의 아래는 요철 또는 편평하고 암자홍색이다. 자루는 없다. 포자의 크기는 19~25×11~13㎛로 부등의 타원형이고 한쪽이 납작한 콩 모양으로 내부에 여러 개의 줄무늬 세로줄이 있다. 자낭의 크기는 340~400×15~18㎛로 1~2개의 기름방울을 함유한다. 자낭포자는 1열로 배열한다. 측사는 팽대되고 선단의 지름은 5㎛이다.

생태 가을 / 숲속의 썩은 고목에 발생한다. 열대계의 버섯이다.

분포 한국, 일본

구리빛고랑버섯

Pithya cupressina (Batsch) Fuckel

형태 자실체의 지름은 1~2㎜로 아구형에서 원형이 되거나 길게 늘어나서 불규칙하게 된다. 성숙하면 편평하고 또는 약간 둥근 산 모양이다. 안쪽의 자실층 표면은 짙은 밝은 오렌지색이며 바깥 표면은 안쪽보다 짙은 밝은색이다. 자루가 있다면 매우 짧으며 강한 털이 나 있고 자실체가 기질에 부착하는 하얀색의 균사체를 가진다. 포자의 크기는 9~12㎛로 구형이고 표면이 매끈하며 알갱이를 가지고 보통 큰 기름방울을 1개 함유한다. 자낭은 8-포자성으로 자낭포자는 1열로 배열한다. 크기는 210~250× 12~15㎛이다. 측사는 아래에서 분지하며 윗부분에서는 약간 부풀어서 선단에서는 굵기가 2~4㎛에 달한다.

생태 봄~여름 / 노간주나무, 솔송나무, 참나무류 외에 여러 나무를 고사시키는 것으로 알려지고 있다. 군생한다. 보통종.

분포 한국, 유럽, 북아메리카

황금술잔버섯

Sarcoscypha austriaca (Beck ex Sacc.) Boud.
Peziza imperialis Beck

형태 자실체는 지름이 2~7cm로 처음에 둥글고 깊은 컵 모양이다가 얕은 컵 모양으로 되었다가 귀 모양 또는 불규칙한 윤곽을 가진 모양으로 된다. 성숙하면 내면의 자실층은 밋밋하고 주름진 상태로 된다. 표면은 광택이 나고 둔하며 황토색에서 적색으로 된다. 바깥 면은 알갱이가 있다가 비듬으로 되고 백색에서 연한 황토색으로 되거나 적핑크색이다. 가장자리는 강하게 굽는다. 육질은 얇지만 잘 부서지지 않으며 핑크색이다. 자루는 보통 짧고 두꺼우며 컵의 바깥 면의 색과 같다. 가끔 미발달의 자루가 있거나 혹은 없다. 포자의 크기는 20~38×9~16㎛로 긴 타원형이나 대부분이 잘린 형이다. 표면은 매끈하고 투명하며 많은 기름방울을 함유한다. 자낭의 크기는 375~485×18~19㎛로 긴원통형에 점차 기부로 가늘어진다. 측사는 실 모양으로 가늘고 선단에서는 약간 곤봉형이다.

생태 봄 / 젖은 침엽수 혼효림의 쓰러진 또는 묻힌 가지와 가지 위에 단생하여 집단으로 발생한다. 속생하는 경우 압착된 발생을 한다.

분포 한국, 북아메리카

298

술잔버섯

Sarcoscypha coccinea (Jacq.) Sacc.

형태 자실체의 지름은 1~8cm이고 주발 모양 또는 깔때기 모양이다. 안쪽 면의 자실층은 투명한 빨간색이고 바깥쪽 면은 엷은 빨간색이며 미세한 털이 있다. 가장자리는 백색을 띠는 빨간색이다. 안쪽의 밋밋한 자실층 면에 자낭들이 파묻혀 있다. 살은 얇고 빨간색이다. 포자의 크기는 29~39×9~13μm로 대형의 타원형이며 표면은 매끄럽고 투명하다. 포자의 양 끝에 작은 알갱이가 많이 들어 있다. 자낭의 크기는 398~450×13.5~15μm로 원통형이나 구부러진다. 8-포자성으로 포자들은 1열로 배열한다. 측사는 얇고 원통형이며 드물게 격막이 있다.

생태 여름~가을 / 비가 온 후에 많이 발견된다. 지상의 떨어진 나뭇가지에 나는 것은 자루가 거의 발달하지 않지만 땅속에 묻힌 나무에 나는 것은 버섯이 땅 위로 올라와야 하기 때문에 자루가 있다. 뭉쳐서 나는 것처럼 보이지만 근부는 각각 떨어져 있다.

분포 한국, 일본, 유럽

참고 자실층 면인 속은 빨간색이고 바깥 면은 연한 빨간색이어서 쉽게 알 수 있다.

붉은술잔버섯

Sarcoscypha occidentalis (Schwein.) Sacc.

형태 자실체는 머리(자낭반)와 자루로 이뤄져 있다. 머리는 지름이 0.5~2(4)*cm*로 표면의 자실층은 밋밋하고 주홍색 혹은 때로 적색이며 오래되면 퇴색된다. 바깥 면(하면)은 밋밋하고 유백색 또는 연한 적색으로 표면보다 연한 색이다. 살은 얇고 부서지기 쉽다. 자루는 길이 1~3*cm*, 굵기 2*mm*로 백색-연한 적색이다. 포자의 크기는 18~22×10~12*μm*로 타원형이다. 표면은 매끈하고 투명하며 흔히 양쪽에 각각 기름방울이 있고 그 주변에 미세한 작은 기름방울이 있다.

생태 늦봄~초여름 / 습기 많은 지역의 활엽수 잔가지, 죽은 나무 또는 낙엽이 썩은 토양 등에 산생 또는 군생한다.

분포 한국, 일본, 중국, 북아메리카

쟁반술잔버섯

Sarcoscypha vassiljevae Raitv.

형태 자실체의 지름은 15~60*mm*로 쟁반 모양이나 찻잔 모양과
비슷하고 살색 또는 백색이며 벽은 얇다. 자루는 없거나 있을 경
우는 아주 짧다. 자낭포자의 크기는 18~25×10~13*μm*로 장타원
형이고 큰 기름방울을 함유한다. 자낭의 크기는 290~360×9~13
*μm*이다.

생태 여름~가을 / 살아 있는 나무의 썩은 부위 및 부식토에 군
생한다.

분포 한국, 중국

다발귀버섯

Wynnea gigantea Berk. & Curt.

형태 자실체는 공통의 자루로부터 다수가 분지되어 나온다. 자
실체는 여러 개가 토끼 귀처럼 된 자낭반을 형성한다. 자실체 전
체의 높이는 10~15*cm*이다. 자낭반의 높이는 3~8*cm*, 폭은 1~3
*cm*로 자갈색 또는 갈색이다. 자실체 내면의 자실층은 처음에 오
렌지 황색-벽돌색에서 암자갈색으로 되며 표면은 밋밋하고 바
깥 면(외면)은 처음에 황색-오렌지 황색 또는 적갈색이다. 자낭
반의 가장자리는 안으로 말린다. 자루의 길이는 3~7*cm*, 굵기는
1~2*cm*로 흑갈색이며 곤봉형이다. 하부는 길고 늘어져 흑갈색의
균핵을 형성한다. 포자의 크기는 22~38×12~15*μm*로 타원-신장
형이다. 자낭의 크기는 400~500×14~18*μm*로 원주형이며 8개의
포자가 1열로 배열한다. 측사는 가늘고 길며 꼭대기는 거칠고 폭
은 4~5*μm*이다.

생태 봄~가을 / 활엽수의 땅에 군생 · 속생한다.

분포 한국, 중국

검은가시잔버섯

Pseudoplectania nigrella (Pers.) Fuckel

형태 자실체의 지름은 15~25mm로 불규칙한 컵 모양에서 차차 편평한 찻잔받침 모양으로 된다. 안쪽의 자실층은 밋밋하고 광택이 나며 흑갈색이다. 가장자리와 바깥 면은 보다 어두운 색이고 펠트상인데 검은색의 압착된 털을 가지고 있다. 자루는 없다. 포자의 크기는 10~12μm로 구형이며 표면은 매끈하고 투명하다. 가끔 기름방울을 1개 가진다. 자낭의 크기는 250~300×11~13μm로 8-포자성이다. 측사는 실처럼 가늘고 길며 많은 격막이 있다. 선단은 곧고 휘어진 포크형이다.

생태 봄 / 이끼류 속 또는 땅 위에 단생·속생하여 집단으로 발생한다.

분포 한국, 유럽

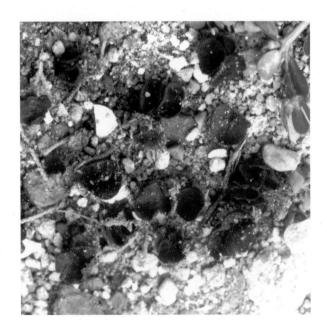

전나무검은가시잔버섯

Pseudoplectania vogesiaca Seav.

형태 자실체의 지름은 2~4cm로 컵 또는 접시 모양으로 나뭇가지 등에 붙어 있으며 자루가 있다. 표면층은 암흑갈색이며 바깥 면은 더 진한 흑색이고 눌려 있는 짧은 털에 의해서 비로드상이다. 가장자리는 오랫동안 안쪽으로 굽어 있다. 포자의 크기는 10~12μm로 구형이며 표면은 밋밋하고 투명하며 1개의 큰 기름방울이 있다.

생태 봄 / 특히 지면에 눕혀져 있는 전나무 가지나 줄기의 썩은 부위에 흔히 난다.

분포 한국, 유럽, 북아메리카

말미잘버섯

Urnula craterium (Schw.) Fr.

형태 자실체의 지름은 3~4cm, 깊이는 5cm로 자루가 있는 컵 모양이며 위쪽의 주발 부분은 처음에는 입을 다물고 있으나 후에 꼭대기에 별 모양의 터진 구멍이 생겨 입이 열린다. 도란형에서 원추형으로 된다. 내면의 자실층은 회갈색이다. 바깥 면은 거의 흑색-흑갈색의 두꺼운 털이 있다. 살(육질)은 단단하고 가죽질이다. 가장자리는 톱니상이고 불규칙하게 찢어진다. 자루는 길이 2~6cm, 굵기 4~8mm로 세로의 주름이 있고 기부는 검은 균사가 밀생해 기물의 재목에 붙는다. 포자의 크기는 25~35×12~14μm로 광타원형이며 표면은 매끄럽고 투명하다. 자낭의 크기는 350~600×13~15μm로 원통형이며 후막이다. 8-포자성으로 포자는 1열로 배열한다. 측사는 실 모양이며 선단은 약간 부풀고 폭은 3~4μm이며 연한 갈색이다.

생태 봄 / 활엽수림의 땅속에 파묻힌 죽은 가지 등에 군생한다.

분포 한국, 중국, 일본, 유럽, 북아메리카

덩이버섯

Tuber aestivum Vittad.

형태 자실체의 지름은 2~9cm로 불규칙하게 외면이 돌출된 덩이 뿌리 모양이다. 표면은 암흑갈-흑색이고 작은 혹들이 많이 돌출 되어 있는데 다소 피라미드 모양에 혹 사이에 깊은 골이 있다. 내 부는 어릴 때 백색이나 성숙하면서 연한 갈색, 갈색, 암갈색이 되 며 대리석 무늬의 맥이 형성된다. 절단해도 색이 변하지 않는다. 살은 단단하고 특별한 향이 나며 오래된 것은 불쾌한 냄새가 난 다. 포자의 크기는 27~45×18~27μm(부속물 포함)이고 타원-아 구형에 투명하며 어릴 때는 색이 없으나 후에 황색-갈색 끼를 띤다. 부속물이 그물눈 모양으로 돌출하며 높이는 3~5(9)μm 정 도다. 포자의 크기는 포자 수에 따라 차이가 크다. 자낭의 크기 는 60~90×50~80μm로 구형-아구형이다. 자낭 속에 2~6개(보통 3~4개)의 포자가 들어 있다. 짧은 자루가 있거나 없다.
생태 여름~겨울 / 각종 수목이나 관목이 자라는 석회질이 풍부 하고 부식질이 많은 토양에 반지중생 또는 땅속(지중생)에 난다.
분포 한국, 유럽, 북아메리카

검은덩이버섯

Tuber indicum Cooke

형태 자실체는 폭이 1.5~4cm로 자낭과는 외면이 돌출된 괴상 또 는 구상의 덩이뿌리 모양이다. 표면은 흑갈색이고 높이는 1mm 정 도로 사마귀 모양 돌기가 덮여 있다. 절단해보면 내면은 연한 황 색과 연한 연두-회색이 혼합되어 있고 흰색의 많은 맥상이 연결 되어 있다. 포자는 길게 침 모양의 돌기를 가지고 있다.
생태 여름~겨울 / 숲속의 땅속에 난다.
분포 한국, 일본, 유럽

누런덩이버섯

Tuber californicum Harkn.

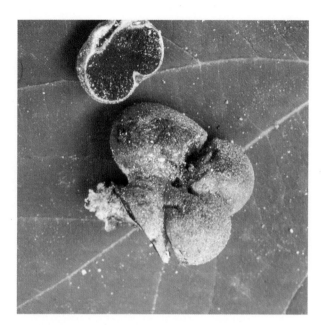

형태 자실체는 지름이 1~2.5(5)*cm*로 구형에 가깝고 보통은 불규칙한 엽편이고 이랑처럼 패여 있다. 바깥 면은 작고 미세한 하얀 가루상이 피복되고 어릴 때 백색이나 성숙하면 올리브색에 얼룩이 덮여서 얼룩딜룩하다. 노쇠하면 금이 간다. 내면의 속은 차 있고 단단하며 대리석 같고 어릴 때는 백색이다. 성숙하면 엉킨 백색의 맥상을 가진 흑갈색이다. 냄새는 어릴 때 온화하고 성숙하면 약간 마늘냄새 또는 치즈냄새가 난다. 자루는 없다. 포자의 크기는 (30)40~50μm로 구형이며 벌집 모양의 구멍이 있고 보통 6~7개의 벌집으로 된다. 성숙하면 흑갈색이다. 자낭의 크기는 70~100×70~90μm로 거의 구형이다. 짧은 자루가 있으며 보통 4-포자성이고 드물게 5-포자성 또는 6-포자성이다.

생태 초여름~늦가을 / 나무 밑의 기름진 곳과 구과나무 아래의 땅에서 단생·군생한다. 식용 여부는 어떤 사람들은 먹을 수 있다고 하나 맵다.

분포 한국, 북아메리카

305

고랑덩이버섯

Tuber canaliculatum Gilkey
Elaphomyces granulatus Fr.

형태 자실체는 유구형으로 지름이 40mm 정도다. 표면에 불규칙한 고랑이 있으며 흡수성이다. 자루는 없다. 자실체의 바깥 표면은 다면체의 사마귀점으로 덮여 있고 적갈색에서 오렌지-갈색이 된다. 표면의 파편이나 고랑에는 노란색에서 오렌지-갈색으로 된 솜털이 덮여 있다. 자실체의 속(내부)은 대리석 같고 뒤얽힌 배색의 맥선이 있다. 회갈색에서 짙은 회색 또는 흑갈색이 된다. 나중에 전부 검은 포지로 차 있게 된다. 냄새는 온화하며 맛은 맵고 얼얼하다. 포자의 크기는 45~70×40~50μm로 타원형이고 표면은 사마귀점으로 덮여 있으며 흑갈색이다. 자낭은 6-포자성 혹은 8-포자성이며 요오드용액 반응에서도 색이 변하지 않는다. 측사는 관찰이 안 되며 털은 없다.

생태 여름~겨울 / 땅에 묻힌 나뭇잎 또는 구과나무와 활엽수의 혼효림 밑의 땅 2~7cm에 단생 또는 군생한다.

분포 한국, 유럽

대리석덩이버섯

Tuber shearii Harkn.

형태 자실체는 구형으로 자루는 없고 폭은 0.5~2cm이다. 표피는 밋밋하다가 거칠게 되며 밝고 둔한 노란색에서 황백색으로 흔히 고랑이 있다. 내부의 대리석 같은 기본체는 갈색으로 백색의 맥상이 있다. 냄새와 맛은 약간 맵다. 포자의 크기는 32~56×28~32μm(작은 방 같은 돌기물 제외)이고 돌기물은 벌집 같은 모양으로 높이는 3~4μm이며 3~9개의 그물눈(mesh)이 포자의 길이를 따라서 있다. 광타원형에서 아구형이며 밝은 흑갈색에서 흑갈색이다. 자낭은 지름이 50~70μm로 거의 구형이다.

생태 여름~가을 / 혼효림의 땅에 반지중생으로 단생 · 산생한다. 흔한 종은 아니다.

분포 한국, 미국, 캐나다

원반민털주발버섯

Psilopezia nummularia Berk.

형태 자실체의 지름은 5~10㎜로 원반 모양이고 위에서 보면 원형이다. 표면은 물결형이고 습기가 있을 때 광택이 나며 밤색에서 오렌지-갈색으로 된다. 바깥 표면은 광택이 나고 건조 상태에서 눈에 띌 정도로 기부에 털 같은 펠트형이 보인다. 육질은 단단함이 없고 약간의 끈적기가 있다. 자루는 없다. 포자의 크기는 25~37×15~18.5㎛이고 타원형이며 표면은 매끈하고 투명하다. 자낭은 8-포자성이고 크기는 300~350×18~26㎛이다. 측사는 가늘고 길며 끝은 두껍고 두께는 10㎛로 갈색이다. 자실체는 자루 없이 기주에 넓게 발생한다.

생태 가을 / 개천가나 하수로에 제방으로 만든 나무가 썩은 그 위에 단생 · 산생한다.

분포 한국, 유럽

죽은깨보리버섯

Bertia moriformis (Tode) De Not.

형태 자실체의 지름은 0.4~0.6㎜, 높이는 1.5㎜로 구형 또는 달 걀 모양, 뽕나무의 오디 모양이며 흑색이다. 자낭각은 기질에 산 재 또는 밀생하여 군생한다. 딱딱한 기질의 바깥 면에는 뽕나무 의 오디처럼 집단으로 발생한다. 표면은 사마귀 반점처럼 되고 검은색이며 포자분출구멍은 없다. 포자의 크기는 40×5.5㎛로 방 추-소시지 모양에 휘어 있으면서 투명하다. 중앙에 1개의 격막 이 있으며 3~4개의 기름방울이 있다. 자낭의 크기는 150~160× 10~17㎛로 긴 원통형에 8-포자성이며 자낭포자들은 불규칙하 게 2열로 배열한다. 측사는 실처럼 가늘고 격막이 있다.

생태 연중 / 고목의 표면에 단생·군생한다. 숲속 땅에 나며 나 무껍질이 벗겨진 썩은 고목에 다수가 발생한다.

분포 한국, 유럽

깨진검정접시버섯

Nitschkia collapsa (Rommell) Chenant.

형태 자실체는 지름이 0.75㎜ 정도며 자낭각은 둥글고 곧 컵 모
양으로 된다. 검은색이며 사마귀 반점으로 덮여 있는데 자실체에
서 둥글게 부서진 것들이다. 포자의 크기는 12~18×3.5~7㎛이
고 방추형이다. 표면은 매끈하고 투명하며 1개의 격막과 3~4개
의 기름방울을 함유하고 양단이 둥글다. 성숙하면 연한 갈색이
다. 자낭은 8-포자성으로 요오드용액 반응에서는 포자분출구멍
주위의 색이 변하지 않는다. 측사는 관찰되지 않으며 털은 없다.
생태 가을~봄 / 기질은 낙엽송, 죽은 나무 위에 군생한다. 기
주로는 자두나무, 물푸레나무, 느릅나무 등이 있다. 다른 자낭
균류의 자좌와 자낭각을 덮어서 흔히 나는데 넓은 검댕이침
버섯(Diatrype stigma)과 다향빵팥버섯(Annulohypoxylon
multiforme)이 있다.
분포 한국, 유럽

거친검정접시버섯

Nitschkia grevillei (Rehm) Nannf.

형태 자실체는 지름이 0.5mm 정도로 자낭각은 검은색이고 둥글며 사마귀점으로 덮여 있다. 곧 컵 모양이 되며 자실체에서 둥글게 부서진 것들이 위에 있다. 자실체는 얇고 검은 균사가 기질 위에 집단으로 자라며 광택이 나는 것이 있다. 포자의 크기는 5~9×1.5~2.5μm로 방추형이다. 표면은 매끄럽고 투명하며 1개의 격막과 2~5개의 기름방울이 있으며 양 끝은 둥글다. 측사는 관찰이 안 되며 털은 없다.

생태 가을~봄 / 죽은 낙엽송에 군생한다. 기주로는 단풍나무, 참나무류, 물푸레나무, 버드나무 등이 포함된다. 다른 자낭균류(넓은검뎅이침버섯)의 자좌와 자낭각을 피복한다.

분포 한국, 유럽

생알보리수버섯

Bionectria ralfsii (Berk. & Broome) Schroers & Samuels
Nectria ralfsii Berk. & Broome

형태 자낭각의 지름은 0.4~0.5mm 정도며 처음엔 구형이다. 표면은 크림-노란색에서 노란 오렌지색이 된다. 구형의 자실체는 오렌지색의 컵 모양으로 되어 연한 알갱이로 덮이면서 사마귀점들이 나타난다. 자좌에서 개별적으로 자라서 집단을 이루며 미성숙 상태의 검은 분생자에 의하여 둘러싸인다. 포자의 크기는 18~21×6.5~8μm로 원주형이며 1개의 격막이 있고 격막의 경계는 응축한다. 표면은 매끈하고 투명하며 양 끝이 둥글다. 분생자일 때는 흑녹색이며 크기는 10~14×7~8μm이다. 자낭의 크기는 75~96×12~16μm로 8-포자성이며 자낭포자들은 2열로 배열한다. 측사는 관찰이 안 되며 털은 없다.

생태 연중 / 낙엽송의 껍질로부터 발생하는데 물푸레나무, 느릅나무, 장미, 버드나무 등이 있다. 나무의 껍질에 군생한다. 흔한 종은 아니다.

분포 한국, 유럽

참고 자실체(자낭각)는 나무껍질을 뚫고 무리지어 나는데 이것들은 검은 분생자 포자의 가장자리에서 둥글게 되어 있다.

보라알보리수버섯

Nectriopsis violacea (J.C. Schmidt ex Fr.) Maire

형태 자낭각의 크기는 120~390×150~310㎛으로 넓은 서양배 모양이며 젖꼭지처럼 예리하다. 술 같은 털이 있다. 분생자형성 균사층은 처음에 백색이다가 오랑캐꽃색에서 자색으로 되며 각 개의 자낭각을 싸고 있다. 숙주 점균류인 검뎅이백색먼지(Fuligo septica)의 표면을 피복한다. 포자의 크기는 7~8×2.5~3㎛로 방추형이다. 표면에 작은 가시가 있고 투명하며 자낭에 비스듬히 겹쳐서 1열로 배열한다. 2개의 격막이 있는 2-세포성으로 격막은 응축하지 않는다. 자낭의 크기는 40~75×3~5㎛에 8-포자성이며 꼭대기에는 고리가 있고 기부는 둥글다.

생태 여름~가을 / 썩은 고목에 군생한다.

분포 한국, 유럽

황토알보리수버섯

Roumegueriella rufula (Berk. & Broom.) Mall. & Cain
Lilliputia rufula (Berk. & Broom.) S. Hughes

형태 자실체는 아구형이고 지름은 1/3mm이며 표면에 드문 백색의 균사체를 가진다. 연한 황토-갈색 또는 처음에 백색이었다가 노쇠하면 황갈색으로 되며 포자분출구멍은 없다. 포자의 크기는 13~14μm에 구형이며 벽의 두께는 약 1μm이다. 장식물에 짧고 둔한 사마귀 반점이 있으며 노란색이고 보통 하나의 큰 기름방울을 함유한다. 자낭은 많고 얇은 벽 조직 안에 묻히는데 자실체의 중앙을 가득 채운다. 8-포자성으로 자낭포자들은 성숙하면 자낭이 부서져서 가루의 포자로 되어 자낭의 공간을 채운다.

생태 봄~가을 / 동물이나 새의 분변에 나거나 버섯의 혼합물, 썩은 나무 등에 군생한다. 흔한 종은 아니다.

분포 한국, 유럽

남색고무동충하초

Metacordyceps indigotica (Kobayasi & Shimizu) Kepler, Sung & Spatafora
Cordyceps indigotica Kobayasi & Shimizu

형태 자실체는 1~7개로 분지하며 방추상의 구형으로 비교적 크다. 땅 위의 높이는 4~7*cm*로 결실부(머리)는 위쪽에 생긴다. 결실부는 높이 20~25*mm*, 지름 7~10*mm*로 선단은 뿔 모양으로 돌출하며 연한 청록색이다. 자낭과의 크기는 700~750×275~325*μm*로 비스듬한 매몰형이다. 포자분출구멍은 위쪽으로 미세하게 돌출하며 서양배 모양이다. 자낭의 두부는 지름이 4.5*μm*이며 2차 포자의 크기는 4.5~5×1*μm*이다. 자루는 불규칙한 가로로 주름이 있는 원주형에 두부와의 경계는 분명하다. 자루는 강인한 섬유 육질의 연한 황록색으로 기주에 직결된다.

생태 여름~가을 / 모기 유충의 복부, 입(구기)에 생기고 지상형 또는 나뭇가지가 썩는 곳에 발생한다. 희귀종.

분포 한국, 일본

315

흙다발고무동충하초

Metacordyceps martialis (Speg.) Kepler, Sung & Spattfora
Cordyceps martialis Speg.

형태 자실체는 1~3개의 곤봉형으로 머리와 자루가 구분된다. 전체 높이는 6~11㎝이고 땅 위의 높이는 3~7㎝이다. 결실부(머리)의 높이는 1.5~3㎝로 위쪽에 생기고 불규칙한 곤봉형에 붉은색 또는 칙칙한 붉은색이다. 자낭각은 묻히고 미세하게 점상으로 돌출되며 진한 색을 나타낸다. 자루는 불규칙한 요철과 일그러짐이 있고 흑적색이다. 기부는 딱딱한 육질이며 기주에 붙는다. 2차 포자의 크기는 5~7×1㎛이다.

생태 여름~초가을 / 참나무류, 찰피나무, 가래나무, 칠엽수 등의 활엽수림의 지상 또는 땅속에 매몰된 나방(나비목, 인시류)의 애벌레에서 나온다.

분포 한국, 일본, 중국, 러시아, 중남아메리카

316

청가시동충하초

Shimizuomyces paradoxus Kobayasi

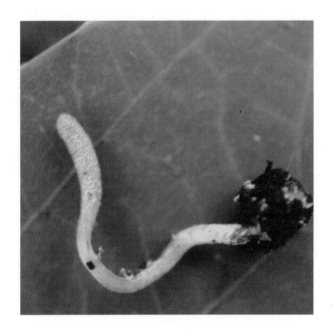

형태 자실체는 곤봉형이며 1개 또는 2~6개가 생긴다. 지상부의 높이는 1.5~3.2*cm*이고 약간 단단한 육질로 된다. 결실부는 상반부에 생기고 원통형에 좁은 타원형으로 높이 5~15*mm*, 지름 1~2*mm*로 백황색 또는 크림-백색이다. 자낭과의 크기는 0.35~0.4×0.2~0.250*mm*로 서양배 모양이며 매몰형이고 자낭각은 드문드문 미세하게 돌출한다. 자낭의 크기는 100~130×6~7*μm*로 활 모양이고 2~6개의 자낭포자를 함유하며 선단은 후막이다. 자낭포자의 크기는 60~75×2~2.5*μm*로 3~7개의 격벽이 있고 단단하며 가늘고 2차 포자로 분열하지 않는다. 자루는 지름이 0.5~1.2*mm*로 원주형이고 백황색이다. 결실부와 자루의 경계는 불분명하다. 기부는 바른 뿌리상으로 기주에 연결된다.

생태 여름 / 청가시덩굴(Smilax siebodii)의 과실에 발생한다. 지생형이자 지상형이다. 극히 희소한 종.

분포 한국, 일본

백강균

Beauveria bassiana (Bals.-Criv.) Vuill.

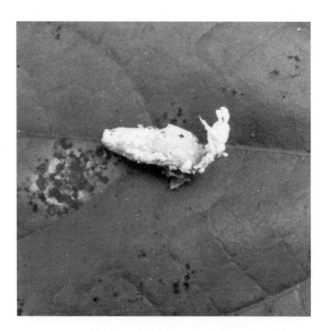

형태 기주는 각종 곤충에 침입하여 표면에 흰색의 분생포자를 형성한다. 분생포자는 발아하여 균사가 되고 균사에서 가지를 친 분생자경을 형성하며 선단 부분에 여러 개의 분생포자가 매달린다. 분생포자는 계속 발달하게 되며 곤충의 몸체에 백색의 가루가 덮인 모양을 이룬다.

생태 연중 / 하늘소, 사마귀, 매미, 메뚜기, 딱정벌레류 등 각종 곤충류에 발생한다.

분포 한국, 일본

흰곤봉동충하초

Cordyceps albida Berk. & M.A. Curtis ex Cooke

형태 자실체는 잠자리형이고 지상부의 높이는 15mm이다. 두부의 지름은 2.5mm에 구형이며 핑크색을 띤 백색이다. 자낭과는 매몰 형이고 자낭각은 과립상이며 미세하게 돌출한다. 2차 포자의 크기는 3~6×1.5~2µm이다. 자루의 굵기는 1.7cm이며 원주형이다. 자루와 두부의 경계는 분명하고 표면에 미세한 털상의 인피를 만든다. 지중부의 뿌리는 갈색이며 섬유 육질로 된다.

생태 가을 / 방아벌레의 유충의 복부-흉부에 발생한다. 지생형 이다. 매우 희귀종.

분포 한국, 일본

흰자낭동충하초

Cordyceps alboperitheciata Kobay. & Shim.

형태 자실체는 높이가 1.3~2cm이며 1~4개가 난다. 국수버섯 (Clavaria fragilis)처럼 위쪽이 뾰족해지는 원주상이다. 결실부 (머리)는 상반부에 생기고 높이 4.5~6mm, 지름 1~1.5mm이다. 결실부와 자루의 경계는 불분명하다. 자낭각은 돌출형에 미세한 팽이-도토리 모양 또는 원추형의 알갱이처럼 밀생한다. 자루의 굵기는 0.8~1.2mm이며 위는 백색, 아래는 연한 황갈색이다. 자루에 꼬인 모양으로 굴곡된 요철이 많이 생긴다. 육질은 탄력성이 있고 기주에 직결된다. 포자는 2차 포자로 크기는 1.5~2×1µm로 긴 난형이며 표면은 매끄럽고 투명하다.

생태 여름 / 참나무류나 음나무, 숲속의 쓰러진 부후목 속에 있는 갑충류의 유충에서 발생한다.

분포 한국, 일본

붉은곤봉동충하초

Cordyceps ampullacea Kobay. & Shim.

형태 자실체는 장타원형 또는 고추 모양의 머리와 원주상의 자루로 구분되며 2~6개가 생긴다. 자실체의 높이는 6~8(15)mm이다. 머리는 홍색으로 높이 4~6mm, 지름 1~2mm 정도며 머리부에 미세한 침 또는 털 모양이 덮여 있다. 자낭각은 매몰형이고 각공이 미세하게 돌출된다. 자루는 굵기 1mm 정도로 원주상이고 연한 홍색이다. 살은 고기 같다. 포자의 크기는 23~30×1μm이다. 자낭포자는 긴 막대 모양이고 이것이 2차 포자로 분열된다.

생태 여름 / 물참나무, 칠엽수 등의 활엽수 숲속의 습기가 많은 땅에서 쐐기나방의 단단한 고치 또는 다른 나방류(나비목)의 고치에서 발생한다.

분포 한국, 일본

원통동충하초

Cordyceps cylindrica Petch

형태 자실체는 하나로 원통상의 잠자리형이다. 지상부의 높이는 3.5cm로 머리(결실부)는 위쪽에 생기고 부푼 원통형에 높이 13mm, 굵기 3.7~4mm이다. 머리의 상단부는 연한 황갈색이다. 자낭과는 매몰되고 자낭각(포자분출구멍)은 미세하게 돌출하며 긴 목이 있는 플라스크형으로 크기는 0.85~0.1×0.2~0.225mm이다. 자낭은 크기가 4.5~5.5μm이고 두부의 지름은 5μm이다. 2차 포자의 크기는 3~4×1.2μm로 자루는 원주형이다. 머리와의 경계는 분명하며 백색이고 육질이다. 기주의 표면은 백색의 균사막이 싸고 있다.

생태 여름 / 거미류의 두부에 발생하는 지생형이다. 세계적으로 희귀종.

분포 한국, 일본

빨간머리동충하초

Cordyceps coccidiocapitata Kobay. & Shim.

형태 자실체는 1개가 도중에 2개로 분지되기도 한다. 지상부의 높이는 3.5~8cm로 곤봉형이다. 머리(결실부)는 위쪽에 생기며 불규칙한 원통형이나 방추형으로 부풀어 있고 높이는 2~6cm, 굵기는 4~7mm 정도며 아름다운 홍색이다. 자낭각은 긴 난형으로 머리의 표면에 나생하고 밀포되어 있다. 자루는 원주형으로 굵기는 2~5mm이다. 머리와 자루의 경계는 약간 분명하다. 탄력이 있는 육질이고 연한 홍갈색이며 지중부는 세근상으로 기주에 직결된다. 지중부는 연한 복숭아색을 띤 황색이며 기주에 붙어 있는 부분은 연한 오렌지-황색이다. 포자는 2차 포자로 크기는 4~5×1μm이며 막대형이다.

생태 가을 / 낮은 구릉상의 산기슭에 딱총나무, 상산나무, 찔레나무, 등나무, 칡 등의 숲속의 땅속에 있는 갑충류의 유충(굼벵이)류에서 난다.

분포 한국, 일본, 북아메리카

예쁜동충하초

Cordyceps formosana Kobayasi et Shimizu

형태 자실체는 1~2개가 생기고 곤봉형이며 높이는 1.2~1.7cm이다. 결실부는 위쪽에 생기고 장타원이며 피부는 위유조직으로 되고 높이는 6mm, 굵기는 2mm 정도다. 자낭과는 반나생형이며 오렌지-황색 또는 연한 붉은 오렌지색이다. 자낭각은 돌출하며 난형이다. 2차 포자의 크기는 5~7×1.5μm이다. 자루는 원주형이고 두부와의 경계가 분명하며 굵기는 1.5~1.7μm이다. 연한 오렌지-황색에 약간 짙은 색의 무늬를 나타내고 짧은 털이 생기며 탄력성의 섬유 육질이다. 기부는 연한 황백색이다.

생태 썩은 나무 위 갑충, 유충의 두부 또는 복부에 난다. 부후목생형이다.

분포 한국, 일본

대벌레동충하초

Cordyceps grylli Teng

형태 자실체의 높이는 2~5cm로 속은 비었고 신선한 황색에서 황회색으로 된다. 자루는 길이 1~2cm, 굵기 2~3mm로 원주형이며 많이 만곡되고 끝은 둔하다. 자낭은 나출되거나 표면으로 돌출하며 병 모양이고 크기는 650~810×270~370μm이다. 포자의 크기는 3.5~5×1μm로 길고 긴 직사각형으로 횡격막이 많다.

생태 여름 / 대벌레 등의 성충에 단생 또는 군생한다.

분포 한국, 일본

매동충하초

Cordyceps hawkesii Gray

형태 자실체는 잠자리형이며 1개가 나오고 두부는 타원형이다. 자낭과는 완전 매몰형이며 가는 구멍은 병주둥이형으로 크기는 500~550×175~200μm 정도다. 피부는 위유조직으로 된다. 자낭의 크기는 230~300×7~9μm이며 2차 포자의 크기는 4×1.5μm 정도다.

생태 여름 / 인시류의 유충에 단생한다. 지생형이다.

분포 한국, 중국, 호주

다발동충하초

Cordyceps ishikariensis Kobayasi & Shimizu

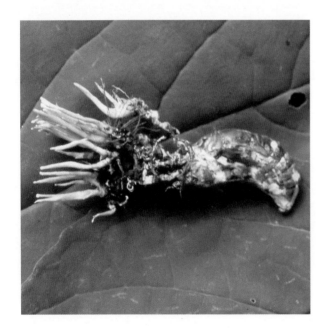

형태 자실체는 3~10개가 생기고 곤봉형이며 육질이고 지상부의 높이는 3.5~5cm로 연한 붉은 오렌지색이다. 결실부는 원통형이며 선단은 원 또는 둔한 머리로 높이 8~22mm, 지름 2~3.2mm 정도다. 자낭과는 반나생형이고 포자분출구멍은 예리하게 돌출하며 난형 또는 플라스크형이고 크기는 500×180~230μm이다. 자낭두부의 지름은 4μm 정도며 2차 포자의 크기는 4~4.5×0.2~0.5μm이다. 자실체의 자루는 원주형에 결실부와의 경계는 불명료하다. 위쪽은 연한 붉은 오렌지색, 기부는 백색이다.

생태 여름~가을 / 기주 유충의 두흉부, 복면 또는 배면에 생긴다. 지생형이다. 희소종.

분포 한국, 일본

큐슈동충하초

Cordyceps kyushuensis Kawam.

형태 자실체는 곤봉형으로 여러 개가 발생하고 높이는 1.5~2cm 로 혁질이다. 결실부는 위쪽에 생기고 타원형이 부푼 원통형이며 오렌지-황색이다. 자낭과는 반나생형이고 선단은 돌출하며 난형 으로 크기는 410~580×210~330μm이다. 2차 포자의 크기는 4~ 5×1μm이다. 자실체의 자루는 원주형이고 결실부와의 경계는 약 간 불명료하다. 높이는 5~12mm, 지름은 2mm 정도며 황색이다.
생태 여름~가을 / 기주인 나방의 유충의 두부나 복부에 난다. 지 생형 또는 부후목색형이다.
분포 한국, 일본

개미동충하초

Cordyceps myrmecogena Kobay. & Shim.

형태 자실체는 숙주에 1개, 드물게 2개가 발생한다. 잠자리형이 며 부목상의 높이는 12~20mm이다. 두부는 위쪽에 생기고 타원- 원추형이며 높이 3~3.5mm, 지름 1.2~1.7mm 정도다. 자낭과는 매 몰형이며 초콜릿-갈색 또는 암갈색이다. 자낭각(포자분출공구) 은 미세하게 돌출하며 도란형으로 크기는 350~380×170~200μm 이다. 자낭의 크기는 225~235×10μm이며 두부의 지름은 5~6μm 이다. 2차 포자의 크기는 10~12×2.5μm이다. 자실체의 자루는 원 주형이며 두부와 자루의 경계가 분명하다. 굵기는 0.6~0.7mm 정 도며 피층은 위유조직으로 되고 흑색이며 단단한 섬유 육질이다.
생태 여름~가을 / 기주는 썩은 나무에 부착한 개미의 흉부에 발 생한다. 부후목생형이다. 희귀종.
분포 한국, 일본

동충하초

Cordyceps militaris (L.) Link
C. militaris f. alba Kobay. & Shim. ex Yao

형태 자실체는 기주에서 1~2개가 나오는 것이 보통이고 간혹 여러 개가 나오는 때도 있다. 전체가 곤봉 모양에 높이는 3~6cm 이며 두부와 자루로 나뉜다. 머리의 길이는 0.4~3cm이고 진한 주황색이며 표면에는 알맹이 모양의 돌기가 있다. 자루의 길이는 1~3cm, 굵기는 0.3~0.6cm이며 옅은 주황색의 원주형이나 술병 모양의 자낭각은 두부의 표피 아래에 파묻혀 있다. 포자의 크기는 4~6×1μm이며 원주상의 방추형이다.

생태 봄~가을 / 숲속의 죽은 나비, 나방 등의 번데기의 가슴 부위에 기생생활을 한다. 식용, 약용, 항암버섯으로 쓰인다. 인공재배도 한다.

분포 한국 전역, 일본 등 전 세계

참고 중국의 육상선수들이 먹고 세계신기록을 수립하였다는 중국동충하초(C. sinensis)와는 다르다. 최근 연구에 의하여 우리나라의 동충하초도 중국 동충하초와 비슷한 약효를 나타내는 것으로 밝혀졌다.

동충하초(백색형)

C. militaris f. **alba** Kobay. & Shim. ex Yao

형태 자실체의 높이는 2.8~3.2*cm*이고 약간 단단하다. 두부(결실부)는 방추형 또는 광타원형으로 높이는 0.7~1.4*cm*이며 지름은 0.3~0.5*cm*로 백색이다. 선단부는 때로 연한 핑크색이다. 자낭과는 반나생이며 뾰족한 구멍이 병처럼 돌출한다. 자루는 불규칙한 원주형이고 두부와의 경계는 불명확하며 기부가 약간 어두운 색이다. 포자의 크기는 1.8~3×1*μm*로 짧은 막대 모양이다.
생태 여름 / 어스렝이나방의 번데기에 기생생활을 한다. 어스렝이나방의 시체에 무리를 지어 발생한다.
분포 한국, 일본

회녹색동충하초

Cordyceps novoguineensis Kobay. & Shim.

형태 자실체는 곤봉형이고 지상부의 높이는 30mm며 두부는 좁은 타원형 또는 부푼 원통형에 높이 12~18mm, 지름 3~4mm로 회녹색이다. 자낭과는 매몰형이며 자낭각(공구)은 미세하게 돌출하고 가는 병주둥이형으로 크기는 770~880×300~330μm 정도다. 자낭은 두껍고 굵기는 8μm, 두부의 크기는 10×7μm이다. 2차 포자는 미숙하고 격벽이 있다. 자실체의 자루는 원주형이고 결실부와 자루와의 경계는 분명하다. 굵기는 1~1.5mm이며 연한 황록색에 섬유상의 육질이다. 지중부는 뿌리 형태로 분지하며 백색으로 기주에 직결된다.

생태 겨울 / 기주는 쌍시목의 번데기의 두부에 발생한다. 지생형이다. 희귀종.

분포 한국, 일본

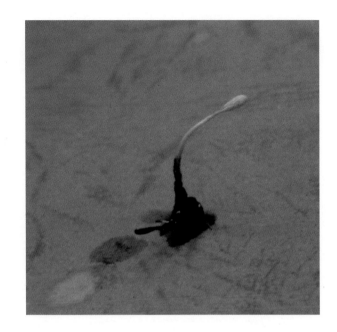

유충주걱동충하초

Cordyceps ootakiensis Kobay. & Shimi.

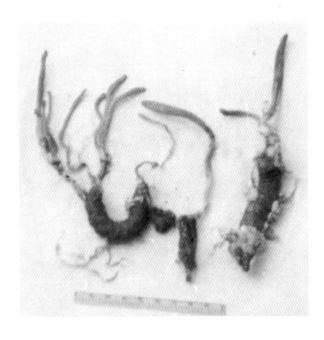

형태 자실체는 1개 또는 2~4개가 나온다. 곤봉형으로 지상의 높이는 2~4cm 정도며 전체가 적색-적황색이다. 기주인 나방류의 애벌레가 청록색을 띠는 특징이 있다. 결실부(머리)는 위쪽에 생기고 높이 1~2cm, 굵기 5mm 정도며 세로로 불규칙하게 요철의 홈선이 있다. 자낭각(자낭과)은 묻힌형이고 자낭각(각공)이 미세하게 진한 색으로 돌출한다. 자실체의 자루는 원주형에 굵기는 2~3mm이며 밑동은 기주에 직결되거나 세근상으로 연결된다. 머리와 자루의 경계가 분명하지 않다. 2차 포자의 크기는 3~4×1μm로 막대형이다.

생태 여름~초가을 / 땅속에 있는 나방류(나비목)의 애벌레에서 나온다. 지상에 드러난 자실체는 동충하초와 매우 흡사한 색과 형태를 갖추고 있다.

분포 한국, 일본

눈꽃동충하초

Cordyceps polyarthra Möller
Paecilomyces tenuipes (Peck) Samson

형태 자실체는 가늘고 길며 곤봉상의 원주형이다. 두부의 지름
은 1㎜로 백색이다. 자낭과는 나생형이며 연한 황갈색에 난형으
로 크기는 300~330×225~250㎛이다. 포자낭에 포자가 많고 대
부분 격막이 있지만 2차 포자로 분열하는지는 분명치 않다. 자실
체의 자루는 적갈색이다.

생태 여름~가을 / 기주는 인시류의 번데기 유충에 생긴다. 지생
형이다.

분포 한국, 일본, 브라질

붉은자루동충하초

Cordyceps pruinosa Petch

형태 자실체는 매우 작고 1~10여 개까지 나오며 높이는 1~2*cm*
이다. 결실부(머리)는 타원상의 긴 방추형이며 선홍색 또는 오렌
지-적색으로 높이는 1*cm*, 굵기는 2~3*mm* 내외다. 자낭각은 돌출
형 또는 반돌출형이며 촘촘히 밀집해 있고 다소 진한 색이다. 자
루는 원주형에 굵기가 1~2*mm* 정도며 육질이고 선홍색이다. 밑동
은 유백색이며 기주에 직결된다. 밑동에 둥근 균핵이 있다. 2차
포자의 크기는 5×1*μm*로 막대형이다.

생태 여름~가을 / 활엽수 임지 또는 혼효림 내, 특히 습도가 높
은 냇가 등의 땅속에 묻힌 부후목 속에 있는 쐐기나방의 딱딱한
고치 또는 애벌레에서 발생한다.

분포 한국, 일본, 중국, 대만, 시베리아, 콩고

가지매미동충하초

Cordyceps ramosopulvinata Kobay. & Shimi.

형태 자실체는 1~3개가 나오며 길이는 5~30cm이다. 지상부의 높이는 2~4cm 정도로 자루의 위쪽이 2~7개의 여러 가닥으로 분지된다. 결실부(머리)는 여러 개로 분지된 자루 끝에 구형 또는 찌그러진 난형으로 생기며 결실부의 위쪽에 새주둥이 모양의 자루가 돌출된다. 두부(결실부)는 지름 3~5mm 정도의 황백색-황색 바탕에 오렌지-황색을 띤 자낭각의 구멍이 돌출된다. 자낭각은 반돌출형에 자루는 불규칙하게 찌그러진 원주형으로 굵기는 3~4mm이며 매우 길다. 연한 황갈색이며 지중에서 측지(가지)도 생긴다. 2차 포자의 크기는 3×2㎛로 원통형이다.

생태 여름~초가을 / 활엽수림의 토양에 묻힌 각종 매미류의 번데기에서 발생한다.

분포 한국, 일본

장미동충하초

Cordyceps rosea Kobay. & Shimi.

형태 자실체는 1개로 지상부의 높이는 1.5~2.2*cm* 정도다. 결실부
(머리)는 위쪽에 생기는데 다소 굵어지며 거의 원주-약간 방망이
형에 간혹 끝이 두 가닥으로 갈라지기도 하며 홍색이다. 자낭각
(자낭과)은 묻힌형이고 자낭각(각공)이 반구상으로 미세하게 돌
출된다. 자루는 원주형이며 굵기는 1*mm* 정도로 연한 홍색에 육질
이고 밑동이 연한 색으로 기주에 직결된다. 포자의 크기는 120×
1~1.5*㎛*로 양 끝이 가늘고 8~10개의 격막이 있으며 2차 포자는
생기지 않는다.

생태 참나무류 또는 너도밤나무가 혼합된 활엽수림의 땅에 파묻
힌 나방류(나비목)의 애벌레에서 발생한다.

분포 한국, 일본

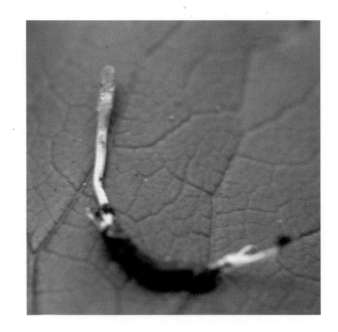

풍뎅이동충하초

Cordyceps scarabaeicola Kobay.

형태 자실체는 1~2개가 나온다. 곤봉형으로 위쪽이 굵으며 높이
는 3~5*cm*, 땅 위로 나온 높이는 2.2~4*cm*이다. 결실부(머리)는 위
쪽에 생기고 원통형으로 자루보다 약간 굵으며 높이 1~2*cm*, 굵
기 3~4*mm*에 연한 황색 또는 연한 오렌지-황색이다. 자낭각은 반
돌출형이며 각공이 미세하게 돌출된다. 자루는 원주형이며 길이
1.5~2*cm*, 굵기 2*mm*로 육질이고 연한 황색이다. 땅속에 묻힌 부분
은 흰색이고 불규칙하게 굴곡되면서 가는 뿌리 모양으로 기주에
직결된다. 2차 포자의 크기는 10×1~1.5*㎛*로 막대형이다.

생태 여름 / 참나무류, 후박나무류, 칠엽수 등의 숲속의 흙 속이
나 낙엽에 묻힌 풍뎅이 성충에서 발생한다.

분포 한국, 일본, 대만, 뉴기니

붉은동충하초

Cordyceps roseostromata Kobay. & Shimi.

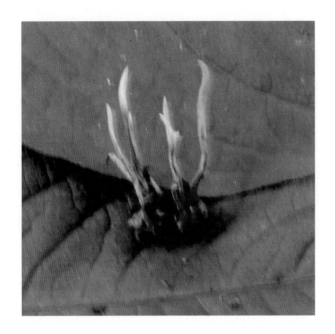

형태 자실체는 1~8개까지 나온다. 지상부의 높이는 5~15mm 정도로 극히 작다. 결실부(머리)는 곤봉형으로 홍색이다. 자낭각은 반돌출형이고 돌출된 포자분출구멍의 색은 진하다. 자루의 굵기는 0.3~1.2mm로 분홍색에 육질이다. 자루의 밑동이 백색의 세근상 균사속이 이어져 기주와 연결된다. 2차 포자의 크기는 4~5×1μm로 막대형이다.

생태 여름~가을 / 참나무류 또는 칠엽수 등의 쓰러진 활엽수나 부후목에 들어 있는 딱정벌레류의 애벌레에서 발생한다.

분포 한국, 일본

노랑동충하초

Cordyceps sulfurea Kobay. & Shimi.

형태 자실체는 기주의 백색 균사로부터 1~6개를 만든다. 곤봉상의 잠자리형이며 자실체의 높이는 3~5cm로 선황색이다. 결실부는 꼭대기에 생기고 타원형 또는 난형으로 높이 6~11mm, 지름 2.2~4.5mm이다. 자낭과는 매몰형이며 자낭각(공구)은 원형이다. 미세하게 돌출하며 난형으로 크기는 220~250×400μm이다. 자낭의 굵기는 3~4μm이고 두부의 지름은 3μm이다. 2차 포자의 크기는 4~6×1μm이다. 자루는 원주형이며 두부에 비하여 길고 굵기는 1.5~3mm로 드물게 균사 뭉치로 된다.

생태 여름 / 모기 유충(장구벌레)에 생긴다. 지생형 또는 부후목의 천천히 썩는 나무에 생긴다. 희귀종.

분포 한국, 일본

짧은다발동충하초

Cordyceps takaomontana Yakush. & Kumaz.

형태 자실체는 1~10개까지 나오며 높이는 1~4cm이다. 결실부 (머리)가 자루보다 미세하게 부푼 곤봉형이고 선단은 둔하게 둥글며 연한 황색-연한 황갈색으로 높이가 6~20mm이다. 자낭각은 반돌출형이며 각공이 밤가시 모양으로 돌출한다. 자루는 원주형에 굵기는 2~4mm이며 연한 황색이고 육질이다. 포자의 크기는 3.8~7×0.8~1μm이다.

생태 여름~초가을 / 각종 활엽수 임지나 침엽수와 혼효림의 땅속에 묻혀 있는 나방류(나비목)의 고치에서 나온다. 고치는 흔히 막을 쓰고 있다.

분포 한국, 일본, 대만

나방이동충하초

Cordyceps tuberculata (Lebert) Maire
C. tuberculata f. moeleri (Henn.) Kobay.

형태 자실체(자좌)가 보통 3~4개 발생한다. 높이는 10~12*mm* 정도로 결실부(머리)는 곤봉형으로 다소 굵어진다. 표면에 다소 성글게 자낭각이 돌출하며 연한 황색-옅은 주황색을 띤다. 자루는 전체 길이의 약 절반 정도며 유백색-연한 갈색이다. 포자는 실 모양이며 2차 포자로 분열하지 않는다.

생태 여름 / 습기가 많은 곳에 있는 낙엽 밑 나비목의 성충에서 발생한다.

분포 한국, 일본, 중국, 유럽, 뉴질랜드, 북아메리카 등

나방이동충하초(검은혹형)

Cordyceps tuberculata f. **moeleri** (Henn.) Kobay.

형태 자실체(자좌)는 1~10개까지 나오며 높이는 3~7mm로 매우 작다. 기주인 나방의 표면에 백색의 균사막이 덮인다. 결실부(머리)는 불규칙한 곤봉형이고 끝이 뾰족하게 돌출되기도 하며 백색이다. 자낭각은 돌출형으로 갈황색이며 가루 모양이 덮인 것처럼 보인다. 자루는 불규칙하게 일그러진 원주형이며 연한 황색이다. 2차 포자의 크기는 3.5~8.5×1~1.2㎛로 막대형이다.

생태 여름~가을 / 숲속의 풀이나 나무에 붙어 있는 각종 나방의 성충에서 발생한다.

분포 한국, 일본 등 전 세계

337

꽃동충하초

Isaria farinosa (Holmsk.) Fr.
Paecilomyces farinosus (Holmsk.) A.H.S. Br. & G. Sm.

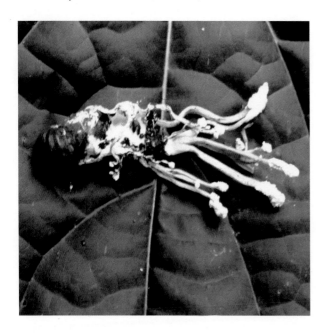

형태 자실체(자좌)는 1개 또는 10여 개가 생기며 높이는 1~4*cm* 이다. 결실부는 위쪽에 생기고 흰색-회백색으로 곤봉 모양, 솜방 망이 모양, 작은 덩어리 모양 또는 가루 모양의 분생포자가 덮인 다. 자루(분생자병)는 불규칙한 원주형이고 굵기는 1*mm* 정도로 회백색이다. 분생포자의 크기는 2~2.7×1.5~2*μm*로 타원형이다.
생태 여름~가을 / 숲속, 산길 주변, 부후목 등에 있는 나방류의 번데기나 나뭇가지 등에 붙어 있는 번데기에서 발생한다.
분포 한국, 일본, 대만, 중국

일본꽃동충하초

Isaria japonica Yasuda

형태 자실체(자좌)는 1~10여 개 이상까지 나오며 전체 높이는 2~8cm이다. 결실부(머리)는 여러 갈래로 불규칙하게 분지되며 그 분지된 끝에 흰색 눈꽃 모양의 분상의 분생포자가 덮인다. 자루(분생자병)는 나뭇가지 모양으로 분지되고 연한 황색에 굵기는 1~3mm이다. 기주의 표면에는 백색 균사막이 덮이기도 한다. 분생포자의 크기는 3.2~5×1.4~2μm로 중앙이 약간 잘록한 장타원형이다.

생태 여름~가을 / 땅속 또는 부후목이나 나뭇가지, 낙엽 등에 묻혀 있는 나방류의 성충, 애벌레, 번데기에서 발생한다.

분포 한국, 일본, 네팔, 중국

매미꽃동충하초

Isaria sinclairii (Berk.) Lloyd
Cordyceps sinclairii Berk.

형태 자실체(자좌)는 기주에서 1~8개까지 나온다. 전체 높이는 2~4cm이고 땅 위의 높이는 1.5~3cm이다. 결실부(머리)는 긴 방추형이고 표면에 요철이 많으며 흰색 가루 모양의 분생자로 덮여 있다. 자루는 원주형, 때로는 눌려 있다. 갈색을 띤 연한 오렌지-황색이며 밑동은 유백색이고 기주에 직결되어 있다. 분생포자의 크기는 5~9×2~3µm로 난형, 타원형, 방추형 등이다.
생태 여름~초가을 / 각종 활엽수나 상록활엽수림 또는 이들과 침엽수가 혼합된 숲속의 땅속에 묻힌 각종 매미류의 번데기에서 나온다.
분포 한국, 일본, 중국, 스리랑카, 뉴질랜드, 호주, 남아메리카

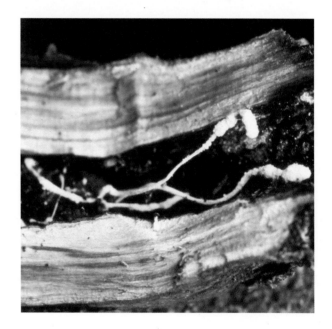

흰꽃동충하초

Isaria takamizusanensis Kobayasi

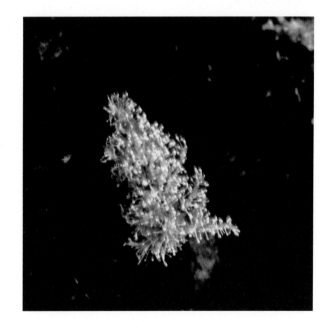

형태 자실체는 가늘고 작다. 매미의 체표 전면 대부분에 나고 곤충의 병주둥이 모양으로 높이는 0.3~2mm이다. 두부는 불규칙하게 휘어진 타원형 또는 구형이며 지름은 0.3~1.5mm이다. 표면에 연한 자회색의 분생포자는 2.5~4×1.4~1.8μm 크기의 분상으로 타원형이다. 바람 등에 의하여 연기처럼 비산한다. 자루는 짧은 원주형에 굵기는 0.6~0.7mm이며 기부는 암회색이다.

생태 여름~가을 / 발생지 범위가 넓다. 그늘, 고도, 습도에 그다지 영향을 받지 않는다. 특히 주기적으로 집단 발생한다. 기주는 매미류의 성충에 여러 종류가 발생한다. 지상생이다.

분포 한국, 일본

종자동충하초

Phytocordyceps ninchukispora Su & Wang
Cordyceps ninchukispora (Su & Wang) Sung, Sung, Hywel-J. & Spatafora

형태 자실체는 1~5개가 발생한다. 자실체 높이는 1.5~3.5cm 정도며 그중에서 머리(결실부)는 곤봉형에 크기는 0.5~1.5cm 정도다. 색은 오렌지색 또는 분홍-홍색이다.

생태 식물의 종자 또는 애벌레에서 발생한다.

분포 한국, 일본, 대만

다머리동충하초

Polycephalomyces kanzashianus (Kobayasi & Shimiz) Kepler & Spatafora
Cordyceps kanzashiana Kobayasi & Shimiz

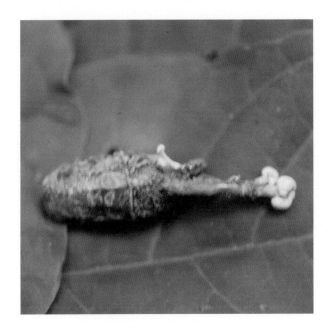

형태 자실체는 1~2개가 나온다. 지상부의 높이는 2.2~3.8cm 로 2~3개로 분지하여 방 모양으로 된다. 두부는 구형 또는 타원형으로 높이 2.5~5.5mm, 굵기 2~7mm이고 1~3개의 주판 알 모양으로 되며 바탕색은 황백색이다. 자낭과는 매몰형이고 오렌지색의 자낭각(공구)이 미세하게 돌출하며 병 모양으로 크기는 900~1050×270~300μm이다. 자낭의 굵기는 3μm, 두부의 지름은 3μm으로 2차 포자의 크기는 3.5×1μm이다. 자실체의 자루는 원주형이며 굵기는 3~5mm로 연한 갈색이다. 피층은 위유조직으로 되며 단단한 섬유 육질이다.

생태 봄~여름 / 매미류 유충의 두부 또는 입의 배면에 발생한다. 지생형이다. 드문 종.

분포 한국, 일본

딱정벌레동충하초

Tilachlidiopsis nigra Yakush. & Kumaz.

형태 자실체(자좌)는 1~2개가 나오며 높이는 3~7㎝, 굵기는 1~3㎜이다. 자실체는 여러 개의 가지로 분지되거나 여러 개의 자루가 나온다. 결실부(머리)는 자루의 위쪽에서 분지된 작은 곁가지의 끝에 구형 또는 난형의 머리가 생기며 백색이다. 자루(분생자경)는 철사 모양에 흑색이며 머리와 직결되어 있다. 분생포자의 크기는 10~12×1.7~2㎛로 원통형이며 선단은 약간 뾰족하다.

생태 여름~가을 / 활엽수 또는 침엽수의 숲속이나 사찰 경내 등의 땅속이나 돌 틈 등에 묻힌 비단벌레류 또는 딱정벌레류의 성충, 유충에서 나온다.

분포 한국, 일본

구형창동충하초

Torrubiella globosa Kobayasi & Shimiz.

형태 자실체의 체표는 연한 황색이며 면모질의 균사에 파묻힌다. 표면에 무수한 자색의 분생자 공구(포자분출구멍)를 생기게 한다. 거미를 포함한 균사덩이의 지름은 1~1.2mm로 구형이다. 자낭과는 반나생형으로 크림-황색이며 포자분출구멍은 긴 원추형이다. 표면은 매끄럽고 크기는 1~1.1×0.4mm이다. 자낭의 굵기는 3~4μm이며 두부의 지름은 3~4μm이다. 2차 포자의 크기는 1~1.5×5μm이다.

생태 여름 / 기주는 매우 작고 거미에 발생한다. 기생형이다. 희귀종.

분포 한국, 일본

흰갈색점버섯

Hypocrea pachybasioides Y. Doi

형태 자실체의 지름은 0.3~6cm, 두께는 0.2~4.5mm로 모양이 다양하다. 일반적으로 갈색에서 적갈색이며 어릴 때 가끔 노란색에서 밝은 갈색이기도 하다. 가장자리는 흔히 백색이며 보통 기질에 완전히 부착한다. 표면은 다양하게 주름지거나 접힌다. 포자분출구멍은 열리고 대부분 눈에 띄며 자갈색에서 흑갈색의 반점들이 솟아 있다. 자낭포자는 2가지 형의 포자를 만드는데 정단(위쪽) 포자의 크기는 2.2~6×2~5.7μm인 구형에서 원추형이며 기부(아래)포자의 크기는 2.5~7.2×1.7~4.5μm로 대부분 아구형에서 장방형 또는 쐐기형이다. 표면에 미세한 작은 가시가 있다. 자낭의 크기는 50~130×3.5~8.5μm로 투명하며 자낭포자는 1열로 배열한다. 선단은 두껍고 구멍이 있다. 피자기는 높이 75~350μm, 폭 55~230μm로 자좌에 파묻히며 구형에서 아구형이다.

생태 여름~가을 / 죽은 나무 위에 군생하여 집단을 이룬다.

분포 한국, 북아메리카

노란점버섯

Hypocrea citrina De Not.

형태 자실체는 그루터기 등에 나며 처음에 1cm 정도의 작은 덩어리 모양이다가 수cm² 또는 수십cm²까지 넓게 펴지며 때로는 주변 토양이나 나뭇잎 등도 피복한다. 마치 달걀을 프라이한 것처럼 펴진다. 자실체 표면에는 결절 같은 것이 생긴다. 가장자리는 고르지 않고 유백색이다. 자실체의 안쪽 자실층의 성숙한 것은 크림-황색이다. 표면에는 극히 미세한 황갈색의 점상 돌기가 있다. 자루는 없다. 포자의 지름은 3~4μm로 구형이며 미세하게 절각형을 이루고 투명하다. 자낭의 크기는 75~85×5μm로 원주형이고 16-포자성에 포자는 자낭에 1열로 들어 있다. 기부 쪽이 좁다. 측사는 보이지 않는다.

생태 여름~가을 / 나무 그루터기에 발생한다.

분포 한국, 유럽

끈적점버섯

Hypocrea gelatinosa (Tode) Fr.
Creopus gelatinosus (Tode) Link

형태 자실체는 지름이 1~3㎜이다. 구형 또는 둥근 알갱이 모양이고 미세한 돌출이 보인다. 어릴 때 연한 황색이다가 성숙하면 녹황색으로 바뀌는데 이는 포자 때문이다. 표면은 자낭각이 돌출되어서 연한 황색 바탕에 초록색의 사마귀 반점 모양으로 미세한 돌출이 많이 생기고 점차 초록색으로 변해간다. 자루는 없고 기물에 직접 부착한다. 육질(살)은 젤라틴질이며 약간 투명해 보인다. 포자의 크기는 5.2~6.3×3.8~4.5㎛로 구형-타원형이고 암녹색이며 표면에 사마귀 반점이 덮여 있다. 자낭의 크기는 92~125×4~6㎛로 원주형에 밑동은 좁다. 16-포자성으로 자낭 포자는 1열로 들어 있으며 어릴 때는 포자가 2개씩 붙어 있어서 8개의 덩어리로 되어 있다. 측사는 보이지 않는다.

생태 봄~가을 / 습기에 젖어 있는 썩은 목재에 밀집되어서 총생(속생)한다.

분포 한국, 유럽

347

황금기형버섯

Hypomyces aurantius (Pers.) Fuckel

형태 자실체는 크기가 0.3~0.4mm인 극소형 버섯이다. 자실체는 구형에 위에 젖꼭지 모양의 돌출이 있고 오렌지-황색이다. 표면은 밋밋하고 오렌지-황색이며 개별적인 자실체는 황금색 양탄자 모양의 균사막 위에 촘촘히 들러붙어 있는데 다소 규칙적으로 붙어 있으며 속생한다. 포자의 크기는 24~26×4.5~5㎛로 방추형-돛단배꼴이고 투명하며 많은 반점이 있다. 1개의 격막이 있고 양 끝에는 뾰족한 돌기가 있다. 자낭의 크기는 120~130×4~5㎛로 8-포자성이며 자낭포자들은 1열로 배열한다. 측사는 관찰되지 않는다.

생태 봄 / 참버섯(Panus)속 등 각종 썩은 목재부후균 위에 총생한다.

분포 한국, 유럽

녹청색기형버섯

Hypomyces chlrocyaneus D.H. Cho

형태 균모의 지름은 2.5~2.7cm로 처음엔 둥근 산 모양에서 차차 편평하게 되었다가 마침내 깔때기형이 된다. 균모의 표면은 고르지 않고 스펀지처럼 부드러우며 미세한 털이 나 있는 면모상이다. 처음 백색에서 노란색 또는 흑녹색이 되며 이후 짙은 녹색으로 된다. 낙엽에 덮여 있을 때는 백색이나 햇볕을 받으면 녹청색으로 변색한다. 살은 두껍고 스펀지처럼 물렁거리며 처음은 백색이나 오래되면 황색으로 된다. 자실층은 하면에 분포하며 연한 녹색 또는 회녹색이나 드물게 융기된 주름살이 있고 전체가 회녹색이며 미세한 알갱이가 분포한다. 자실층과 자루와의 경계가 분명치 않다. 자루는 퇴색한 녹색이고 표면에 미세한 알갱이가 있다. 길이는 3~8cm, 굵기는 1~3cm이며 노쇠하면 백색에서 노란색 비슷하게 된다.

생태 여름 / 숲속의 떨어진 낙엽 속에 군생한다.

분포 한국(지리산 피아골)

349

녹색기형버섯

Hypomyces chlorinigenus Rogerson & Samuels

형태 자실체는 처음에 기형으로 나타난다. 백색이고 솜털상에 부분적 또는 완전하게 기주를 피복한다. 분생자를 만들며 연노란색이 되고 다음에 노란색에서 노란 갈색으로 되며 검은 가루포자를 만든 것처럼 가루로 덮인다. 유성시대가 나타나고 구형이 난형으로 되며 연한 황갈색에서 갈색이 된다. 포자의 크기는 7.5~12×2.5~5㎛로 타원-방추형에 2-포자성이다. 표면은 매끈하고 투명하며 미세한 사마귀 반점이 있다. 자낭의 크기는 70~90×3~3.5㎛로 원통형이다. 분생자의 크기는 10~11×4~5㎛에 난형에서 타원-원통형으로 1-세포성이며 투명하다. 가루포자의 크기는 35~45×15~18㎛로 원통형에 긴 골이 있고 노란색에서 노란 갈색이다.

생태 여름~가을 / 그물버섯류 위에 발생한다. 기형 숙주가 된 그물버섯류는 먹어서는 안 된다.

분포 한국, 유럽

황갈색기형버섯

Hypomyces chrysospermus Tul. & C. Tul.

형태 자실체는 2단계로 진행된다. 첫 번째 기형은 백색이며 적당히 부분적으로 숙주 전체를 덮는다. 분생자를 만들며 노란색에서 황금-노란색이고 노란색에서 황갈색 가루포자를 만든다. 임성 단계(포자를 만드는 단계)는 구형이 플라스크형이 되고 오렌지-노란색이 적갈색으로 변하며 자낭각은 자낭과 자낭포자로 구성된다. 분생포자의 크기는 10~30×5~12μm로 타원형이며 1-세포성으로 표면은 매끈하고 투명하다. 호분(가루)포자의 크기는 10~25μm로 구형에 벽이 두껍고 돌출한 사마귀 반점이 있으며 노란색에서 황금색 또는 황갈색으로 된다. 자낭포자의 크기는 22~25×4~5μm로 2-세포성이며 방추형에서 란셋형으로 투명하다. 자낭의 크기는 100~140×5~8μm로 원통형이다.

생태 여름~가을 / 여러 종류의 그물버섯류에 발생한다. 기형 그물버섯류는 먹어서는 안 된다.

분포 한국, 북아메리카 등 광범위하게 분포

완전기형버섯

Hypomyces completus (Arnold) Rogerson & Samuels

형태 자실체는 2단계로 된다. 첫 번째 기형단계에선 백색이며 부분적으로 또는 완전히 숙주를 덮는다. 분생자를 만들면 노란색에서 황금-노란색이 되고 분상으로 되며 노란색에서 황갈색의 분생포자를 만든다. 두 번째 단계는 구형의 플라스크형을 구성하는 임성단계로 오렌지-노란색에서 적갈색 자낭각을 만든다(자낭과 자낭포자 포함). 분생자의 크기는 10~30×5~12㎛로 타원형이며 1-세포성이다. 표면은 매끈하고 투명하다. 가루포자의 크기는 10~25㎛로 구형에 벽은 두껍고 사마귀 반점이 돌출하며 노란색에서 황금-노란색 또는 황갈색으로 된다. 자낭포자의 크기는 22~25×4~5㎛로 2-세포성의 방추형에서 란셋형이며 투명하다. 자낭의 크기는 100~140×5~8㎛로 원통형이다.

생태 여름~가을 / 여러 종류의 그물버섯과 주름살버섯목의 균류에 기형적으로 발생한다.

분포 한국, 북아메리카

귀두기형버섯

Hypomyces hyalinus (Schw.) Tul. & C. Tul.

형태 변형된 담자균이 숙주로서 높이 10~30cm, 두께 7cm로 단단하고 속이 차 있으며 원주형에서 곤봉 모양이다. 일반적으로 남성의 성기 모양으로 초콜릿-백색, 노란색 또는 핑크색에서 연한 오렌지색이다. 포자의 크기는 15~20×4.5~6.5㎛로 방추형에 2-세포성이다. 격막이 중간에 있고 돌출된 사마귀 반점이 있으며 양 끝은 뾰족하고 투명하다. 자낭의 크기는 110~130×4~6㎛로 원통형이다. 피자기가 발생하는 곳은 거칠고 피자기는 퇴색하여 밝은 오렌지색 또는 갈색이다. 피자기의 높이는 250~325㎛, 폭은 180~210㎛로 난형에서 도란형이며 젖꼭지는 선단에서 높이 125㎛, 폭 60~100㎛로 넓은 잘린 형이다.

생태 여름~가을 / 광대버섯류 여러 종에서 발생한다. 특히 붉은점박이광대버섯(Amanita rubescesns)에 난다.

분포 한국, 북아메리카

젖기형버섯

Hypomyces lactifluorum (Schwein.) Tul. & C. Tul.

형태 자실체는 거칠고 숙주의 작은 돌기조직이 전체를 덮고 있는 단단한 층이 된다. 무딘 융기를 한 주름살과 전체 모양이 거꾸로 된 피라미드처럼 함몰된 꼭지(꼭대기)를 가지고 있다. 표면은 연한 노란 오렌지색에서 밝은 오렌지색으로 되며 노쇠하면 오렌지-적색에서 적자색으로 되고 때때로 퇴색하여 핑크색으로 된다. 피자기는 짙은 오렌지색에서 적자색이며 보통 조직을 싸고 있는 조직보다 검다. KOH 용액에 잠기면 젖꼭지를 제외하고는 자색이 된다. 포자의 크기는 30~50×4.5~8μm로 방추형 또는 열매 모양이며 두드러진 사마귀 반점이 있고 곧거나 구부러진다. 격막은 1개이며 자낭에서 부분적으로 겹치고 투명하다. 자낭의 크기는 200~260×5~10μm로 긴 원통형에 선단은 두껍고 포자분출구멍을 가지고 있다. 8-포자성이다. 피자기의 크기는 400~600×450μm이며 젖꼭지의 평균 높이는 120~220μm, 폭은 120~200μm 정도다.

생태 여름~가을 / 무당버섯류 위에서 발견되며 드물게 젖버섯류에서도 발견된다.

분포 한국, 북아메리카

참고 먹을 수 있는 인기 있는 균이다. 숙주는 동정에 따라 일반적으로 불명료하다.

황녹기형버섯

Hypomyces luteovirens (Fr.) Tul. & C. Tul.

형태 자실체는 거칠고 작은 돌기조직이 뒤덮고 있는 단단한 층이 되며 숙주의 주름살과 자루의 위쪽을 변형시킨다. 드물게 숙주의 균모 쪽으로 펴진다. 처음 노란색에서 밝은 노란색, 다음에 녹황색에서 흑녹색으로 되고 마침내 검은 녹색으로 된다. 포자의 크기는 28~35×4.5~5.5㎛로 방추형에 격막이 없다. 표면은 거의 매끄럽고 사마귀 반점이 있으며 투명하다. 자낭의 크기는 160~200×5~8㎛로 원통형이다. 피자기는 선단에서 높이 380~485㎛, 폭 180~290㎛이고 광난형에서 서양배 모양이며 젖꼭지를 제외하고 나머지는 파묻힌다. 젖꼭지는 선단에서 높이 96~120㎛, 폭 180~230㎛로 잘린 모양 또는 무딘 모양이다. KOH 용액에 의하여 색이 변하지는 않는다. 기형은 알려지지 않았다.

생태 여름~가을 / 무당버섯류의 여러 종에 발생한다.

분포 한국, 북아메리카 등 광범위하게 분포

355

붉은사슴뿔버섯

Podostroma cornu-damae (Pat.) Boed.

형태 자실체는 곤봉-뿔 모양의 단일 개체로 나기도 하고 흔히 여러 개의 가지로 분지되어 사슴뿔 모양 등을 이룬다. 선단은 둥글고 또는 둔한 뾰족형이다. 표면은 거의 밋밋하며 선명한 황적색이지만 퇴색되어 적황색으로 된다. 성숙한 것에서 방출된 포자로 백색으로 오염되기도 한다. 윗면의 외피층에 자낭각이 매몰되어 있다. 자실체의 높이는 3~6*cm* 정도며 굵기는 단생일 때 0.5~1.5*cm* 정도, 분지되었을 때는 개체별로 차이가 크다. 내부의 살은 단단하고 백색이며 속은 비었다.

생태 여름~가을 / 숲속의 썩은 나무 그루터기 주변, 이끼 많은 곳, 숲 가장자리 등에 단생 또는 군생한다. 맹독 버섯이다. 드문 종.

분포 한국, 일본, 자바

356

흰사슴뿔버섯

Podostroma leucopus P. Karst.
Hypocrea leucopus (P. Karst.) H.L. Chamb.

형태 자실체는 높이가 4~5cm이며 포자를 만드는 두부와 자루로 구분되어 있다. 두부와 자루의 경계가 불분명하다. 두부의 지름은 5~10mm, 높이는 0.5~2cm이며 원통형에서 곤봉형으로 된다. 표면의 미세한 작은 돌기는 피자기가 부분적으로 파묻힌다. 처음 백색에서 연한 노란색을 거쳐 노란 오렌지색으로 되며 성숙하면 포자분출구멍은 작은 갈색의 반점으로 나타난다. 자루는 높이 1.5~3cm로 표면은 밋밋하고 백색에서 연한 노란색이 되며 노쇠하면 어두운 색에서 오렌지-갈색 또는 갈색이 된다. 살색은 백색으로 질긴 섬유이고 냄새는 없다. 포자는 투명하며 미세한 사마귀 반점이 있다. 2형성 포자로 정단포자의 크기는 2.7~3.7× 2.3~3.5μm로 구형에서 유구형이며 기부포자의 크기는 3~4μm로 유구형에서 원추형이다. 자낭의 크기는 65~90×2.5~4.5μm로 원통형에 8-포자성이며 자낭포자는 1열로 배열한다. 선단은 약간 두껍다.

생태 여름 / 낙엽과 침엽수 쓰레기가 쌓인 땅에서 발생한다.

분포 한국, 북아메리카

원시가루버섯

Protocrea farinosa (Berk. & Br.) Petsch

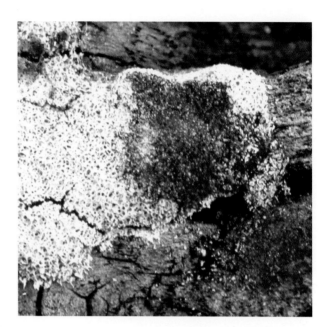

형태 자실체는 크림색이며 가루로 되고 기질의 표면 위에 느슨한 균사로 되며 고르게 분포한다. 연한 노란색에서 올리브색으로 되고 난형에서 둥근 자낭각이 되며 이후 자좌가 발생한다. 자실체는 수cm까지 펴진다. 자낭각의 크기는 200~250μm이다. 포자의 크기는 3~4.5×2~3μm으로 타원형이며 표면은 매끈하나 차차 희미한 사마귀 같은 점상이 나타나고 투명하다. 자낭의 크기는 75~90×3~4μm로 16-포자성이며 자낭포자들은 자낭 속에 1열로 배열한다. 측사는 관찰되지 않는다.

생태 여름 / 죽은 고목 위에 펴진다.

분포 한국, 유럽

358

연한원시가루버섯

Protocrea pallida (Ellis & Everh.) Jaklitsch, K. Põldmaa & Sammuels

형태 황금기형버섯과 매우 비슷한 버섯이다. 자실층의 균사는 KOH 반응에서 강한 핑크색에서 자색이 된다. 2-세포성으로 매우 작은 사마귀 반점이 있고 투명하다. 2형성 포자로 정단포자의 크기는 2.7~4.3×2.4~4μm이고 기부포자의 크기는 3~5.5×2~3.5μm이며 1개의 큰 기름방울과 여러 개의 작은 기름방울을 함유한다.

생태 여름 / 썩은 구멍자이버섯류에서 발생한다.

분포 한국, 유럽

염색털점버섯

Trichoderma chromospermum P. Chaverri & Samels
Hypocrea chromosperma Cooke & Peck

형태 자실체의 크기는 1~1.2mm이다. 자실체(자좌)는 일반적으로 큰 덩어리를 형성한다. 포자분출구멍은 약간 돌출되어 있으며 정단 부분의 자낭포자의 크기는 4.2~4.5×4~4.2㎛이며 원심 부분의 자낭포자의 크기는 4.2~4.5×3.5~3.7㎛이다. 성숙하면 연한 노란색에서 갈색이 된다.

생태 여름 / 썩은 나무에 군생한다.

분포 한국, 북아메리카

염색털점버섯(비슷형)

Hypocrea cf **chromosperma** Cooke & Peck

형태 자실체는 염색털점버섯과 비슷하며 자좌는 일반적으로 큰
덩어리를 형성한다. 포자분출구멍은 약간 돌출하여 포자를 비산
시킨다. 자실체는 성숙하면 연한 노란색에서 갈색으로 된다.
생태 썩은 나무에 군생한다.
분포 한국, 북아메리카

회갈색털점버섯

Trichoderma avellanea (Rogers & S.T. Carey) Jaklitsch & Volglmayr
Hypocrea avellanea Rogerson & S.T. Carey

형태 자실체는 분리되고 또는 밀집하여 뭉쳐지며 오렌지색이나 성숙하면 화려한 갈색으로 되고 꼭지(꼭대기)가 검게 된다. 부분적으로 피자기를 가지고 있거나 분생자가 완전히 매몰된다. 포자는 부분적으로 투명하고 매끈하지만 작은 가시가 있다. 2형 포자이고 위쪽의 정단포자는 구형으로 크기는 2~4×2~3.5㎛이다. 아래의 기부포자는 잘린 타원형이고 크기는 2.5~5×2~3.5㎛이다. 자낭은 원통-곤봉형으로 크기는 50~100×3~5㎛이며 8-포자성에 자낭포자는 1열로 배열한다. 포자분출구멍은 검은색이다. 피자기의 크기는 100~300×100~200㎛로 구형-난형에서 구형의 젖꼭지 모양으로 되며 꼭대기는 3% KOH 용액에 반응하여 적자색으로 변색한다.

생태 여름 / 숲속의 땅에 단생한다. 자실체는 나무 갈색을 회갈색으로 변화시킨다.

분포 한국, 일본

황록털점버섯

Trichoderma citrinoviride Bissett
Hypocrea schweinitzii (Fr.) Sacc.

형태 자실체(자좌)는 지름이 1~4㎜인 원형으로 모양이 불규칙하게 기주에 부착한다. 가장자리는 불규칙하며 편평형으로 약간 주름진다. 흑녹색에서 검은색으로 포자분출구멍은 열리고 자좌 표면에 작은 틈들이 나타난다. 전체가 흑녹색으로 유산을 가지며 자실체는 배양하면 냄새가 난다. 자낭포자는 2형의 포자성으로 정단포자의 크기는 3.3~3.8×2.7~3.3㎛, 기부포자의 크기는 3.4~4×2.7~3.2㎛이며 표면에 작은 가시가 있다. 자낭의 크기는 60~80×4~6㎛로 원통형이며 16-포자성으로 자낭포자는 1열로 배열한다. 자낭에서 나온 16개의 포자 하나하나는 지름이 2.7~4.2㎛로 아구형이며 투명하다.

생태 연중 / 단생하나 개개의 자좌는 침엽수의 껍질에 서로 겹치며 군생한다.

분포 한국, 북아메리카

가루털점버섯

Trichoderma pulvinatum (Fuckel) Jaklitsch & Volglmayr
Hypocrea puvinata Fuckel

형태 자실체의 지름이 0.2~2(3)㎝인 소형 버섯이다. 자실체는 구형, 부정형의 계란 모양, 방석 모양 등이며 1개씩 나오기도 하고 꽃 모양으로 함께 모여 나기도 한다. 진한 황토 황색-밀납(蜜蠟)색이며 자실체의 표면에 내부 자낭각의 포자분출구멍인 핀 모양의 구멍이 생긴다. 포자의 크기는 3~4㎛로 불규칙한 구형-각이 져 있는 난형이며 투명하다. 자낭의 크기는 60~70×3.5~4 ㎛로 원주형에 밑동은 약간 좁아지거나 좁고 16개의 포자가 1열로 들어 있다. 측사는 보이지 않는다.

생태 여름 / 자작나무버섯(Piptoporus betulinus)의 오래된 자실체나 썩은 나무줄기에 생긴다.

분포 한국, 유럽

굽은털점버섯

Trichoderma sinuosum P. Chaverri & Samuels
Hypocrea sinuosa P. Chaverri & Samuels

형태 자실체는 직립털버섯(Trichoderma strictipile)과 흡사하지만 성성할 때의 레몬-황색과 돌출된 자낭각에 의하여 구분된다. 자낭포자는 칙칙한 녹색에서 올리브색으로 되며 분명한 사마귀점이 있다. 말단 부분 자낭포자의 크기는 4~6.5×3.5~5.8μm이다. 건조한 기후나 곤충(마이테, mite)에 의하여 피해를 받으면 자좌(자실체)는 노란색보다는 오렌지색이 된다. 건조와 습기를 반복하게 되면 직립털점버섯처럼 보여서 착각하기 쉽다.
생태 여름 / 썩은 고목에 군생한다. 보통종.
분포 한국, 북아메리카 등 광범위하게 분포

직립털점버섯

Trichoderma strictipile Bissett
Hypocrea strictipilosa P. Chaverri & Samuels

형태 자실체의 크기는 0.7~4×0.5~1.5㎜이며 방석 또는 렌즈 모양의 버섯으로 중앙이 기주에 부착한다. 표면은 밋밋하며 포자분출구멍은 열려 있고 갈색에서 녹색으로 된다. 어릴 때 백색에서 연한 노란색이나 성숙하면 노란색에서 밝은 갈색으로 되었다가 마침내 적갈색이 된다. 자실체 기부는 연한 오렌지색이며 표면은 기형인데 대부분 넓게 펴지고 가루상에 흑녹색이다. 자낭포자는 2형성 세포로 되며 정단 부분의 크기는 4~6.5×4~5.5㎛로 아구형 또는 쐐기 모양이고 기부 부분의 크기는 4.5~8×3.5~5㎛로 가끔 아구형, 장방형 또는 쐐기형이다. 흔히 자낭기부에서는 약간 길고 사마귀 반점이 있다. 자낭의 크기는 90~135×5~7.5㎛로 원통형이며 자낭 자루의 길이는 6~36㎛이다. 8-포자성이지만 다시 체세포 분열을 통하여 자낭마다 16개의 포자를 만들며 1열로 배열하고 황록색이다.

생태 활엽수림과 침엽수림의 숲속에 자생하는 자낭균류, 담자균류 위에 기생한다. 보통종.

분포 한국, 북아메리카, 북동쪽의 유럽

노랑털점버섯

Trichoderma sulphureum (Schwein.) Jaklitsch & Volglmayr
Hypocrea sulphurea (Schwein.) Sacc.

형태 자실체는 가로와 세로가 1㎜인 것부터 가로 7㎝, 세로 3㎝에 이르는 것도 있다. 색은 드물게 생생한 노란색, 오렌지색이나 보통 밝은 노란색에서 회노란색이다. KOH에 약간 반응한다. 자낭포자는 2형으로 정단포자의 크기는 4.5~7.5×4.5~8㎛이고 다른 하나인 기부포자의 크기는 4.5~8.5×3~6.5㎛로 장타원형에서 유타원형이며 투명하다. 자낭의 크기는 80~150×4.5~8㎛로 선단의 끝은 약간 두껍다. 피자기의 크기는 130~270×90~170㎛이다.
생태 좀목이류와 같이 나무에서 발생한다. 가끔 좀목이류와 관계없이 자라는 것도 있다. 자좌는 펴져서 숙주를 완전하게 덮는다.
분포 한국, 유럽, 북아메리카

푸른털점버섯

Trichoderma viride Pers.
Hypocrea rufa (Pers.) Fr.

형태 자실체를 형성하는 일이 드물지만 때로는 적갈색 또는 황갈색의 자실체를 형성한다. 자실체는 불규칙한 둥근 모양, 방석 모양 또는 원반 모양으로 썩은 목재에 형성된다. 개별적으로 나기도 하지만 여러 개가 서로 합쳐지기도 하며 경계부가 골 모양을 형성하기도 한다. 여기에 암색-흑갈색을 띤 점 모양의 자낭각의 포자분출공(각공)이 밀포되어 있다. 개개의 자실체 크기는 1cm 이하이나 서로 합쳐진 것은 때때로 수cm²에 이르는 것도 있다. 살은 백색이고 질기다. 자낭은 구형이다. 미세하게 절각되어 있고 표면에 미세한 사마귀 반점이 덮여 있으며 크기는 3.5~6× 3.5~4.5μm이다. 자낭은 원주형이고 밑동이 좁다. 16개의 포자가 1열로 들어 있으며 크기는 70×5μm이다. 측사는 없다.

생태 가을 / 물에 자주 젖는 습한 목재나 껍질, 낙엽층, 전에 생겼던 자실체 등에 난다.

분포 한국, 일본 등 전 세계

잠자리동충하초

Hymenostilbe odonatae Kobay.

형태 자실체는 여러 개가 생긴다. 불규칙하게 굽은 곤봉형, 뿔 모양, 원추형 등이며 높이가 3~5mm로 매우 작다. 육질은 질기고 연한 계피색이다. 선단은 연한 백색이며 결실부는 위쪽에 생기나 눈으로 구분이 안 된다. 자낭각(자낭과)은 묻힌형이고 각공이 미세하게 돌출되며 연한 황갈색이다. 자루는 원주형으로 직경 1mm 정도며 머리와 같은 색이다. 밑동이 기주에 직결된다. 포자의 크기는 10~15×2.5~2.8μm로 타원-방추형이고 특히 만곡된 술잔형이며 분생포자를 만든다. 자루는 색이 두부와 확실하지 않아서 경계가 불분명하다.

생태 여름~가을 / 죽은 잠자리 성충에서 나오며 월동한 것이 봄에 출현한다. 습도가 높은 호반, 습지, 연못 주변에 발생한다. 가끔 집단적으로 이상 발생하기도 한다. 땅에 떨어진 숙주가 반기생의 지상생으로 된다.

분포 한국, 일본, 뉴기니

노린재잔뿌리동충하초

Hirsutella nutans Kobay.

형태 자실체는 숙주인 노린재뱀동충하초(Ophiocordyceps nutans)의 두부를 덮고 연한 황백색의 균사로 곤봉형이다. 분생자병은 짧은 가지 모양이며 마치 소매를 늘어뜨린 모양으로 생겨난다. 자실체의 길이는 0.7~2mm, 폭은 1mm 정도다. 자실체의 선단은 황토색이고 점성이 있는 결실부를 만든다. 분생포자의 크기는 2~2.2×1.2~1.3μm로 타원형이다.

생태 봄~가을 / 자실체는 노린재뱀동충하초의 노후된 자실체에 중복 기생한다.

분포 한국, 일본

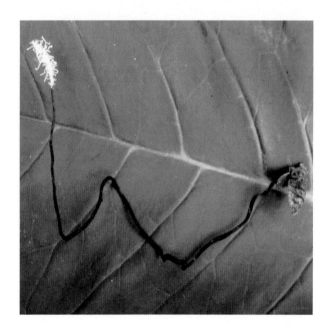

검은잔뿌리동충하초

Hirsutella nigrella Kobay.

형태 자실체는 밤나방의 유충에 형성된 유충검은동충하초 (Cordyceps nigrella)의 자실체에 중복 기생하는 분생자병속이다. 여름철 장마가 끝날 무렵 발견된다. 분생자병속은 길이 2~2.5㎜, 지름 1㎜ 정도며 백색이다. 자실체의 머리는 구형이고 자루는 원주형이다.

생태 밤나방의 유충에 기생하는 유충검은동충하초에 발생한다.

분포 한국, 일본

붉은뱀동충하초

Ophiocordyceps aurantia (Kobayasi & Shimizu) Sung, Sung, Hywel-J. & Spatafora
Cordyceps aurantia Kobayasi & Shimizu

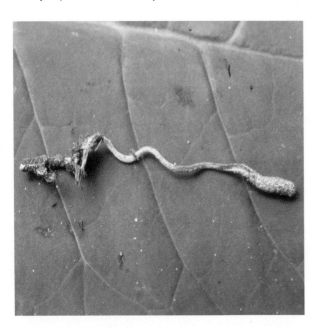

형태 자실체는 굵은 침형으로 높이가 4㎝ 정도로 1개가 나온다. 결실부는 윗부분에 생기고 높이 10㎜, 지름 1.2㎜이며 표피에 짧은 털이 있다. 자낭과의 크기는 250~330×150~230㎛로 나생하고 밀포하며 대부분 열을 지고 난형이다. 자낭포자의 크기는 100~110×2㎛로 3~10개의 격벽이 있지만 2차 포자로 분열하기 어렵다. 자루는 굵은 침형의 원주형이고 연한 붉은 오렌지색이며 표면에 가는 털을 가진다.

생태 여름 / 모기 유충의 배면의 측면에 발생하며 지생형이다. 희귀종.

분포 한국, 일본

곤봉뱀동충하초

Ophiocordyceps clavata (Kobayasi & Shimizu) Sung, Sung, Hywel-J. & Spatafora
Cordyceps clavata Kobay. & Shim.

형태 자실체는 유충의 몸체에서 1~7개 발생하며 높이 1.7~2.5
*cm*에 뿔이 있는 솜방망이 모양이다. 결실부(머리)와 자루로 구
분된다. 결실부는 위쪽에 생긴다. 자낭과는 연한 황백색이며 많
은 알갱이 모양의 자낭각이 촘촘히 붙어 있는 반돌출형이다. 각
공(포자분출구멍)은 반구상으로 돌출된다. 머리 위에는 뿔-원추
상의 불염성 돌출이 있다. 자루는 원주형이며 결실부와의 경계가
분명하다. 지름은 1.8~2.2*mm*이고 연한 크림색이며 딱딱한 육질이
다. 밑동 아래쪽은 뿌리 모양으로 백색 균사가 기주에 연결된다.
2차 포자는 막대형으로 크기는 5~9×1.5*μm*이다.
생태 여름~가을 / 쓰러져 썩은 칠엽수, 호두나무류 등 속에 들어
있는 벌레의 유충에서 발생한다. 부후목형이다.
분포 한국, 일본

산호뱀동충하초

Ophiocordyceps corallomyces (Möller) Sung, Sung, Hywel-J. & Spatafora
Cordyceps corallomyces Möller

형태 자실체는 기주인 번데기의 복부에 발생한다. 자실체는 머리가 잘린 형으로 높이는 4~4.5mm이다.

생태 여름 / 지생형이다. 희귀종.

분포 한국, 일본, 프랑스

녹슨뱀동충하초

Ophiocordyceps ferruginosa (Kobay. & Schim.) Sung, Sung,Hywel-J. & Spatafora
Cordycepsw ferruginosa Kobay. & Schimi.

형태 자실체는 1~2개가 나오며 머리와 자루로 구분된다. 머리는 구부러진형으로 부후목상의 높이는 6~13mm이다. 결실부는 위쪽에 생기고 구형의 돌기상으로 지름은 1.2~4mm이며 갈색 또는 녹슨 갈색이다. 표피는 위유조직으로 된다. 자루의 굵기는 지름 1~1.4mm로 원주형 또는 불규칙하게 비틀어진다. 결실부와의 경계는 불분명하다. 자루의 색은 갈색 또는 암적갈색이며 단단한 섬유 육질이고 결실부로부터 굴곡된다. 자낭과의 크기는 600~650×250~300μm로 매몰형이다. 암갈색의 포자분출구멍은 가늘고 돌출하며 난형이다. 2차 포자의 크기는 5~7×1μm이다.

생태 여름~가을 / 기주인 갑충류의 유충의 꼬리와 흉부에 생긴다. 부후목생형이며 흔하지 않다.

분포 한국, 일본

파리뱀동충하초

Ophiocordyceps discoideocapitata (Kobay. & Shim.) Sung, Sung, Hywel-J. & Spatafora
Cordyceps discoideocapitata Kobay. & Shim.

형태 자실체(자좌)는 파리의 가슴에서 2개가 나오며 높이 3~7
*mm*에 머리부와 자루로 구분된다. 머리부는 처음에 둥근 모양이다
가 원반 모양으로 된다. 높이 2*mm*, 굵기 3~4*mm* 정도며 연한 황토
색이다. 위쪽 표면에 많은 자낭각이 유방의 젖꼭지 모양으로 돌
출된다. 자루는 가늘고 원주형이며 위쪽으로 굵어지고 굵기는 1
mm 정도로 연한 갈색에 단단한 가죽질이다. 2차 포자의 크기는
6~9×1*μm*로 막대형이다.
생태 늦봄~가을 / 적설량이 많은 곳의 나무 수간과 나무가 굽은
곳, 나뭇가지 아랫부분 등에 붙은 파리 몸체에서 발생한다.
분포 한국, 일본

가는유충뱀동충하초

Ophiocordyceps gracilioides (Kobay.) Sung, Sung, Hywel-J. & Spatafora
Cordyceps gracilioides Kobay.

형태 자실체는 두부와 자루로 나뉘며 기주의 앞 또는 가운데서 1개가 발생한다. 두부는 지름이 0.5~0.55㎝ 정도로 구형이다. 표면에는 미세한 돌기가 있고 검은 반점이 있으며 황갈색이다. 표피는 책상조직이고 피자기는 거의 매몰되어 있으며 길고 가는 병 모양이다. 자루의 길이는 0.5~0.7㎝, 굵기는 0.25~0.3㎝이고 원주형이며 밋밋하고 황갈색이다. 두부와 자루의 구분이 분명하다. 포자의 크기는 7~10×1.8~2㎛이고 긴 원주형이다.

생태 여름 / 딱정벌레목의 유충에 기생생활을 한다.

분포 한국, 일본

참고 숙주의 모양이 마치 지네처럼 생겨서 지네로 착각하기 쉽다.

가는뱀동충하초

Ophiocordyceps gracilis (Grev.) Sung, Sung, Hywel-J. & Spat.
Cordyceps gracilis (Grev.) Dur. & Mont.

형태 자실체는 1~3개가 생기며 길이는 7㎝ 정도로 연한 황갈색
이다. 결실부(머리)는 꼭대기에 구형으로 붙으며 연두색-연한
황갈색이고 지름은 3.5~5㎜이다. 자낭각은 묻힌형이고 촘촘하게
분포한다. 자루는 원주상으로 머리 아래에 길게 뻗어 있으며 유
백색에 표면은 분상이다. 포자는 실 모양의 자낭포자가 2차 포자
로 분열한다.
생태 땅속에 있는 죽은 유충에서 나며 간혹 번데기에서도 난다.
분포 한국, 유럽

유충흙색뱀동충하초

Ophiocordyceps konnoana (Kobay. & Shim.) Sung, Sung, Hywel-J. & Spatafora
Cordyceps konnoana Kobay. & Shim.

형태 자실체는 애벌레의 머리 부분에서 1~2개가 나오고 땅 위
의 높이는 약 3㎝이며 굵은 침 모양이다. 결실부(머리)는 위쪽에
생기고 자루보다 다소 굵어지며 연한 갈색이다. 자낭각은 돌출하
고 난형 또는 팽이 모양이며 성기게 붙는다. 표면에 미세한 점상
의 비늘이 있다. 자루는 갈색을 띤 암회색이고 굵기는 1㎜ 정도
로 약간 섬유상의 육질이며 기부는 애벌레에 붙어 있다. 2차 포
자의 크기는 4~6×1㎛로 막대형이다.
생태 여름~초가을 / 주로 아열대식물이 자라는 숲속의 땅속이
나 나지에 풍뎅이 등 딱정벌레류(초시류)의 애벌레(굼벵이류)에
서 발생한다.
분포 한국, 일본

큰매미뱀동충하초

Ophiocordyceps heteropoda (Kobayasi) Sung, Sung, Hywel-J. & Spatafora
Cordyceps heteropoda Kobay.

형태 자실체(자좌)는 땅속에 들어 있는 매미의 번데기에서 1~2개가 나온다. 전체 길이는 10~12*cm*에 달하는데 땅 위에 나오는 높이는 2~4*cm* 정도다. 결실부(머리)는 난형-구형, 폭은 6~9*mm*이고 암갈색-황갈색이다. 자낭각은 머리에 매몰되어 있고 각공은 미세한 점 모양이며 진한 색으로 드러나나 돌출되지는 않는다. 자루의 위쪽은 원주형이고 연한 갈색이며 지름은 4*mm* 정도다. 아래쪽은 가늘게 뿌리 모양을 이루고 가지 모양의 측지가 위쪽으로 다수 뻗어 있으며 암갈색이다. 2차 포자의 크기는 6~8×1*μm*이다.

생태 여름 / 활엽수림 또는 상록활엽수림이나 이들과 섞인 침엽수림의 땅속에 들어 있는 매미의 번데기에서 발생한다.

분포 한국, 일본, 콩고

점박이뱀동충하초

Ophiocordyceps macularis Mains
Cordyceps macularis (Mains) Mains

형태 자실체는 1~3개가 생기며 곤봉상의 긴 원통형으로 지상부의 높이는 2~3.5cm이다. 결실부는 상위 쪽에 만들고 높이 10~18mm, 굵기 2.3~3.6mm로 불규칙한 원반상의 자낭과가 뭉쳐 있으며 긴 원통형을 만들고 연한 회황갈색이다. 자낭과는 완전 매몰하고 포자분출구멍은 미세한 점상으로 돌출하며 난형에 크기는 300~350×170~200µm이다. 자낭은 장방추형으로 크기는 120~150×7~8µm이고 두부의 지름은 3µm, 2차 포자의 크기는 8~10×2µm이다. 자루는 원주형이고 자루와 결실부의 경계가 분명하다. 지름은 1.2~2mm로 연한 회색 또는 연한 황회색이며 약간 단단한 육질이다.

생태 봄~여름 / 참나무 숲, 특히 집단으로 발생한다.

분포 한국, 일본

개미뱀동충하초

Ophiocordyceps myrmecophila (Ces.) Sung, Sung, Hywel-J. & Spatafora
Cordyceps myrmecophila Ces.

형태 자실체는 1~3개가 생기며 땅 위의 높이는 25~30㎜이다. 두부(머리)는 선단에 발생하며 난형 또는 장난형으로 높이 2.2~4㎜, 지름 1.6~1.8㎜이다. 자낭과의 크기는 450~550×6~7㎛으로 두부의 지름은 7㎛이다. 2차 포자의 크기는 7~8×1.5㎛로 자루는 가늘고 긴 실 모양이며 지름은 0.5~0.8㎛이다. 지상부는 연한 오렌지-홍색이며 약간 섬유상의 육질이다.

생태 여름~가을 / 기주인 침개미의 중간 두흉부에 발생한다. 지생형.

분포 한국, 대만, 중국, 뉴기니, 유럽, 북아메리카, 세일론, 보르네오, 베트남

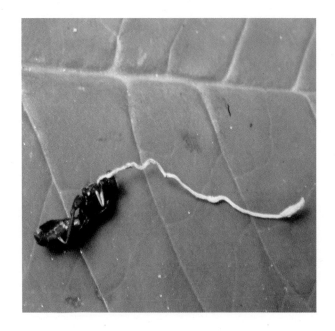

검은뱀동충하초

Ophiocordyceps nigrella (Kobay. & Shim.) Sung, Sung, Hywel-J. & Spatafora
Cordyceps nigrella Kobay. & Shim.

형태 자실체는 1개가 나오며 곤봉형에 땅 위의 높이는 1.7~2㎝, 전체 길이는 3~4㎝이다. 결실부(머리)는 위쪽에 생기고 약간 부풀어 있는 원통형이며 높이는 약 1.2㎝, 굵기는 2㎜ 정도다. 끝 부분은 둔형으로 흑갈색이다. 자낭각(자낭과)은 묻힌형이고 각 공이 가는 점 모양으로 표면에 밀포되어 있다. 자루는 원주형이며 다소 연한 흑갈색이고 섬유상 육질이다. 2차 포자의 크기는 15~17×2㎛로 긴 막대형이다.

생태 여름 / 오리나무류, 단풍나무류, 후박나무 등 활엽수림 속의 땅이나 이들과 혼합된 혼효림의 땅속에 매몰된 딱정벌레류(갑충, 초시목) 애벌레의 머리에서 발생한다.

분포 한국, 일본

오렌지뱀동충하초

Ophiocordyceps neovolkiana (Kobayasi) Sung, Sung, Hywel-J. & Spatafora
Cordyceps neovolkiana Kobayasi

형태 자실체는 1~5개가 나오며 땅 위의 높이는 1~2.8cm로 잠자리형이다. 두부는 높이 4~6mm, 지름 3~6mm로 선단에 생기고 구형 또는 부등의 편구형이며 연한 오렌지-황색 또는 레몬색이다. 표피는 위유조직보다 연하다. 자낭과의 크기는 340~460× 140~165μm로 난형 또는 타원형에 크기는 완전 매몰형이다. 포자 분출구멍은 가는 점상으로 밀포한다. 자낭의 크기는 230~300× 9~10μm로 두부는 구형이며 지름 4~5μm, 높이 4~5μm이다. 2차 포자의 크기는 3~8×2μm로 막대형이다. 자루는 원주형에 굵기는 2.5~4mm이다. 기부의 균사막에서 불임성의 가지가 생긴다. 살은 육질이다.

생태 기주는 풍뎅이과 유충의 복부 또는 배면에서 발생한다. 노후목이 있는 곳에 발생하며 지생형이다.

분포 한국, 일본

379

노린재뱀동충하초

Ophiocordyceps nutans (Pat.) Sung, Sung, Hywel-J. & Spatafora
Cordyceps nutans Pat.

형태 자실체는 두부와 자루로 나눠지며 두부의 길이는 5~6㎝, 폭은 1.5~2㎝로 오렌지-황색의 긴 타원형이며 표면은 매끄럽다. 자루의 길이는 4~15㎝, 굵기는 0.5~1㎜로 위쪽은 연한 황갈색이고 아래쪽은 흑색으로 광택이 나며 단단한 철사 모양이다. 두부 부분의 목에서 구부러지며 높이 4~5㎝, 지름 0.5~1㎜이다. 상부는 연한 황갈색이고 하부는 흑색으로 반짝이며 단단한 철사 모양으로 목에서 구부러진다. 포자의 크기는 6.5~10×1.4~1.6㎛로 원주형이다. 자낭 속 2차 포자의 크기는 10~14×1.5㎛이다.

생태 여름~가을 / 여러 노린재의 죽은 성충(엄지)에 기생하고 그 사체에서 보통 1개가 나오나 간혹 2~3개가 나오는 것도 있다. 약용으로 이용한다.

분포 한국, 중국, 일본

새부리뱀동충하초

Ophiocordyceps oszumontana (Kobayasi & Schimizu) Sung, Sung, Hywel-J. & Spatafora
Cordyceps oszumontana Kobayasi & Schimizu

형태 자실체는 기주에서 1개가 나오며 높이는 3.5~6.5mm로 극히 작고 연한 오렌지-황색이다. 결실부(머리)는 중앙에 생기며 비스 듬한 나생형에 혈홍색이며 서양배 모양으로 크기는 400~450× 200~250μm이다. 2차 포자의 크기는 5×1μm이다. 자루는 불규칙하 게 휘어진 원주형이며 굵기는 0.2~0.3mm로 표면에 짧은 털이 생긴 것과 털이 없는 나출의 2가지가 있다. 선단은 뾰족하고 약간 육질 이다.

생태 여름 / 기주는 소형 벌의 유충의 두부에 발생한다. 노후목 생형이며 극히 희귀종이다.

분포 한국, 일본

벌가시뱀동충하초

Ophiocordyceps oxcephala (Penz. & Sacc.) Sung, Sung, Hywel-J. & Spatafora
Cordyceps oxcephala Penz. & Sacc.

형태 자실체는 기주에서 1~2개가 나오고 땅 위의 높이는 3~5cm 이다. 결실부(머리)는 부들 이삭 모양으로 가는 자루 끝에 생기 고 원통형이며 길이 6~10mm, 굵기 2mm 정도다. 머리 부분의 끝은 꼬리 모양으로 돌출되고 연한 오렌지-황색이다. 자낭각은 묻힌 형으로 각공이 미세하게 돌출된다. 자루는 철사 모양의 원주형이 며 굵기 1mm에 머리와 같은 색이거나 연한 색이다. 약간 탄력이 있는 가죽질이다. 2차 포자의 크기는 9~12×1.7~2μm로 좁은 방 추형이다.

생태 여름~초가을 / 활엽수, 침엽수 또는 활엽수 숲속의 땅속에 묻힌 말벌, 땅벌 등의 성충에서 발생한다.

분포 한국, 일본, 중국, 대만, 태국, 보르네오, 브라질

참고 벌가시뱀동충하초와 벌뱀동충하초의 외형적 구분은 쉽지 않다. 벌가시뱀동충하초는 머리 끝이 뾰족하게 돌출되나 벌뱀동 충하초는 머리끝이 돌출되지 않고 또 머리 부분도 폭이 넓게 형 성된다.

황색점박이뱀동충하초

Ophiocordyceps ryogamiensis (Kobay. & Shim.) Sung, Sung, Hywel-Jones & Spatafora
Cordyceps ryogamiensis Kobay. & Shim.

형태 자실체는 기주로부터 1~2개가 1.5~2cm 정도 부후목 위로 나온다. 결실부(머리)는 상반부에 생기고 대바늘 모양이다. 자낭각은 돌출형으로 약간 드문드문하게 생기며 연한 황색이고 난형-원추형이다. 자루는 불규칙한 주름살이 있는 원주형으로 굵기는 0.5~0.7mm이며 연한 오렌지-황색으로 기주에 붙는다. 2차 포자의 크기는 1.5~2.5×1㎛이고 원통형이다.

생태 여름~초가을 / 오리나무류, 가래나무, 계수나무 등의 쓰러진 활엽수나 부후목에 들어 있는 딱정벌레류(갑충, 초시목)의 애벌레에서 나온다.

분포 한국, 일본

흑갑충뱀동충하초

Ophiocordyceps superficialis (Peck) Sung, Sung, Hywel-Jones & Spatafora
Cordyceps superficialis (Peck) Sacc.

형태 자실체는 단일의 굵은 침형으로 지상부의 높이는 3.2~3.6cm 이다. 결실부는 상부에 생기며 높이 16~20mm, 굵기 2mm이고 암회갈색이다. 자낭과는 나생형으로 암회갈색이며 아구형 또는 난형이다. 자루는 원주형이며 굵기 0.8~1mm에 암회갈색이다. 육질은 섬유성으로 단단하다. 2차 포자의 크기는 10~20×1.5~2㎛이다.

생태 여름 / 갑충류의 유충의 두부 또는 흉부에 생기며 지생형이다. 희귀종.

분포 한국, 일본

매미뱀동충하초

Ophiocordyceps sobolifera (Hill ex Watson) Sung, Sung, Hywel-J. & Spatafora
Cordyceps sobolifera (Hill ex Watson) Berk. & Br.

형태 자실체의 전체 높이는 5~9㎝이고 1~3개가 분지되며 곤봉형이다. 땅 위의 높이는 2~8㎝로 결실부(머리)는 위쪽에 생긴다. 약간 통통한 원통형으로 높이 1~3㎝, 굵기 4~7㎜ 정도며 연한 갈색이다. 자낭각은 묻힌형에 각공은 가는 점 모양으로 밀포된다. 자루는 원주형이고 굵기는 3~5㎜이며 머리와 같은 색 또는 다소 연한 색이다. 때때로 밑동 부근에 혹 모양이 돌출되기도 한다. 2차 포자의 크기는 6~12×1~1.5㎛로 막대형이며 표면에 미세한 사마귀 반점이 덮여 있다.

생태 여름 / 아열대성 기후 지역의 정원, 절의 경내, 저산지대의 숲속, 공원 등지의 습기가 많은 지역의 땅속에 묻힌 매미류의 번데기에서 발생한다.

분포 한국, 일본, 중국, 호주, 마다가스카르, 뉴질랜드, 남아메리카

벌뱀동충하초

Ophiocordyceps sphecocephala (Klotz. ex Berk.) Sung, Sung, Hywel-J. & Spatafora
Cordyceps sphecocephala (Klotzsch ex Berk.) Berk. & M.A. Curtis

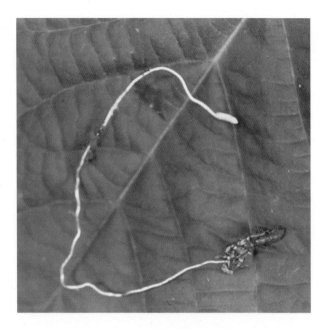

형태 두부는 가로가 0.5*cm*, 세로가 0.2~0.3*cm*로 짧은 곤봉 모양이
며 황색이다. 자루의 높이는 약 6*cm*로 가늘고 구부러져 있으며 표
면은 매끄럽다. 자낭각 주위가 홈선으로 되며 그물 모양의 조직
이 있고 진한 노란색의 뚜껑이 있으며 미세한 반점이 많이 있다.
자낭각은 함몰되어 있으나 머리 표면에 대하여 각을 이루고 있
으며 부분적으로 서로 겹쳐져 있다. 자낭포자의 크기는 8~15×
1.5~2.5*μm*로 좁은 타원형이며 표면은 매끄럽다.

생태 봄~가을 / 죽은 벌과 파리에서 발생하는데 보통 1개가 나
온다.

분포 한국, 일본, 중국, 유럽

384

깡총이뱀동충하초(거품벌레동충하초)

Ophiocordyceps tricentri (Yasuda) Sung, Sung, Hywel-J. & Spatafora
Cordyceps tricentri Yasuda

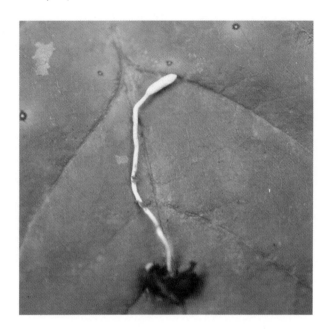
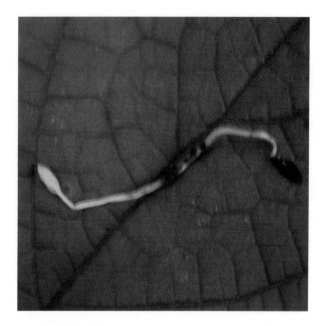

형태 자실체는 머리와 자루로 구분된다. 머리의 크기는 2~7×
1.5~2mm, 자루의 크기는 30~70×1~1.5mm이다. 자실체는 타원형
또는 방추형이며 엷은 황색을 띤다. 자실체는 머리와 가슴에서
1~2개가 발생하는데 머리에는 자낭각이 비스듬히 묻혀 있으며
크기는 1,200~1,500×50~60μm이다. 자낭포자의 크기는 8~10×
1.5μm로 실 모양이며 2차 포자로 분열하여 방추형이 된다.
생태 여름~가을 / 낙엽 밑의 죽은 거품벌레의 성충에서 발견되
며 단생한다.
분포 한국, 일본

납작방망이뱀동충하초

Ophiocordyceps unilateralis (Tul. & C. Tul.) Petch
Cordyceps unilateralis var. clavata (Kobayasi) Kobayasi

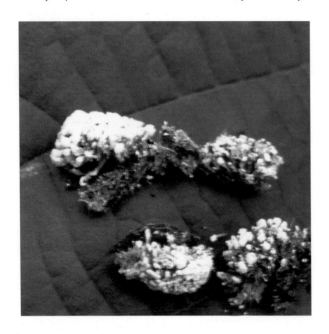

형태 자실체는 1개가 나오며 높이는 12~20㎜이다. 결실부(머리)가 구부러진형으로 원반상이고 크기는 1.5~2×2~2.8㎜로 초콜릿-갈색이다. 자낭과는 매몰형, 공구(포자분출구멍)는 암갈색이고 미세하게 돌출하며 방추상의 타원형이다. 자낭은 곤봉상이고 크기는 150~200×8~10㎛이다. 자낭포자는 원주상의 방추형이고 크기는 132~162×2.5~3㎛이다. 2차 포자로 분열하지 않는다. 자루는 불규칙한 원주형이고 굵기는 1~1.2㎜로 결실부로부터 급격히 굴곡하며 연한 암자갈색에 선단은 회백색이다. 질긴 육질이다.

생태 여름 / 개미의 중간 목 부위에 발생하며 기생형이다. 희귀종.

분포 한국, 대만, 일본, 북아메리카

홍두깨뱀동충하초

Ophiocordyceps yakusimensis (Kobayasi) Sung, Sung, Hywel-Jones & Spatafora
Cordyceps yakushimensis Kobay.

형태 자실체는 1~2개가 나오며 높이는 6~8*cm*이고 두부는 높이 1.5~2.5*cm*, 굵기 3.2~3.5*mm*로 약간 부푼형의 원주형으로 길며 밝은 갈색 또는 연한 황토-갈색이다. 살은 위조직이다. 자낭과는 반나생의 밀포형이고 구멍은 밀생하여 돌출하며 좁은 난형이다. 크기는 740~800×170~230μm로 경부(목)는 없다. 자낭의 크기는 270~350×5~7μm, 두부의 지름은 6~6.5μm이다. 2차 포자의 크기는 8~15μm이다. 자루는 원주형이고 단단한 섬유 육질에 지름은 1.5~2*mm*로 결실부와의 경계는 명확하고 희미한 연한 황토색으로 기주에 직결된다.

생태 여름~가을 / 난대림의 상록활엽수 또는 낙엽활엽수와의 혼효림 숲의 땅속에 묻힌 매미의 번데기 또는 애벌레 머리에서 발생한다.

분포 한국, 일본

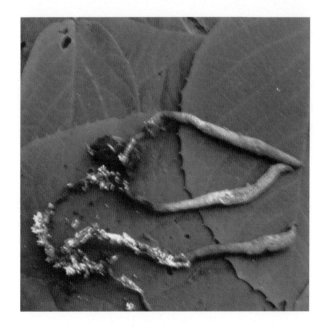

가지균핵동충하초

Tolypocladium inegoense (Kobayasi) Quandt, Kepler & Spatafora
Cordyceps inegoensis Kobayasi

형태 자실체는 곤봉형으로 1~2개가 발생하며 지상부의 높이
는 2.7~4cm이다. 두부는 약간 부푼 원통상의 방추형이고 선단은
원형이며 올리브색 또는 암록회색이다. 자낭과의 크기는 520~
550×260~280㎛로 반나생형이고 포자분출구멍은 밀집하여 미
세하게 돌출하며 서양배 모양이다. 자낭의 크기는 400~450×
7~7.5㎛이고 자낭 두부의 지름은 5~6.5㎛이다. 2차 포자의 크기
는 2.5~3×3㎛이다. 자루는 원주형이고 결실부와의 경계는 불분
명하다.
생태 여름~가을 / 기주 곤충의 유충의 두부에 발생하며 지생형
이다. 희귀종.
분포 한국, 일본

녹변보통포자버섯

Cosmospora viridescens (C. Booth) Gräfenhan & Seifert
Nectria viridescens C. Booth

형태 자실체(자낭각)의 지름은 1/8~1/5mm로 서양배 모양이고
꼭대기는 원반 모양이다. 색은 노란색이며 노쇠하면 적색이 된
다. 표면은 밋밋하다. 포자의 크기는 7.5~10×4.5㎛이고 방추형
으로 양 끝이 뾰족하고 갈색이며 성숙하면 사마귀점이 나타난다.
자낭의 크기는 68~76×6~9㎛로 원통형이고 자낭포자는 1열로
배열한다. 자낭의 선단에 포자분출구멍이 있다. 분생자는 분생자
자루의 뭉치에서 만들어진다. 크기는 4~8×2~3㎛이고 집단일
때 핑크색을 나타낸다.
생태 봄~여름 / 각종 나무의 껍질에 군생한다.
분포 한국, 유럽

붉은두알보리수버섯

Dialonectria episphaeria (Tode) Cooke
Nectria episphaeria (Tode) Fr.

형태 자실체(자낭각)의 지름이 0.15~0.2㎜인 극소형 버섯으로 자실체는 구형 또는 난형이고 확대경으로 보면 위쪽 가운데에 젖꼭지 모양이 보이기도 한다. 표면은 밋밋하고 투명해 보이며 오렌지-적색이다. 포자의 크기는 7~11×4.5~5μm이고 방추상-타원형으로 투명하며 성숙한 것은 연한 갈색이며 거칠다. 1개의 격막이 있으며 중앙이 잘록하다. 표면에 미세한 점들이 있거나 기름방울이 있다. 자낭의 크기는 55~65×5.5~6μm로 곤봉형에 8-포자성으로 자낭포자들은 1열로 배열한다. 측사는 보이지 않는다.

생태 연중 / 핵균강, 콩버섯목, 검뎅이침버섯목 등의 오래된 자실체 위에 단생·속생하여 집단을 이룬다.

분포 한국, 유럽

무덤지벨라버섯

Gibberella baccata (Wallr.) Sacc.
Gibberella moricola (Ces. & De Not.) Sacc.

형태 자실체의 지름이 0.2~0.3mm로 구형-난형에 거친 표면을 가지고 있으며 청흑색이고 뚜렷하지 않은 젖꼭지 모양이 위로 돌출해 있다. 자실체는 껍질을 뚫고 나와서 여러 개가 덩어리 모양으로 겹쳐 쌓인다. 육질은 딱딱하지 않고 부드럽다. 포자의 크기는 26~29×6.5~7μm로 타원형이다. 표면은 매끈하고 투명하며 성숙하면 4개의 세포와 격막에 의해서 잘록한 모양이 된다. 자낭의 크기는 85~105×11.5~13μm로 약간 곤봉형이며 8-포자성으로 포자가 2열로 들어 있다. 측사는 보이지 않는다.
생태 연중 / 땅에 떨어진 단풍나무, 무화과나무, 뽕나무 등 각종 활엽수의 가지에 난다.
분포 한국, 유럽
참고 이 버섯은 각종 식물에 병해를 일으키는 해균이기도 하다. 살아 있는 침엽수의 잎이나 잔가지 또는 각종 초본식물의 잎이나 선인장 등에 침입하여 조직을 고사시키기도 한다. 이 경우 식물에 따라서 병징이 다르다.

알보리수버섯

Nectria cinnabarina (Tode.) Fr.

형태 자실체는 성장 2단계를 갖는 버섯이다. 첫 번째 단계는 크기 1mm 내외의 반구형 또는 아구형, 방석 모양으로 나무껍질 표면에 부착되는데 연한 오렌지-연한 분홍색을 띤다. 이것은 포자낭이 자좌가 형성되는 단계다. 두 번째 단계는 지름 0.2~0.4mm 구형-아구형의 적갈색을 띤 좁쌀 같은 수많은 알갱이가 다닥다닥 십여 개씩 엉겨 붙어서 방석 모양을 이루는 단계다. 각각의 알갱이 표면 중앙은 점 모양으로 약간 오목하고 진하며 후에는 터진 모양을 이루는데 이는 포자가 형성되어 비산되는 단계다. 포자의 크기는 12~25×4~9μm로 원주상의 타원형에 표면은 매끈하고 투명하다. 중앙에 1개의 격막이 있으며 약간 잘록한 모양이다. 자낭은 75~90×9.5μm로 8-포자성이며 자낭포자는 불규칙한 2열로 배열한다. 선단에 부속지는 없다. 측사는 관찰이 안 된다.

생태 연중 / 일부가 물에 잠긴 각종 활엽수의 잔가지 또는 습기 많은 지역의 가지나 줄기에 밀생한다.

분포 한국, 유럽

타원알보리수버섯

Nectria ellisii Booth

형태 자실체(자낭각)의 지름이 0.2~0.3㎜인 소형 버섯이다. 자실체는 구형이고 황색-크림색이며 미세한 흰털이 덮여 있다. 밑동 주변에도 흰털이 덮여 있는 경우가 있다. 너무 미세하여 확대경으로 봐야 볼 수 있을 정도다. 포자의 크기는 11~12×3~4㎛로 타원형이고 투명하며 격막이 있다. 자낭의 크기는 35~55×6~8㎛로 원통형에 자낭포자는 불규칙한 2열로 배열하며 선단에 포자분출구멍이 있다.

생태 봄~가을 / 죽은 초본류의 줄기에 산생 또는 총생한다.

분포 한국, 유럽

연기알보리수버섯

Nectria funicola Berk. & Br.

형태 자실체(자낭각)의 지름이 0.2~0.3㎜인 극소형 버섯이다. 나무의 잔가지 위에 서양배 모양의 자낭각이 산재되어 있다. 황색-오랜지색이며 흰색의 미모가 덮여 있다. 너무 작아서 확대경을 통해서 그 형체를 구분할 수 있다. 포자의 크기는 16~20×6~8㎛로 광타원형에 투명하고 1개의 격막이 있으며 벽이 두껍다. 자낭의 크기는 70~95×12~17㎛이다.

생태 봄~가을 / 떨어진 잔가지 위에 뭉쳐서 난다.

분포 한국, 유럽

담황알보리수버섯

Nectria pallidula Cooke

형태 자실체(자낭각) 개개의 지름은 0.3~0.4㎜로 나무의 껍질 부위에서 밀짚 황색의 자좌가 돌출된다. 자낭각은 구형이며 미세하게 사마귀 반점이 많다. 끝부분에는 갈색의 젖꼭지 모양을 가진 갈색의 포자분출공(각공)이 있다. 포자의 크기는 10~14× 3.5~5㎛로 거의 타원형에 가까우며 연한 갈색이고 성숙한 것은 미세한 사마귀 반점이 있고 비교적 벽이 두껍다. 자낭의 크기는 55~80×7~12㎛ 정도다.

생태 연중 / 썩은 잔가지에 송이 모양처럼 발생한다.

분포 한국, 유럽

주발알보리수버섯

Nectria peziza (Tode) Fr.

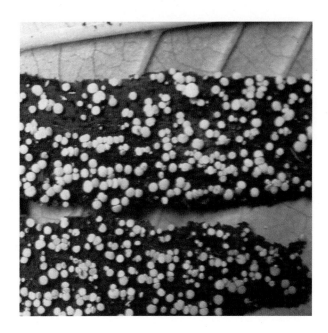

형태 자실체는 지름이 0.35mm 정도며 자낭각로 노란 오렌지색에서 오렌지색으로 되며 구형이지만 오래되면 부서져서 컵 모양으로 된다. 포자의 크기는 12~15×5~7μm이고 1개의 격막이 있으며 투명하고 성숙하면 긴 줄이 생긴다. 포자의 양 끝은 둥글다. 자낭은 8-포자성이고 요오드용액에 염색해도 포자분출구멍은 청색으로 변하지 않는다. 측사는 안 보이며 털은 없다.

생태 여름~가을 / 자실체는 개별적으로 자라 집단이 되어 속생한다. 기주인 너도밤나무, 물푸레나무, 느릅나무가 썩은 곳에 발생하고 썩은 구멍장이버섯(Polyporus squamousus) 위에 발생한다.

분포 한국, 유럽

395

원추새알보리수버섯

Neonectria coccinea (Pers.) Rossman & Samuels
Nectria coccinea (Pers.) Fr.

형태 자실체(자낭각)의 지름이 0.2~0.3mm인 아주 작은 버섯이
다. 자실체는 구형-난형이며 주홍색-암홍색이다. 중앙에 진하
게 젖꼭지 모양 또는 반점 모양이 돌출된다. 표면은 밋밋하고 신
선할 때는 유리 같이 투명한 느낌이 있다. 자실체가 나무껍질 밑
에 들어 있을 때는 1~2mm 정도 크기의 자좌로 뭉쳐져 있다. 만
약 나무껍질이 없는 표면에서 나면 흔히 1개만 발생하고 자좌
는 없어진다. 자루는 없고 기물에 직접 부착한다. 포자의 크기는
10~12(13)×5~6μm로 타원형에 투명하고 미세한 점들이 있어 거
칠며 약간 연한 갈색이다. 1개의 격막이 있고 다소 잘록하다. 자
낭의 크기는 60~80×7~10μm로 원주형이고 밑동이 가늘어진다.
자낭포자는 1열로 배열하며 꼭대기는 고리 모양으로 두껍다. 측
사는 보이지 않는다.
생태 연중 / 단풍나무 등 활엽수의 죽은 줄기나 가지에 총생한
다. 때로는 나무껍질 전체를 덮기도 한다.
분포 한국, 유럽

벼슬새알보리수버섯

Neonectria ditissima (Tul. & C. Tul) Samuel & Rossman
Neonectria galligena (Bres.) Rossm. & Sam. / Nectria galligena Bres.

형태 자실체(자낭각) 개개의 지름은 0.2~0.3㎜로 구형 또는 난형이다. 표면은 밋밋하거나 다소 거칠다. 색은 적색-적갈색이고 암종병(癌腫病)에 걸린 나무줄기나 뿌리의 상처부에 군생 또는 밀집된 총생으로 붙는다. 포자의 크기는 18~19×7~8㎛로 타원형에 표면은 매끈하고 투명하다. 중앙에 1개의 격막이 있으며 벽이 약간 두껍다. 자낭의 크기는 90~105×12~14㎛로 곤봉형이며 8-포자성이고 자낭포자는 1열로 배열하나 위쪽에서는 2열로 배열한다. 측사는 관찰이 안 된다.

생태 연중 / 버드나무, 물푸레나무, 배나무, 사과나무 등 각종 활엽수의 암종병에 걸린 혹 부위 또는 상처부에 군생 또는 밀집된 속생으로 붙는다.

분포 한국, 유럽

과립새알보리수버섯

Neonectria punicea (Schmidt) Castl. & Rossm.
Nectria punicea (Schmidt) Fr.

형태 자실체(자낭각) 개개의 지름은 0.2~0.3mm로 구형 또는 난형
이며 위쪽 가운데 중앙에 뚜렷한 젖꼭지 모양이 있다. 표면은 밋
밋하고 적갈색이다. 포자의 크기는 14~18×4.5~5μm이고 타원상
의 방추형이다. 표면은 매끈하고 투명하며 중앙에 1개의 격막이
있고 약간 잘록하다. 자낭의 크기는 80~100×6~7μm로 원주형이
다. 8-포자성으로 규칙적인, 때로는 불규칙적인 2열로 배열되며
어떤 것은 선단에 고리 모양이 있다. 측사는 보이지 않는다.

생태 연중, 주로 봄철 / 습기 많은 지역에 선 채로 죽어 있는 갈
매나무 등의 나무껍질 또는 죽은 생울타리의 가지, 관목의 가지
표면 등에 다닥다닥 총생한다.

분포 한국, 유럽

술잔다알보리수버섯

Pleonectria coryli (Fuckel) Hirooka, Rossman & P. Chaverr
Nectria coryli Fuckel

형태 자실체(자낭각) 하나하나의 지름은 0.2~0.3㎜로 신선할 때는 구형이고 건조하면 위쪽 가운데가 약간 함몰되면서 가운데가 젖꼭지 모양이 된다. 포도주색을 약간 띤 밝은 적색이다. 나무껍질을 뚫고 발생하는데 여러 개가 뭉쳐 나오기 때문에 딸기 모양으로 보이기도 한다. 자루는 없고 기물에 직접 부착한다. 포자의 크기는 10~14×2.5~3㎛로 불규칙한 방추형이고 선단에 부속지가 있는 것도 있다. 표면은 매끈하고 투명하며 1개의 격막이 있다. 2차 포자는 자낭에서 형성되고 응축한다. 자낭의 크기는 50~70×8㎛로 곤봉형이다. 미성숙 시 8-포자성이고 성숙한 후에는 수많은 2차 자낭분생자(ascoconidia)가 들어 있다. 성숙한 자낭의 크기는 85~95×12㎛이다. 2차 자낭포자의 크기는 3~5×1~2㎛이고 원통-소시지형에 표면은 매끈하고 투명하다. 측사는 없다.

생태 봄 / 여러 가지의 활엽수(특히 버드나무과 개암나무, 포플러 등)의 죽은 가지에 나며 한 무더기로 발생하거나 여러 개가 무더기로 군생한다.

분포 한국, 유럽

유두알보리수버섯

Thelonectria veuillotiana (Roum. & Sacc.) P. Chaverri & C. Sagado

형태 자실체는 지름이 0.5*mm*로 자낭각은 처음 백색에서 노란색, 오렌지색, 암적색으로 되었다가 마지막에 갈색으로 된다. 편평한 원반 모양과 젖꼭지 모양의 포자분출구멍을 제외하고 바깥 표면은 미세한 사마귀점으로 덮여 있다. 포자의 크기는 16~22×6~7*μm*로 하나의 격막이 있다. 표면은 매끄럽고 투명하며 양 끝은 둥글다. 자낭은 8-포자성이며 요오드용액 반응에서도 포자분출구멍의 색은 변하지 않는다. 측사는 관찰이 안 되며 털은 없다.

생태 봄~여름 / 낙엽송나무의 썩은 고목이나 떨어진 가지에 집단적으로 발생한다. 자작나무, 밤나무, 느릅나무 등이 기주식물이다.

분포 한국, 유럽

털흑단추버섯

Chaetosphaeria callimorpha (Mont.) Sacc.

형태 자실체는 지름이 0.2mm로 자낭각은 검고 구형이며 광택이
난다. 자실체는 외피에 있고 미성숙 분생자 상태로 부서지기 쉽
다. 자실체는 분생자병과 빳빳한 털에 의하여 둘러싸인다. 포자
의 크기는 12~17×3.5~4μm이고 방추형이다. 표면은 매끈하고
투명하며 1개의 격막이 있고 2~4개의 기름방울을 함유한다. 자
낭은 8-포자성이다. 측사는 관찰이 안 된다. 털은 분생자 상태에
서 흑갈색이며 매끈하고 크기는 350~400μm이다.
생태 가을~봄 / 죽은 흑딸기 줄기의 표면에 군생하며 때에 따라
서는 참나무류의 죽은 가지와 등걸에 난다.
분포 한국, 유럽

무한흑단추버섯

Chaetosphaeria innumera Berk. & Broome ex Tul. & C. Tul.

형태 자실체는 지름이 0.2mm 정도로 자낭각은 검고 구형에서 원
추형으로 되며 표면은 밋밋하고 기주의 표면에 많은 수가 부착
한다. 자낭각의 중앙에 포자분출구멍이 있으며 포자를 방출한다.
포자의 크기는 12.5~18×3~4μm로 표면은 매끈하고 투명하다. 1
개의 격막이 있고 기름방울을 함유하며 양 끝은 둥글다. 자낭은
8-포자성이다. 측사는 안 보이며 털은 없다.
생태 가을~봄 / 낙엽송의 죽은 가지에 발생한다. 오리나무, 물푸
레나무, 자작나무, 너도밤나무, 참나무류에서 발생한다.
분포 한국, 유럽

과일흑모래버섯

Melanopsamma pomiformis (Pers.) Sacc.

형태 자실체(자낭각)의 지름은 0.3mm 정도로 구형이며 밖으로 드러난다. 나중에 건조하면 위쪽 절반 정도는 주저앉아서 납작해지며 흑색이다. 자실체 위에 작은 젖꼭지 모양인 포자분출공(공구)이 있고 표면은 밋밋하다. 자루는 짧다. 포자의 크기는 12~16× 5~7μm로 불규칙하게 꼬인 모양으로 타원-원주형이다. 투명하고 1개의 격막이 있으며 약간 잘록한 모양이고 기름방울을 함유한다. 자낭의 크기는 85×15μm이고 원주상의 곤봉형에 8-포자성이며 자낭포자가 불규칙하게 2열로 배열되어 있다.

생태 여름~가을 / 참나무류인 너도밤나무 등 썩은 활엽수에 군생한다.

분포 한국, 유럽

나무원추단추버섯

Coniochaeta ligniaria (Grev.) Cooke

형태 자실체는 지름이 0.35mm 정도로 자낭각은 검고 구형이며 중앙에 포자분출구멍이 있다. 바깥 면은 짧은 흑갈색 털로 덮여 있다. 개별적으로 자라서 집단을 이룬다. 자루 없이 기주에 직접 부착한다. 포자의 크기는 12~16×8~12×6~8μm로 표면은 매끈하고 흑갈색이며 간혹 편평한 것도 있다. 각 포자의 옆면에 의하여 크기는 변화가 있다. 발아관이 있고 가끔 끈적기가 있다. 자낭은 8-포자성으로 요오드용액 반응에서도 포자분출구멍의 색은 변하지 않는다. 측사는 안 보인다. 털은 흑갈색이고 두꺼운 벽에 매끈하며 아래로 뾰족하다. 선단의 길이는 30~55μm 정도다.

생태 연중 / 껍질이 벗겨진 불탄 나무의 썩은 곳에서 발생한다. 자작나무와 소나무를 비롯해 소, 양, 사슴, 토끼 등의 똥에서도 발생한다.

분포 한국, 유럽

검뎅이침버섯

Diaporthe pardalota (Mont.) Nitschke ex Fuckel

형태 자실체는 지름이 0.5mm로 자낭각은 검고 구형에서 서양배 모양으로 개개가 또는 작은 집단으로 나무, 기주의 껍질에 파묻혀 있다. 기주는 검은 포자분출구멍이 표피층을 뚫고 나온다. 포자분출구멍은 기주 주위를 가지색으로 물들인다. 포자의 크기는 8~15×2.5~4㎛로 1개의 격막이 있으며 기름방울을 함유한다. 표면은 매끄럽고 투명하며 양 끝은 둥글다. 자낭은 8-포자성이며 요오드용액에도 청색으로 변하지 않는다. 측사는 관찰이 안 되며 털은 없다.

생태 연중 / 나뭇가지에 발생한다. 개암나무, 버드나무 등 각종 나무에 발생한다.

분포 한국, 유럽

물집오리나무버섯

Phomopsis pustulata (Sacc.) Died
Diaporthe pustulata Sacc.

형태 자실체(자낭각)의 지름은 0.3~0.4mm로 흑색이며 5~20개가 집단으로 모여서 유백색-연한 갈색의 자좌 속에 들어 있다. 이것이 껍질을 뚫고 나와서 외부로 노출된다. 기질과 검은색 선으로 분명한 경계를 이룬다. 자좌는 방석-원추형이고 외견상으로는 갈색-흑색이며 흑색의 분출공이 새주둥이 모양으로 껍질 위에 드러난다. 포자의 크기는 13~17×2.5~5㎛로 방추형이다. 표면은 매끈하고 투명하며 중간에 1개의 격막이 있고 흔히 4개의 기름 방울이 있다. 자낭의 크기는 60~85×7~8㎛로 8-포자성이다. 자낭포자들은 불규칙하게 2열로 배열하며 선단에 둥근 고리(ring)가 있다. 측사는 관찰이 안 된다.

생태 겨울 / 단풍나무류의 죽은 가지나 껍질이 있는 잔가지에 총생한다.

분포 한국, 유럽

405

돌기오리나무버섯

Phomopsis ribicola (Sacc.) Grove
Diaporthe strumella (Fr.) Fuckel

형태 자실체(자낭각)의 지름은 0.3~0.5mm로 흑색이며 밝은 갈색의 자좌가 집단으로 껍질 밑에 묻혀 있다. 자실체와 기주의 경계가 뚜렷하지 않다. 약간 방석 모양이고 외견상으로는 검은 자좌가 껍질 표면을 뚫고 나오며 흑색에 새주둥이 모양의 분출공(각공)에 둘러싸여 있다. 포자의 크기는 13~15×3~4µm로 방추형이며 간혹 굽어 있다. 표면은 매끈하고 투명하며 중앙에 1개의 격막이 있고 보통 4개의 기름방울이 있다. 자낭의 크기는 43~51×6~8µm로 8-포자성이며 자낭포자들은 불규칙한 2열로 배열한다. 선단에 불분명한 고리가 있다. 측사는 보이지 않는다.

생태 봄 / 주로 까치밥나무류, 까마귀밥나무류 등의 죽은 가지의 껍질 밑에서 군생 · 속생한다.

분포 한국, 유럽

고랑은검뎅이침버섯

Cryptodiaporthe lirella (Moug. & Nestl.) M. Monod
Diaporthe lirella (Mougeot & Nestler) Fuckel

형태 자실체는 지름이 0.3mm 정도로 자낭각은 검고 구형이며 검은 자낭각 아래에 쌍으로 또는 3개씩 파묻힌다. 성숙하면 숙주 지역에 펴져서 난형으로 된다. 포자의 크기는 8.75~11.25× 1.25~2㎛로 표면은 매끈하고 투명하다. 1개의 격막이 있고 대부분 4개의 기름방울을 함유하며 양단은 둥글다. 자낭은 8-포자성으로 요오드용액에 의해서도 포자분출구멍의 색은 변하지 않는다. 측사는 안 보이며 털은 없다.

생태 여름~가을 / 풀밭의 죽은 줄기에 제한적으로 발생한다.

분포 한국, 유럽

자작나무은포자버섯

Cryptosporella betulae (Tul. & C. Tul.) L.C. Mejia

형태 자실체는 지름이 0.4*mm*로 자낭각은 검고 거의 구형에 기주의 껍질 안에 12개까지 파묻힌다. 검은 포자분출구멍은 파괴되어 표면으로 나온다. 보통 많은 자낭각들이 죽은 가지를 따라서 있다. 포자의 크기는 28~39×3.5~4*µm*로 표면은 매끈하고 투명하며 작은 기름방울로 가득 차 있고 양단은 둥글다. 자낭은 8-포자성이며 요오드용액으로도 포자분출구멍의 색은 변하지 않는다. 측사는 안 보이며 털은 없다.

생태 겨울~봄 / 자작나무의 죽은 가지에서 발생하는데 이 속의 버섯들은 기주가 제한되는 것들이 있다.

분포 한국, 유럽

개암은포자버섯

Cryptosporella corylina (Tul. & C. Tul.) Mejia & Castl.
Cryptospora corylina (Tul. & C. Tul.) Fuckel

형태 자실체(자낭각)의 지름은 0.3~0.5mm로 10~20개 또는 그 이상의 개별적 자실체가 방석과 같은 자좌(오렌지색) 속에 매몰되어 있다. 이 자낭각들이 껍질의 바깥층을 뚫고 나와 검은색의 구형-원추형으로 드러난다. 흔히 자낭각의 분출공(각공)은 새주둥이 모양으로 뾰족하다. 포자의 크기는 50~85×3.5~4.5μm로 가늘고 긴 원주형에 표면은 매끈하고 투명하며 약간 갈색이고 내부에 여러 개의 기름방울이 있다. 자낭의 크기는 95~130×10μm로 8-포자성이며 긴 포자가 세로로 다발 모양처럼 병렬되어 있다. 선단은 두꺼운 고리 모양이며 측사는 없다.

생태 겨울 / 껍질이 아직 남아 있는 개암나무속의 작은 껍질이나 가지에 속생하며 흔히 가지 전체를 피복한다.

분포 한국, 유럽

바늘침버섯

Gnomonia cerastis (Riess) Ces. & De Not.

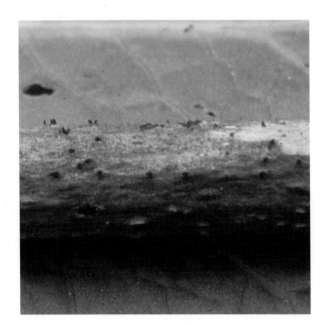

형태 자실체(자낭각)의 지름은 0.3~0.4mm로 흑색이며 기질의 내부에 매몰되어 있다가 성숙하면 침 모양으로 뚫고 나와 0.5mm 정도 돌출된다. 침상 피막은 암갈색-흑갈색이며 자루는 없다. 포자의 크기는 13~17×2~2.5μm로 방추형이다. 표면은 매끄럽고 투명하며 1개의 격막이 중간에 있다. 흔히 기름방울이 있다. 자낭의 크기는 40~50×5.5~7μm로 곤봉형이며 8-포자성으로 자낭포자는 여러 개의 불규칙한 형태로 배열하며 선단에 뚜렷한 고리를 형성한다. 측사는 없다.

생태 여름 / 전해에 떨어진 단풍나무류 잎의 엽병이나 잔가지에 군생 · 속생한다.

분포 한국, 유럽

흑오디버섯

Capronia nigerrima (R.R. Bloxam) M.E. Barr

형태 자실체는 지름이 0.1mm로 원생자낭각은 검고 부분적으로 회흑색이며 방석 모양의 자좌에 묻혀 있다. 표면은 작은 구형의 원생자낭각으로 덮여 있다. 자좌는 기주의 썩는 자실체 위에 집단으로 발생한다. 포자의 크기는 15~21×5~6.5μm로 표면은 매끄럽고 투명하며 5개의 격막을 가지나 1개의 긴 격막을 가지기도 한다. 연한 갈색이며 양 끝이 둥글다. 자낭은 8-포자성이다. 측사는 안 보인다. 털은 가시 같고 짧으며 흑갈색이다. 벽은 두껍고 매끈하다. 어떤 것들은 끝 쪽으로 가늘어지고 다른 것들은 둥글다.

생태 연중 / 썩은 나무 위에서 자라며 기질은 오래된 자실체 위에서도 발생한다. 넓은검뎅이침버섯, 마른버짐버섯속 등의 썩은 자실체에 발생한다.

분포 한국, 유럽

낫검은분생자버섯

Melogramma campylosporum Fr.
M. bulliardii Tul & C. Tul.

형태 자실체(자낭각)의 지름은 0.2~0.3mm로 검은색이며 표면이 매몰되고 회색에서 흑갈색으로 되며 방석 같고 위쪽은 편평하다. 자실체는 껍질에서 나오고 구형에서 난형으로 되며 지름은 2~3mm이다. 자실체 표면은 반점들이 있고 검은 젖꼭지 자낭각의 구멍으로 된다. 포자의 크기는 35~45×5~6μm이고 낫 모양이며 표면은 매끈하고 밝은 갈색이다. 양 끝에 3개의 격막이 있다. 자낭의 크기는 80~100×9~11μm이고 곤봉형으로 8-포자성이며 자낭포자들은 1~3개의 열을 지어 불규칙하게 배열한다. 측사는 실처럼 가늘고 길며 많은 반점이 들어 있다.

생태 봄 / 고목의 죽은 가지 껍질에 속생한다. 드문 종.

분포 한국, 유럽

뾰족원시자낭버섯

Alnecium auctum (Berk. & Broome) Voglmayr & Jaklitsch
Prosthecium auctum (Breik. & Br.) Petr.

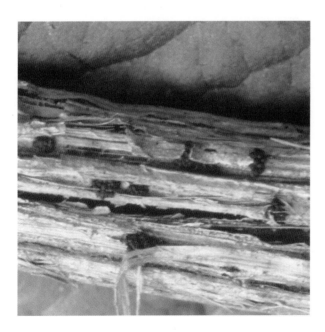

형태 자낭각은 3~7개가 집단으로 모여서 송이 모양을 이루고 크기는 0.8mm 정도며 검은색이다. 미세하게 갈라진 껍질 사이로 자낭각의 포자분출공(각공)이 돌출되는데 돌출된 분출공은 짧고 통통하며 원추형으로 보인다. 포자의 크기는 27~38×10~14 μm로 타원상-원주형이며 다소 벽이 두껍고 중앙에 1개의 격막이 있으며 응축하고 양 끝에 둥근 부속지가 있다. 표면은 투명하며 때로 갈색으로 되고 노쇠하면 3개의 격막이 생긴다. 자낭의 크기는 110×36μm로 넓은 곤봉형이다. 8-포자성이며 자낭포자들은 2~3줄로 배열한다.

생태 가을~겨울 / 오리나무류의 죽은 가지 껍질에 군생한다.

분포 한국, 유럽

지그재그버섯

Valsa cypri (Tul.) Tul. & C. Tul.

형태 자실체는 지름이 0.6㎜ 정도로 자낭각은 검고 구형이며 기질에 묻혀 있다. 포자분출구멍은 회백색이고 기주를 뚫고 나온다. 자좌는 기주 껍질을 지그재그로 찢고 나와서 주위에 떨어진다. 기주에는 1개의 자좌에 자낭각이 12개까지 모여 있다. 포자의 크기는 11~14×2~3㎛이고 표면은 매끈하고 투명하며 기름방울을 함유하며 양 끝은 둥글다. 자낭은 8-포자성으로 측사는 안 보인다. 털은 없다.

생태 늦여름~봄 / 낙엽송의 죽은 가지에 발생한다. 버드나무, 물푸레나무, 참나무류, 느릅나무, 자두나무 등에 발생한다.

분포 한국, 유럽

흑부스럼버섯

Valsaria insitiva (Tode) Ces. & De Not.

형태 자실체는 지름 0.3*mm* 정도로 자낭각은 검고 구형에서 서양배 모양으로 되며 자좌 1~10개가 모여서 파묻혀 있다가 기주의 껍질을 뚫고 나온다. 자낭각의 포자분출구멍은 회색 또는 갈색의 원반형이 표면으로 나타난다. 포자의 크기는 16~20×8~10*μm*로 표면이 매끄러우며 1개의 격막이 있고 흑갈색이며 양단은 둥글다. 자낭은 8-포자성이다. 측사는 관찰이 안 되며 털은 없다.
생태 가을~봄 / 죽은 낙엽송의 분지된 가지 위에 발생한다. 자작나무, 느릅나무, 밤나무 등에서 발생한다. 보통종이 아니다.
분포 한국, 유럽

다발포탄공버섯

Bombardia fasiculata Fr.

형태 자실체의 높이는 1.5mm, 폭은 약 0.6mm로 자낭각은 표피에 있고 좁은 곤봉 모양 또는 폭탄 모양이며 광택이 나는 흑색이다. 포자의 크기는 40×4μm로 처음에는 구형에서 원통형 또는 약간 휘었거나 물결 모양이며 투명하고 양 끝에 뾰족한 부속지가 있다. 정단 부분은 흑갈색의 타원형이고 크기는 12~14×8μm로 약간 굽었다. 기부는 원통형이며 투명하다. 자낭의 크기는 160×12μm로 원통형에 긴 자루 모양이다. 8-포자성으로 자낭포자는 2열로 배열한다. 측사는 많고 투명하다.

생태 가을 / 죽은 나무에 밀집되어 뭉쳐서 발생한다.

분포 한국, 유럽

416

연한털공버섯

Lasiosphaeria lanuginosa (P. Crouan & H. Crouan) A.H. Mill. & Huhndorf

형태 자낭과는 높이 0.36~0.74mm, 폭 0.36~0.64mm이며 젖꼭지 모양의 자낭들로 덮여 있고 순백의 백색에서 노란색 또는 연한 핑크색의 솜털이 있다. 포자의 크기는 33~60×2.5~5μm로 원통형이며 격막이 있다. 양쪽 끝이 부풀고 회초리 모양에 끈적기의 부속지가 있으며 길이는 7~40μm이다.

생태 여름 / 낙엽활엽수림의 고목에서 발견된다.

분포 한국, 북아메리카

양털공버섯

Lasiosphaeria ovina (Pers.) Ces. & De Not.

형태 자실체는 지름이 0.4~0.6mm로 구형-난형이며 표면에 회백색의 양털 같은 솜털로 피복되어 있다. 자루 없이 기주에 직접 붙는다. 털 아래의 표면은 회색-갈백색의 균사조직이 쌀겨 모양으로 피복되어 있다. 자낭각의 각공이 위쪽 꼭대기에 주둥이 모양으로 돌출되며 검은색을 나타낸다. 포자의 크기는 36~40×4~5μm로 원주형이나 만곡된다. 표면은 매끈하고 연한 황색이며 기름방울이 들어 있다. 포자 양 끝에 가끔 침 모양의 꼬리가 있다. 자낭의 크기는 180~210×16~22μm로 곤봉형이며 8-포자성에 자낭포자는 2열로 배열한다. 선단은 굴절되었다. 측사는 관찰이 안 된다.

생태 연중 / 여러 가지의 다양한 부후 목재의 표면에 속생하거나 집단으로 발생한다.

분포 한국, 유럽

418

센털공버섯

Lasiosphaeria strirgosa (Alb. & Schwein.) Sacc.

형태 자실체는 지름이 0.6~1㎜(털 포함)로 구형에서 원추형으로 된다. 바깥 면은 갈색이고 빳빳한 털 같이 직립되어 밀생한다. 자낭각은 부리 모양의 젖꼭지 모양이며 흑갈색으로 나출되었다. 자루 없이 기주에 부착한다. 포자의 크기는 32~40×5~5.5㎛로 방추형이며 약간 휘었고 표면은 매끈하고 갈색이다. 간혹 2개 또는 여러 개의 기름방울을 함유하고 중앙에 희미한 격막이 있다. 자낭의 크기는 120~150×13~14㎛로 곤봉형에 8-포자성으로 자낭포자들은 불규칙하게 2열로 배열한다. 측사는 실처럼 가늘고 길며 선단은 약간 곤봉형이고 두껍다.

생태 봄 / 여러 종류의 활엽수림의 썩은 고목이나 맨땅에 속생하여 집단으로 발생한다.

분포 한국, 유럽

419

정자공털버섯

Ruzenia spermoides (Hoffm.) O. Hilber
Lasiosphaeria spermoides (Hoffm.) Ces. & De Not.

형태 자실체는 지름이 0.6~1mm로 구형이며 표면은 거칠고 검은 색이다. 자낭각은 새부리 모양의 젖꼭지 모양이고 가끔 술타래 (총채)처럼 되는데 이것은 포자가 낙하하여 백색덩어리가 쌓이기 때문이다. 자실체는 보통 밀집하여 촘촘하게 집단을 이루는데 가끔 겹쳐진 모양을 형성한다. 포자의 크기는 20~23×4μm이며 원통형으로 휘었고 표면은 매끈하여 투명하고 여러 개의 기름방울과 알갱이를 함유하며 가끔 희미한 격막이 있다. 자낭의 크기는 100~112×10μm로 불규칙한 주머니 모양이며 8-포자성이고 자낭포자들은 불규칙한 2열로 배열한다. 꼭대기는 분명한 고리가 있다. 측사는 실 모양이며 격막은 없다

생태 연중 / 숲속의 죽은 나무의 껍질 또는 껍질이 벗겨진 곳에 군생한다.

분포 한국, 유럽

술잔껍질버섯

Chitonospora ammophila Bomm., Rouss. & Sacc.

형태 자실체의 지름은 0.3㎜ 정도로 아주 작은 버섯이다. 원생자낭각은 구형이고 기질 내에 들어 있으며 미세한 검은색이고 포자분출공(각공)을 가지고 있다. 자낭각이 성숙하면 나무껍질의 일부가 찢어져 드러나 흩어져서 보인다. 포자의 크기는 23~29×10~14㎛로 타원상-방추형이고 3개의 격막이 있으며 갈색에 벽이 매우 두껍고 뚜렷한 이중막으로 되어 있다. 자낭은 좁은 곤봉상이고 8-포자형으로 자낭포자들은 2열로 배열한다. 벽이 두껍다.

생태 초본류의 죽은 잎 또는 죽은 나무 밑동에 산재하여 발생한다.

분포 한국, 유럽

부푼검은구멍버섯

Anthostoma turigidum (Pers.) Nitschke

형태 자실체는 지름이 2*mm*로 자낭각은 검은색이며 거의 구형이다. 표면은 작은 검은 원반이 있는 중앙을 자낭각이 뾰족하게 덮고 있다. 검은 자좌가 묻힌 곳은 3~6개씩 집단으로 발생한다. 자낭각은 반구형의 연한 회색이 융기가 되어 기주의 껍질을 뚫고 나와서 넓게 펴진다. 포자의 크기는 10~13×5~6*μm*로 표면은 매끈하며 흑갈색에 발아관이 있으며 양 끝이 둥글다. 자낭은 8-포자성으로 측사는 가늘고 선단은 둥글다. 털은 없다.
생태 연중 / 너도밤나무의 죽은 가지에 자라며 주위를 적갈색으로 물들인다.
분포 한국, 유럽

원반검뎅이침버섯

Diatrype disciformis (Hoffm.) Fr.

형태 자실체(자좌)의 지름은 0.2~0.4㎜ 정도이고 검은색, 흑갈색이다. 백색 표면에 1~2층으로 묻혀 있다. 자좌는 흔히 둥글고 방석 모양이며 위는 편평하고 거의 원형이다. 1개 또는 여러 개가 같이 자란다. 표면은 편평하나 약간 거친 면이 보이기도 한다. 이는 자낭각의 각공이 드러나기 때문이다. 절단한 내부는 백색 1~2층으로 자낭각이 들어 있다. 포자의 크기는 7~9×1.5~2 ㎛로 소시지형이며 표면은 매끄럽고 연한 갈색이다. 자낭의 크기는 30~40×5㎛이고 8-포자성으로 자낭포자들은 불규칙한 2열로 배열하며 선단에 고리 모양이 있다. 측사는 관찰이 안 되며 털은 없다.

생태 가을~봄 / 너도밤나무, 참나무류 또는 다른 활엽수의 나무 껍질을 뚫고 나온다.

분포 한국, 유럽

넓은검뎅이침버섯

Diatrype stigma (Hoffm.) Fr.

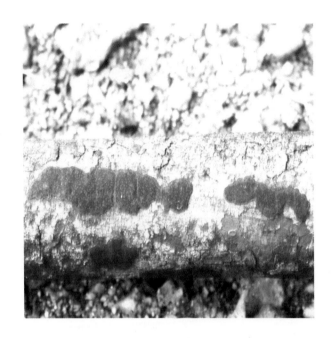

형태 자실체(자좌)는 나무껍질 속에 묻혀 있다가 팽창하면서 껍질을 깨고 밖으로 노출된다. 처음에는 지름 수cm 정도의 작은 형태로 노출되어 다소 둥글게 방석 모양으로 나무껍질 밑으로 퍼지면서 넓은 면적의 껍질이 떨어진다. 자좌의 표면은 어릴 때 적갈색을 띠고 후에는 흑갈색을 띤다. 자좌를 절단해보면 내부는 유백색-크림색의 층이 있고 그 층 안에 다수의 흑색 자낭각이 점 모양으로 산재되어 있다. 자낭각은 지름이 0.2~0.3mm이다. 자좌의 표면은 흔히 갈라지고 셀 수 없는 점 모양의 미세한 돌출이 생기는데 이는 자낭각의 자낭포자를 내보낼 포자분출공(각공)이 된다. 포자의 크기는 8~12×2μm로 소시지형이다. 표면은 매끈하고 연한 갈색이며 양 끝에 작은 기름방울이 들어 있다. 자낭의 크기는 35~40×5~6μm로 곤봉형에 8개의 포자가 있고 불규칙한 2열로 배열되어 있다. 선단에 두꺼운 고리가 있다. 측사는 보이지 않는다.

생태 연중 / 참나무, 너도밤나무, 산사나무류 등 각종 활엽수의 죽은 가지에 발생한다.

분포 한국, 일본, 유럽

참고 이 버섯의 불완전세대는 주홍꼬리버섯이다. 표고 재배용 참나무 골목에 심각한 피해를 주는 주요 해균이다.

사마귀흑침버섯

Diatrypella favacea (Fr.) Ces. & De Not.
D. verruciformis (Ehrh.) Nitschke

형태 자낭각의 지름은 0.4~0.6mm로 검은색이고 보통 표면은 흑갈색의 자좌에 있는 2층 안에 파묻혀 있지만 백색이다. 둥글고 각진 또는 늘어지고 방석 같은 것에서 원추형의 자좌가 나오는데 성숙할 때 껍질로부터 나오며 껍질 표면의 찢어진 엽편에 의하여 둘러 싸여 있다. 표면은 사마귀점이 있고 거의 눈에 보이는 자낭각의 주둥이를 가지고 있다. 포자의 크기는 6~8×1.5μm로 소시지형에 밝은 갈색이고 표면은 매끈하다. 자낭의 크기는 150~160×9~12μm이며 많은 포자를 함유하고 선단은 고리를 가진다. 측사는 실 모양이며 굵기는 2~3μm이다.

생태 겨울~봄 / 활엽수의 죽은 가지 등걸 등에 군생·속생하여 분지된 전체를 감싸고 있다.

분포 한국, 유럽

참나무사마귀흑침버섯

Diatrypella quercina (Pers.) Cooke

형태 자실체(자좌)의 자낭각은 지름이 0.4~0.6mm로 자낭각이 모여 있는 자좌는 2~3mm 정도다. 자좌는 나무껍질 속에 묻혀 있다가 성숙하면 팽창되어 껍질을 뚫고 밖으로 노출된다. 색은 흑색이고 대체로 둥글며 방석 같은 모양이다. 표면은 노출된 자낭각의 각공으로 인해서 거칠게 요철이 보이고 주름이 잡히기도 한다. 검은색의 자좌를 절단해보면 내부는 백색-연한 갈색이며 10~20개에 달하는 다수의 자낭각이 들어 있다. 자낭각은 1개의 층으로 이뤄지며 크기는 0.4~0.6mm이다. 자낭각의 포자분출구멍은 육안으로도 관찰이 된다. 포자의 크기는 7~8(10)×2μm로 소시지형이고 표면은 매끈하며 연한 갈색이다. 때때로 양 끝에 2개의 기름방울이 있다. 자낭의 크기는 70~80×7~12μm로 밑동이 매우 가는 곤봉형이며 내부에 수많은 포자가 있다. 선단에 고리가 있다. 측사는 실처럼 가늘고 길다.

생태 가을~봄 / 주로 참나무류, 때로는 버드나무류의 죽은 가지나 껍질에 속생하며 간혹 가지 전체에 피복되기도 한다.

분포 한국, 유럽

황록마른버짐버섯

Eutypa flavovirens (Pers.) Tul. & C. Tul.

형태 자낭각은 지름이 0.4~0.5mm로 검은색이고 검은 표피에 묻혀 있다. 자좌는 암모니아 색소에서 녹황색으로 된다. 나무껍질의 표면에 생긴다. 자낭각은 작은 mm²에서 수 cm²에 이르도록 펴진다. 표면은 결절형이고 사마귀 반점을 가지고 있어 거칠다. 자낭각의 포자분출구멍은 거의 보이지 않는다. 포자의 크기는 6~8×2~2.5μm로 소시지형에 표면은 매끈하고 투명하나 약간 갈색으로 된다. 자낭은 8-포자성으로 포자들은 2열로 배열하며 꼭대기에 고리가 있고 크기는 30~40×5~6.5μm 정도다. 측사는 관찰되지 않는다.

생태 연중 / 활엽수의 죽은 가지에 속생한다. 개암나무, 참나무류 등의 죽은 나무의 껍질에 난다. 단생 · 속생한다.

분포 한국, 일본, 유럽

단풍마른버짐버섯

Eutypa maura (Fr.) Sacc.
E. acharii Tul. & C. Tul.

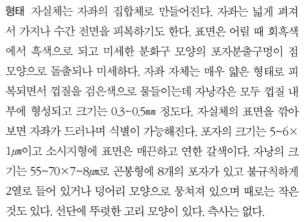

형태 자실체는 자좌의 집합체로 만들어진다. 자좌는 넓게 펴져서 가지나 수간 전면을 피복하기도 한다. 표면은 어릴 때 회흑색에서 흑색으로 되고 미세한 분화구 모양의 포자분출구멍이 점 모양으로 돌출되나 미세하다. 자좌 자체는 매우 얇은 형태로 피복되면서 껍질을 검은색으로 물들이는데 자낭각은 모두 껍질 내부에 형성되고 크기는 0.3~0.5mm 정도다. 자실체의 표면을 깎아보면 자좌가 드러나며 식별이 가능해진다. 포자의 크기는 5~6×1μm이고 소시지형에 표면은 매끈하고 연한 갈색이다. 자낭의 크기는 55~70×7~8μm로 곤봉형에 8개의 포자가 있고 불규칙하게 2열로 들어 있거나 덩어리 모양으로 뭉쳐져 있으며 때로는 작은 것도 있다. 선단에 뚜렷한 고리 모양이 있다. 측사는 없다.

생태 봄 / 껍질이 없는 단풍나무의 가지나 수간에 주로 나며 너도밤나무에도 발생한다.

분포 한국, 중국, 유럽

참고 단풍나무 등 수피가 회흑색-검은색이 되며 자좌가 회흑색-흑색으로 넓게 피복한다.

냄새참버섯

Eutypella alnifraga (Wahl.) Sacc.

형태 자실체는 지름이 1~2cm 정도로 둥글고 방석 모양이며 검은색이다. 내부는 밝은 갈색으로 자낭각이 10~20개 정도 뭉쳐서 딸기 모양처럼 표면을 형성한다. 자낭각의 지름은 0.2~0.4mm이며 검은색이다. 포자의 크기는 7~9×1.5~2μm에 소시지형이고 표면은 매끈하며 연한 갈색에 2개의 기름방울이 있다. 자낭의 크기는 30~40×4~5μm로 8-포자성이며 자낭포자들은 2열로 배열한다. 선단에 분명한 고리가 있다. 측사는 없다.

생태 연중 / 나무껍질이 있는 오리나무의 죽은 가지에서 난다. 속생하거나 때로는 가지 전체를 덮는다.

분포 한국, 유럽

429

주사위냄새참버섯

Eutypella quaternata (Pers.) Rappaz

형태 자실체의 지름은 0.8mm로 자낭각은 흑색이고 구형이며 갈색-흑색으로 된 자좌에 묻혀 있다. 자좌에 보통 4개 또는 5개의 돌출된 포자분출구멍을 가지고 있다. 기주는 거칠고 회색의 돌기가 완전히 싸여 있다. 포자의 크기는 13~21×2.5~3.5μm이고 연한 갈색이며 굽어 있고 양단은 둥글다. 자낭은 8-포자성으로 요오드용액에도 포자분출구멍은 청색으로 변색하지 않는다. 측사는 없으며 털도 없다.

생태 늦여름~봄 / 자작나무의 죽은 등걸, 분지된 가지에 군생한다. 기주가 제한적이다. 보통종.

분포 한국, 유럽

주홍꼬리버섯

Libertella betulina Desm.

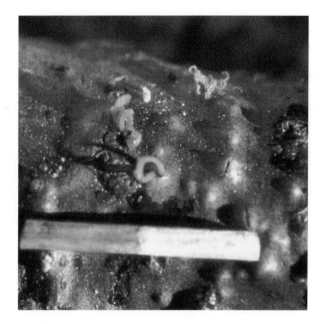

형태 흔히 자낭포자를 만들지 않고 분생포자로 번식한다. 나무 껍질 외부에 길이 1㎝ 내외의 주황색 점질물질이 요충이나 돼지 꼬리 형태로 발생하며 일부는 서로 엉키기도 한다. 이 돼지 꼬리 모양의 점질물은 포자각이며 이 포자를 현미경으로 보면 굽은 바늘 모양의 분생포자가 조그만 덩어리마다 수억 개씩 발견된다. 분생포자는 불완전세대를 계속하며 균이 확산된다. 가을에 나무 껍질이 박리될 때 껍질 부분에서 주홍꼬리버섯의 자낭각이 발견된다.

생태 5~6월경의 표고 접종시기인 봄철부터 나무껍질에 발생한다.

분포 한국, 일본

참고 검뎅이침버섯류(Diatrype)의 불완전세대로 알려져 있다. 주홍꼬리버섯은 골목의 껍질 속에서 균이 자라기 때문에 방제가 어렵다.

뭉친빵팥버섯

Annulohypoxylon cohaerens (Pers.) Y.M. Ju, J.D. Rogers & H.M. Hsieh
Hypoxylon cohaerens (Pers.) Fr.

형태 자실체는 지름 2~9mm, 높이 1~4mm로 일반적으로 나무껍질을 뚫고 밖으로 나온다. 자좌는 편구형이고 위쪽은 편향된 편평형이며 기부는 짧고 미세한 가루상에 흑색이고 속은 백색의 목질이다. 표면은 돌출된 포자분출구멍이 있다. 포자의 크기는 9~10×4~4.5μm로 타원형이며 광택이 난다. 표면은 매끈하며 암갈색이다. 자낭의 크기는 350~400×250~312μm로 거의 구형 또는 타원형이다. 8-포자성으로 자낭포자는 1열로 배열한다. 측사는 실 모양으로 가늘고 길다.

생태 자좌는 나무껍질을 파괴하고 나온다. 활엽수림에 군생한다.

분포 한국, 중국

가는빵팥버섯

Annulohypoxylon minutellum (Syd. & P. Syd.) Y.M. Ju, J.D. Rogers & H.M. Hsieh

형태 자실체는 지름이 12㎜로 자낭각은 중앙에 젖꼭지 모양의 포자분출구멍이 있고 불규칙한 방석 모양으로 갈색의 자좌에 파묻힌다. 자좌당 8개의 자낭각이 있고 각자가 집단을 형성하여 성장한다. 자좌는 흔히 서로 경계가 지어진다. 포자의 크기는 7.5~9×3.75~5㎛로 콩팥 모양 또는 방추형이다. 표면은 매끄럽고 투명하며 1~2개의 기름방울을 함유한다. 발아관이 있으며 양 끝은 둥글다. 자낭은 8-포자성으로 요오드용액에 반응하여 포자분출구멍이 청색으로 물든다. 측사는 안 보이며 털은 없다.

생태 썩은 참나무류 위에 발생하며 때때로 오리나무 위에서도 발생한다.

분포 한국, 유럽

다형빵팥버섯

Annulohypoxylon multiforme (Fr.) Ju., Rog. & Hsieh
Hypoxylon multiforme (Fr.) Fr.

형태 자실체(자좌)는 방석 모양, 둥근 모양 또는 가늘고 긴 모양 등이다. 처음에는 녹슨 붉은색이다가 후에는 암갈색-흑색이 된다. 표면은 지름이 1(2)~3㎝ 정도에 이르며 서로 융합되기도 하고 껍질이 없는 경우에는 더 넓게 퍼지기도 한다. 표면은 다소 울퉁불퉁하게 거칠며 작은 둔덕 모양으로 부풀어서 높이는 7㎜ 정도에 이르기도 한다. 부서지기 쉽다. 미세하게 반점 모양으로 돌출하는데 자낭각의 분출공(각공)이 돌출된 것이다. 자낭각은 외피 가까이 밀포되어 있다. 포자의 크기는 $9\sim11\times4.5\sim5\mu m$로 콩팥 모양인데 한쪽이 편평하며 표면은 매끈하고 암갈색이다. 때때로 1개의 기름방울이 있으며 발아관이 있다. 자낭의 크기는 $80\sim90\times6\sim7\mu m$로 8-포자성이며 자낭포자들은 1열로 배열한다. 측사는 실처럼 가늘고 드물게 포크형이나 거의 관찰이 안 된다.
생태 연중 / 자작나무 등 쓰러진 활엽수 수간의 껍질 표면 위로 퍼진다.
분포 한국, 유럽

두드러기빵팥버섯

Annulohypoxylon thouarsianum (Lév.) Y.M. Ju, J.D. Rogers & H.M. Hsieh
A. thouarsianum var. thouarsianum (Lév.) Y.M. Ju, J.D. Rogers & H.M. Hsieh

형태 자실체는 지름 0.8~5cm, 두께 0.4~3cm로 반구형에서 구형으로 되며 자루는 없다. 표면은 석탄덩어리 같은 흑갈색이며 밋밋하거나 거칠고 돌출된 자낭을 가진다. 자낭각은 구형에서 압축된 구형이며 불확실한 자낭각의 포자분출구멍을 가진다. 표피 아래에 알갱이가 있고 흑색이며 둔한 녹색을 띠기도 한다. 자낭각 층의 아래 조직은 목질이고 흑갈색이며 포자분출구멍의 지름은 0.2~0.5mm이다. 포자의 크기는 14~24×4~6μm로 부등의 타원형에 표면은 매끈하고 주름지며 양 끝이 좁다. 발아관은 곧고 한쪽 면이 납작하다. 밝은 갈색에서 갈색으로 된다. 자낭의 크기는 130~140×6~10μm로 자낭포자들은 1열로 배열하지만 겹친 것도 있다. 자낭은 길이 30~40μm에 원통형이다. 자낭각은 지름 300~700μm, 높이 500~1,300μm이며 난형이다. 측사는 쉽게 용해한다.

생태 연중 / 고목의 표면에 난다.

분포 한국, 유럽

잘린빵팥버섯

Annulohypoxylon truncatum (Schw.) Ju., Rog. & Hsieh
Hypoxylon truncatum (Schw.) Mill.

형태 자실체(자좌)는 반구형 또는 타원형인데 서로 유착되어 부정형이 되기도 한다. 개체 크기는 1㎝ 이하고 흑색이다. 표면에는 오디 모양으로 많은 점상돌기가 형성된다. 자낭각은 매몰되어 있거나 반쯤 매몰되어 있다. 흔히 나무껍질 위에 밀포되어 있다. 포자의 크기는 10~12×5~5.5㎛로 불규칙한 타원형이고 표면은 매끈하며 흑갈색이다. 2개의 격막을 가진 것도 있다.
생태 여름~가을 / 참나무류 등 각종 활엽수의 죽은 가지나 줄기 표면에 속생한다. 흔한 종.
분포 한국, 일본, 유럽

붉은광택구멍버섯

Anthostomella rubicola Seg. ex Sacc. & Trotter

형태 자실체의 지름은 0.8mm으로 자낭각은 중앙에 젖꼭지 모양의 포자분출구멍을 가지고 있으며 하나하나 자실체 개체의 아래에 있고 광택이 난다. 흑색의 방패 모양으로 기주 표면을 염색하면 보인다. 포자의 크기는 22~30×5~6μm로 방추형이며 표면은 매끄럽다. 기부에 하나의 격막이 있고 자낭에서는 투명하며 방출 시 큰 갈색의 세포들이고 작은 투명한 기부 세포를 가진다. 자낭은 8-포자성으로 요오드용액에 반응하여 포자분출구멍이 청색으로 물든다. 측사는 가늘고 격막이 있으며 끝은 둥글다. 털은 없다.

생태 연중 / 흑딸기나무의 죽은 줄기 위에 군생하는 것으로 기질이 한정된다.

분포 한국, 유럽

털광택구멍버섯

Anthostomella tomicoides Sacc.

형태 자실체는 지름이 0.5mm로 자낭각은 중앙에 젖꼭지 모양의 포자분출구멍을 가지며 자실체 아래에 있다. 광택이 나며 흑색에 방패 모양으로 숙주 표면을 염색하면 보인다. 포자의 크기는 14~20×5~8μm로 콩팥 모양 또는 방추형에 1개의 격막이 있고 어릴 때 기름방울을 함유하는 것도 있으며 갈색이다. 발아관이 있고 양 끝에 작은 투명한 세포들이 있으며 양쪽 끝은 둥글다. 자낭은 8-포자성이다. 요오드용액으로 염색하면 포자분출구멍이 청색으로 변색한다. 측사는 안 보이며 털은 없다.

생태 여름~가을 / 검은 딸기, 식물의 죽은 줄기에 발생한다. 기주는 삼, 갈대의 줄기, 사초과식물 등이다.

분포 한국, 유럽

쌍두민팥버섯

Biscogniauxia anceps (Sacc.) J.D. Rogers, Y.M. Ju & Cand.

형태 자실체는 지름이 35㎜로 자낭각은 불규칙하게 산재한다. 검은 자좌, 회색의 배꼽 모양의 포자분출구멍은 불규칙하게 산재한다. 표면이 터진 자좌는 숙주의 표면을 덮는다. 포자의 크기는 12~17×7~9㎛이며 부등의 타원형이다. 표면은 매끈하고 투명하며 1개의 격막이 한쪽에 치우쳐 있고 어릴 때 2~3개의 기름방울을 함유한다. 처음엔 투명하나 큰 세포들은 갈색이 된다. 발아관이 있고 양 끝은 둥글다. 자낭은 8-포자성으로 요오드용액 반응으로 포자분출구멍이 청색으로 염색된다. 측사는 가늘고 끝이 둥글다. 털은 없다.

생태 연중 / 낙엽송 위에 자라며 이외에 오리나무, 개암나무, 참나무류, 서나무 등에 밀집하여 군생한다. 보통종이 아니다.

분포 한국, 유럽

검은점민팥버섯

Biscogniauxia atropunctata (Schwein) Pouzar

형태 자실체(자좌)는 길이 2~50cm, 폭 2~25cm, 두께 0.4~0.7mm
로 바깥의 찢어진 층은 얇고 백색이었다가 검게 된다. 성숙하면
검은 포자분출구멍에 의하여 백색의 점상이었다가 결국 거의 모
두가 검게 된다. 표면 아래는 탄소층이며 자낭각은 난형으로 폭
은 0.2~0.3mm, 높이는 0.3~0.5mm이다. 포자분출구멍은 자낭각의
표면보다 약간 높고 젖꼭지 모양으로 열려 있다. 포자의 크기는
23~30×11.5~14.5μm로 타원형에 둥근 끝을 가진다. 표면은 매
끄럽고 곧은 발아관이 있으며 갈색에서 검은 갈색이 된다. 자낭
의 크기는 150~170×16~18μm로 선단은 아미로이드 반응을 나
타낸다.
생태 여름 / 침엽수, 참나무류 숲의 쓰러진 나무나 껍질이 벗겨
진 표면에 군생한다.
분포 한국, 유럽, 북아메리카

회색민팥버섯

Biscogniauxia mediterranea (De Not.) Kuntze
Hypoxylon mediterraneum (De Not.) Ces. & De Not.

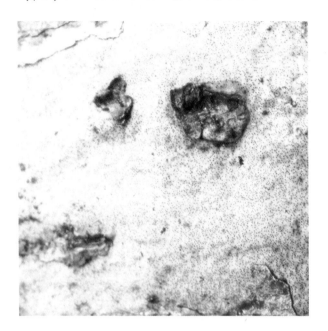

형태 자실체는 나무껍질에 솟아 있고 불규칙한 둥근형에서 게 등껍질처럼 된다. 표면은 cm의 크기로 여러 번 장방형으로 펴지고 작은 점 모양의 미세한 돌출은 자낭각의 포자분출공이다. 자낭각의 지름은 4~5mm로 흑색이며 고르게 자좌에 분포하고 내부에 1층으로 편평하게 묻혀 있다. 검은색의 자좌는 바깥층에 검은 갈색의 입이 열려 있다. 포자의 크기는 17~24×7~10μm로 좁은 타원형에 표면은 매끈하고 1개의 기름방울을 함유하며 불분명한 발아관이 있고 흑갈색이다. 자낭의 크기는 150~185×7~12.5μm이고 8-포자성으로 자낭포자들은 1열로 배열한다. 선단은 원반 모양으로 아미로이드 반응을 나타낸다. 측사는 원통형으로 불분명하게 보이며 수없이 많다.

생태 연중 / 침엽수, 특히 참나무류, 활엽수의 껍질 위에 흑회색의 얇은 층을 이루면서 넓게 펴진다.

분포 한국, 유럽

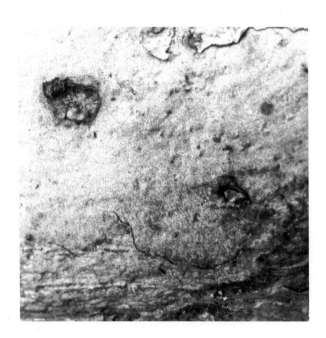

넓은민팥버섯

Biscogniauxia repanda (Fr.) Kuntze

형태 자낭각의 지름은 4~5mm로 흑색이며 내부에 1층으로 편평하게 묻혀 있다. 검은색의 자좌는 바깥층에 검은 갈색의 입이 열려 있다. 표면은 *cm*의 크기로 여러 번 장방형으로 펴지고 작은 점 모양의 미세한 돌출은 자낭각의 포자분출공으로 젖꼭지 모양이다. 가장자리는 올라간다. 포자의 크기는 10~12×4.5~5μm로 타원형이고 곧은 발아관을 가진다. 표면은 매끄럽고 1개의 기름방울을 함유하며 흑갈색이다. 자낭의 크기는 150~185×7~12.5μm이고 8-포자성으로 자낭포자들은 1열로 배열한다. 선단은 원반 모양이며 멜저액 염색에 의해 아미로이드 반응을 보인다. 측사는 원통형이며 불분명하게 보이나 수없이 많다.

생태 연중 / 나무껍질에서 나오고 불규칙한 둥근형에서 계등껍질처럼 된다. 팥배나무 위에서 발견되는 검은 배상체의 자좌로 회색민팥버섯과 구분이 된다.

분포 한국, 유럽

441

원반흑색민팥버섯

Biscogniauxia nummularia (Bull.) Kuntze
Hypoxylon nummularium Bull.

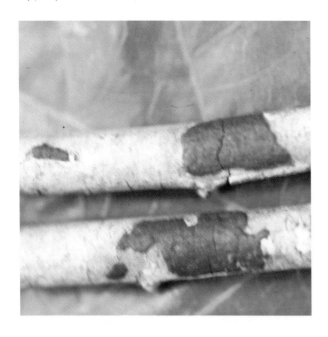

형태 자실체는 원형 또는 타원형을 이루다가 부근의 자좌와 융합되면서 불규칙한 형태로 펴진다. 처음에는 밝은 갈색이나 곧 검은색이 되고 성숙하면 다소 광택이 있다. 표면에는 미세한 자낭각의 포자분출공(각공)이 돌출된다. 포자의 크기는 11~14× 7~10μm로 광타원-아구형이다. 자낭의 크기는 95~125×9~12μm 로 원주형에 8-포자성이다.

생태 연중 / 참나무류, 너도밤나무 등의 껍질이 있거나 없는 나무의 표면에 생기며 껍질 위로 돌출된다. 때로는 상처 부위에 침입하여 수목의 해균이 되기도 한다.

분포 한국, 유럽

참고 목질 표면에 불규칙한 형태로 자좌가 펴진다. 밝은 갈색이나 곧 검은색이 된다.

곤봉콩버섯

Daldinia clavata Henn.

형태 자실체의 크기는 0.5~5×0.8~4cm로 구형의 결절형이고 바깥 면은 밋밋하며 자낭각 입(포자분출구멍)을 동시에 가지고 있는 것도 있고 없는 것도 있다. 밤색에서 회먹물색으로 되며 노쇠하면 검게 되거나 칙칙하다. 칙칙한 오렌지-갈색 또는 칙칙한 적갈색의 알갱이가 표면 아래에 있다. 육질은 검은 띠와 백색의 띠 2개를 가진다. 자낭각은 지름 0.3~0.5mm, 높이 0.7~1.5mm이며 자루는 없지만 아주 짧은 것을 가진 것도 있는데 강하다. 포자의 크기는 12~16.5×7.5μm로 부등의 타원형에 양쪽 끝은 좁고 둥근형이다. 1-세포성으로 곧은 발아관이 있다.

생태 연중 / 침엽수에 단생하지만 이것이 집합하여 집단을 형성한다.

분포 한국, 유럽, 북아메리카

콩버섯

Daldinia concentrica (Bolt.) Ces. & De Not.
D. tuberosa (Scop.) J. Schröt.

형태 실체(자좌)의 크기는 1~4×1~3cm로 구형 또는 불규칙한 구형-방석 모양 등 다양한 형태를 가지고 있다. 표면은 다소 울퉁불퉁하게 결절이 되기도 한다. 적갈색에서 검은색으로 된다. 표면은 밋밋한 편이면서 미세한 작은 점이 도드라져 있는데 이는 자낭각의 분출공(각공)이 돌출된 것이다. 자실체를 수직으로 절단해보면 동심원상으로 검은색의 테와 유백색의 테가 드러난다. 자낭각은 맨 위 표면층에 생긴다. 자루는 없다. 포자의 크기는 14~16×6~8μm로 광타원-콩 모양에 한쪽 면이 편평하고 드물지만 분명한 발아관이 있다. 표면은 매끈하고 암갈색이며 1개의 기름방울이 있다. 자낭의 크기는 210~211×12μm이고 8-포자성이며 자낭포자들은 1열로 배열한다.
생태 여름~가을 / 참나무류, 오리나무류, 물푸레나무류 등 각종 활엽수의 죽은 가지나 줄기에 난다. 나무껍질 위에서 발생하며 매우 흔하다.
분포 한국 등 전 세계
참고 절단면의 나이테는 1년에 1개씩 만들어진다.

큰콩버섯

Daldinia grandis Child

형태 자실체는 가운데가 들어간 구형에서 반구형으로 되며 폭은 2.5×8cm, 높이는 1.5~5.5cm이고 표면은 밋밋하다. 확실한 자낭각이 있고 자갈색이며 노쇠하면 광택이 나는 흑색이다. 칙칙한 적갈색의 알갱이가 표피 바로 아래에 있다(생생한 자색에서 검은 생생한 KOH-추출 색소로 된다). 내부 피층조직에서 나무까지의 두께는 0.3~0.8mm이며 흑갈색 지대는 두께 0.8~2mm에 회색에서 회갈색 지대로 된다. 신선할 땐 끈적기가 있고 건조 시엔 굳어지고 단단하다. 자루는 거의 없다. 포자의 크기는 14~22×7~11μm로 직선의 발아관이 있으며 한쪽이 볼록한 면이고 포자주위막이 있다. 표면은 매끈하고 흑갈색이다. 자낭의 크기는 220~250×10~13μm로 선단은 멜저액으로 염색하면 청색으로 된다.

생태 침엽수림에서 단생하며 가끔 집단으로 발생하기도 한다.

분포 한국, 북아메리카, 남아메리카

방콩버섯

Daldinia verunicosa Ces. & De Not.

형태 자실체는 지름이 10mm 정도로 자좌는 불규칙한 구형이며 갈색에서 흑색으로 된다. 표면에는 포자분출구멍에 의하여 생성된 작은 구멍들이 있다. 자실체를 수직으로 절단해보면 한가운데가 비었고 동심원상으로 검은색의 테가 드러난다. 자낭각은 맨 위 표면층에 생긴다. 자루는 없다. 포자의 크기는 7~12×4.5~7 μm로 부등의 콩팥 모양 또는 부등의 타원형이다. 검은 갈색에서 흑색으로 되며 표면은 매끄럽고 발아관이 있으며 양 끝은 둥글다. 자낭은 8-포자성으로 요오드용액에 의해 포자분출구멍이 청색으로 된다. 측사는 가늘고 격막이 있으며 선단은 둥글다. 털은 없다.

생태 여름~가을 / 고목의 껍질을 뚫고 군생 또는 불에 탄 나무의 가지에 군생한다.

분포 한국, 일본 등 전 세계

참고 콩버섯과 비슷하지만 포자의 속이 동공인(비어 있는) 점이 다르다.

점박이팥버섯

Hypoxylon fragiforme (Pers.) J. Kickx f.

형태 자실체(자좌, stroma)는 기질의 나무껍질 위에 넓게 부착되며 폭은 4~6(10)㎜이다. 어릴 때는 계피색 또는 벽돌 적색이나 후에 갈색-흑색이 된다. 공 모양으로 표면에 무수한 점 모양 또는 젖꼭지 모양의 작은 돌기가 돌출되어 있는데 이는 자낭각의 분출공(각공)이다(어릴 때는 다소 밋밋해 보이나 성숙하면서 돌출이 심해진다). 절단해보면 중앙이 비어 있고 자실층탁이 외피 안쪽으로 테 모양을 형성한다. 이 테 모양의 자실층탁에 자낭각이 1~2층으로 들어 있다. 자낭각의 지름은 0.3~0.5㎜이고 흑색이다. 포자의 크기는 10.5~13×5~6㎛로 불규칙한 타원형이며 표면은 매끈하고 암갈색이다. 발아관이 있고 간혹 1개의 기름방울이 있다. 자낭의 크기는 150×8~9㎛ 정도다. 8-포자성으로 8개의 포자가 1열로 들어 있다. 측사는 실 모양이지만 눈에 뚜렷하게 보이지 않는다.

생태 연중 / 주로 참나무류, 너도밤나무 등의 줄기나 가지에 군생한다.

분포 한국, 일본, 유럽

흑갈색팥버섯

Hypoxylon fuscum (Pers.) Fr.

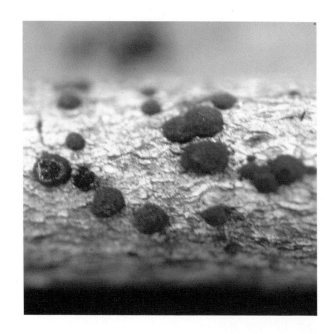

형태 자낭각의 지름은 0.3~0.4mm로 검은색이며 고르게 한 층에 매몰되어 있는데 표면은 적갈색의 자좌이다. 불규칙하게 둥근 것이 각진 상태다. 약간 구형의 자좌 껍질에서 나오고 4~5mm 또는 집단의 자실체가 떨어진 것처럼 나온다. 자좌 속은 흑갈색이다. 바깥 면은 고르지 않고 거칠며 규칙적으로 흑색이 있고 가끔 짙은 검은색이다. 자낭각의 포자분출공이 있다. 포자의 크기는 12~13×5~6μm로 부등의 타원형에 한쪽 면이 납작하고 흑갈색이며 발아관이 있다. 자낭의 크기는 130~140×8μm로 8-포자성이며 자낭포자는 1열로 배열한다. 측사는 관찰되지 않는다.
생태 연중 / 자실체가 기주 전체를 뒤덮거나 죽은 고목의 가지에 군생·속생한다.
분포 한국, 유럽

애기붉은팥버섯

Hypoxylon howeanum Peck

형태 자실체(자좌)는 반구형으로 밑동이 기질에 약간 좁게 부착된다. 자실체의 폭은 0.3~0.8(1.5)cm, 높이는 0.2~0.6(1)cm 정도며 흔히 인접한 자좌가 서로 융합되기도 한다. 녹슨-적갈색인데 점차 암갈색-흑색으로 변한다. 표면은 자낭각이 매몰되어 있어서 불분명하게 또는 분명하게 요철이 생긴다. 코르크질-목질이고 자좌의 내부 속 층은 암갈색-흑색으로 때에 따라서는 동심원상의 테 무늬가 나타나기도 한다. 자낭각은 표피 부근에 1층으로 매설되어 있고 지름이 0.2~0.4mm 정도로 극히 미세하다. 포자의 크기는 6~9×3~4.8μm로 타원-방추형이며 부등변 형태이고 갈색-암갈색이다. 자낭은 8-포자성으로 요오드용액에 반응하여 포자분출구멍이 청색으로 염색된다.

생태 여름~가을 / 참나무류, 개암나무, 밤나무, 단풍나무, 오리나무 등 활엽수의 쓰러진 나무에 난다.

분포 한국, 유럽 등 전 세계

붉은팥버섯

Hypoxylon rubiginosum (Pers.) Fr.
Hypoxylon rubiginosum (Pers.) Fr. var. rubiginosum

형태 자실체(자좌)는 편평하고 넓게 펴지는데 두께는 1~3mm이며 서로 접착해서 부정형이 되기도 한다. 표면은 벽돌색, 적자색 또는 황토 갈색-녹슨 갈색이다. 성숙한 후에는 검은색이 된다. 커가는 단계별로 색이 달라진다. 표면에 결절이 많이 생기며 때로는 얕은 골이 파이기도 한다. 미세한 점 모양의 흰색 자낭각의 분출공(각공)이 돌출된다. 자좌의 내부는 황토-갈색이다. 자낭각이 여러 층으로 들어 있고 둥근 모양이며 크기는 0.3~0.8mm로 흑색이다. 포자의 크기는 10~12×4.5~5.5μm로 광타원-콩 모양이다. 표면은 매끈하고 암갈색이며 한쪽이 편평한 편이고 1개의 기름방울과 발아관이 있다. 자낭의 크기는 120~130×5.5~8μm로 원주형이며 8-포자성이고 자낭포자들은 1열로 배열한다. 측사는 실처럼 가늘고 거의 눈에 안 보인다.

생태 연중 / 죽은 활엽수의 껍질 위 또는 껍질이 없는 목재 위에 난다.

분포 한국, 일본, 유럽

방석팥버섯

Hypoxylon rutilum Tul. & C. Tul.

형태 자실체(자좌)는 어릴 때 팽이 모양, 반구형이다가 퍼지면서 분명하거나 불분명한 돌출이 있는 편평한 형 또는 방석 모양 등으로 된다. 껍질을 뚫고 나온 것은 폭 1~8㎜, 두께 0.7~1.5㎜ 정도며 껍질이 없는 나무에서 날 경우에는 넓이 12~35㎜², 두께 0.5~1㎜ 정도다. 표면은 칙칙한 황갈색, 암갈색, 어두운 벽돌색 등 여러 가지다. 표면 바로 아래에 적색 또는 주홍색 알갱이 모양의 자낭각이 들어 있다. 자낭각 아래의 조직은 흑색이다. 자낭각은 구형에 지름이 0.1~0.2㎜로 꼭대기 부분에 젖꼭지 모양의 포자분출공이 돌출된다. 포자의 크기는 7.5~9.5×3.5~4.5㎛로 부등의 타원형이며 갈색-암갈색이고 어릴 때는 1~3개의 기름방울이 있다. 성숙하면 갈색이고 표면은 매끈하며 발아공이 있고 양 끝은 둥글다.

생태 주로 너도밤나무 또는 참나무류 등의 줄기나 가지에 군생·속생한다.

분포 한국, 유럽

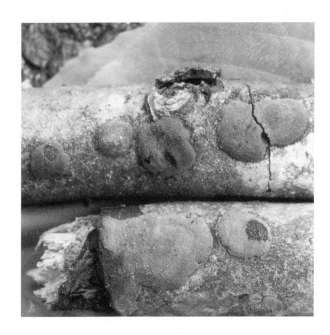

젖은팥버섯

Hypoxylon udum (Pers.) Fr.

형태 자실체는 지름이 1mm 정도로 자낭각은 검고 상당히 크며 거의 구형이고 젖꼭지 모양의 포자분출구멍이 있다. 부분적으로 숙주에 파묻히고 보통 엉성하게 자좌를 형성한다. 포자의 크기는 25~31.5×8~10.5μm로 긴 방추형이다. 표면은 매끄럽고 어릴 때 기름방울이 있으며 갈색을 띤다. 발아관이 있으며 양단이 둥글다. 자낭은 8-포자성으로 요오드용액 반응하여 포자분출구멍은 청색이 된다. 측사는 꽤 가늘고 길며 선단은 둥글다. 털은 없다.
생태 가을~봄 / 참나무류의 썩은 가지에 군생하며 기주가 제한적이다.
분포 한국, 유럽

452

껍질방석꼬투리버섯

Kretzschmaria deusta (Hoffm.) P.M.D. Martin
Hypoxylon deustum (Hoffm.) Grev. / Ustulina deusta (Hoffm.) Lind

형태 자실체(자좌)는 불규칙한 방석 모양 또는 껍질 모양이 수
*cm*까지 펴진다. 초기에는 회백색에서 회갈색이며 나중엔 흑색
이 된다. 흑색의 깨지기 쉬운 껍질층을 형성하면서 불규칙한 둥
근 모양으로 펴진다. 표면은 굴곡이 심하고 결절이 있다. 나중에
표면에 많은 자낭각이 형성된다. 포자의 크기는 28~34×7~10μm
(어릴 때 12μm, 3~4개의 기름방울, 밝은 갈색)로 타원형이지만
한쪽 면은 납작하고 표면은 매끈하며 암갈색에 발아관이 있다.
자낭의 크기는 300~337×12μm로 8-포자성에 자낭포자들은 1열
로 배열하며 선단은 고리가 있다. 측사는 실처럼 가늘다.
생태 연중 / 참나무류, 너도밤나무 등 각종 활엽수의 죽은 밑동
이나 뿌리에 발생한다.
분포 한국, 유럽

453

넓은요철판버섯

Nemania effusa (Nitschke) Pouzar

형태 자실체의 지름은 0.6*mm* 정도다. 자좌는 검고 자낭각은 얇게 펴지며 신선할 때 광택이 나고 엉성하게 형성된 반구형의 입(포자분출구멍)이 나타난다. 포자의 크기는 6~7.5×2.8~3.5μ*m*로 부등의 타원형 또는 부등의 콩팥 모양이다. 표면이 매끄럽고 갈색이며 짧은 발아관이 있고 양 끝이 둥글다. 자낭은 8-포자성이며 측사는 안 보인다. 털은 없다.

생태 가을~봄 / 버드나무 등에 군생한다.

분포 한국, 유럽

주름요철팥버섯

Nemania serpens (Pers.) Gray
Hypoxylon serpens (Pers.) J. Kickx f.

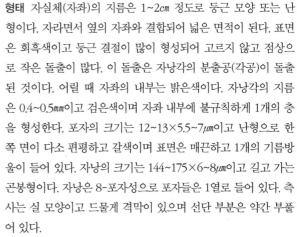

형태 자실체(자좌)의 지름은 1~2cm 정도로 둥근 모양 또는 난형이다. 자라면서 옆의 자좌와 결합되어 넓은 면적이 된다. 표면은 회흑색이고 둥근 결절이 많이 형성되어 고르지 않고 점상으로 작은 돌출이 많다. 이 돌출은 자낭각의 분출공(각공)이 돌출된 것이다. 어릴 때 자좌의 내부는 밝은색이다. 자낭각의 지름은 0.4~0.5mm이고 검은색이며 자좌 내부에 불규칙하게 1개의 층을 형성한다. 포자의 크기는 12~13×5.5~7μm이고 난형으로 한쪽 면이 다소 편평하고 갈색이며 표면은 매끈하고 1개의 기름방울이 들어 있다. 자낭의 크기는 144~175×6~8μm이고 길고 가는 곤봉형이다. 자낭은 8-포자성으로 포자들은 1열로 들어 있다. 측사는 실 모양이고 드물게 격막이 있으며 선단 부분은 약간 부풀어 있다.

생태 연중 / 껍질이 없는 각종 활엽수의 썩은 나무에 난다.

분포 한국, 유럽

참고 자좌는 수피 없는 활엽수에 1~2cm 크기의 둥근 모양이다. 후에 서로 합쳐지면서 넓게 퍼진다. 회흑색이며 표면에 울퉁불퉁한 요철이 있다.

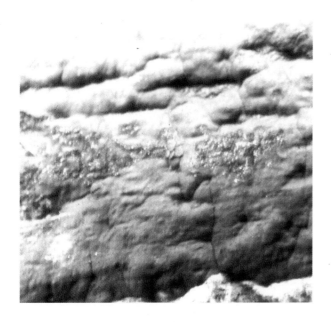

유방장미버섯

Rosellinia mammiformis (Pers.) Ces. & De Not.

형태 자실체는 지름이 1㎜이다. 자낭각은 둥근 모양으로 흑갈색에서 흑색으로 되고 중앙에 젖꼭지 같은 포자분출구멍이 있어서 포자를 분출한다. 포자의 크기는 24~28.5×7.5~10㎛이고 방추형이며 표면이 매끄럽다. 어릴 때 기름방울이 있고 어두운 적갈색이며 중앙에 발아관이 있으나 부속지는 없다. 자낭은 8-포자성으로 요오드로 염색하면 포자분출구멍이 청색으로 물든다. 측사는 가늘고 길며 선단은 둥글다. 털은 없다.

생태 봄~가을 / 죽은 나무 가지, 특히 담쟁이덩굴, 물푸레나무의 죽은 가지에 군생한다.

분포 한국, 유럽

원시장미버섯

Rosellinia subiculata (Schwein.) Sacc.

형태 자실체는 하나의 자낭각으로 처음에 갈색이다가 흑색으로 된다. 자실체는 부서지기 쉽고 보통 황색, 오렌지 또는 크림색의 기질층(자실층 밑바닥 균사)으로 싸여져 있다. 포자의 크기는 9~13×5~6㎛로 타원형이며 발아관이 있고 갈색이다. 자낭의 크기는 90~150×7~9㎛로 자낭 꼭대기의 둥근 곳은 멜저액에 의해 아미로이드 반응을 나타낸다. 자낭각의 지름은 0.5㎜이며 포자분출구멍은 젖꼭지 모양이다.

생태 연중 / 썩은 고목에 군생한다.

분포 한국, 유럽 등 전 세계

젖꼭지장미버섯

Rosellinia thelena (Kuntze) Rabenh.

형태 자좌는 없고 자낭각의 지름은 0.7~1mm로 공 모양이고 흑 갈색-흑색이다. 위쪽 가운데에 젖꼭지 모양의 포자분출공(각공) 이 형성된다. 자낭각은 부서지기 쉽고 약간 단단하다. 단생하기 도 하지만 몇 개가 서로 유착되기도 한다. 자낭각 아래에는 갈색 의 껍질 모양 또는 비로드상의 균사가 펴져 있다. 포자의 크기 는 22~27×6.5~7.5μm이고 돛단배 모양이며 표면은 매끈하고 갈 색이다. 1개의 기름방울을 함유하며 발아관이 있다. 포자 양단에 뾰족한 돌출이 있다. 자낭의 크기는 100~140×8~9.5μm로 원통 형이다. 8-포자성으로 자낭포자는 1열로 배열하며 선단에 고리 가 있다. 측사는 없다.

생태 봄~여름 / 전나무, 가문비나무 등 침엽수의 가지, 껍질, 낙 엽층 등에 단생 또는 군생한다.

분포 한국, 유럽

검은꼭지콩꼬투리버섯

Xylaria atropictor Callan

형태 자실체는 주사위콩꼬투리버섯과 비슷하다. 자실체는 부등의 타원형에 녹회색, 흑갈색이다. 포자의 크기는 9~10.5×5~6㎛이다. 부등의 타원형으로 발아관을 가지며 표면은 매끈하고 갈색에서 흑갈색으로 된다.
생태 늦겨울 / 보통종.
분포 한국, 북아메리카, 남아메리카

젓가락콩꼬투리버섯

Xylaria carpophila (Pers.) Fr.

형태 자실체는 높이 2~5cm, 굵기 1~3mm로 불규칙하게 눌려 있
고 구부러진 모양이며 분지되기도 한다. 분생자 시기(conidial
stage)에는 끝이 백색이나 그렇지 않을 때는 흑갈색이다. 자낭
형성기(ascus stage)에는 가운데 위쪽으로 다소 통통해지고 사
마귀 모양이나 결절이 생기는데 이는 속에 들어 있는 자낭각 때
문이다. 밑동 쪽으로는 다소 비로드상이다. 내부를 절단해보면
흰색이다. 포자의 크기는 12~13×5~5.5μm로 타원형에 표면은 매
끈하고 한쪽 면이 약간 편평하며 갈색이다. 가끔 1~2개의 기름
방울이 있다. 발아관이 중앙에 있다. 자낭은 8-포자성으로 포자
들은 1열로 배열하며 꼭대기에 고리가 있다. 크기는 11.5~12×6
μm이다. 측사는 실처럼 가늘며 격막은 없다.

생태 여름~가을 / 너도밤나무, 참나무류, 목련 등의 떨어진 열매
및 열매껍질 등에 군생하며 낙엽에 덮여 있는 것도 있다.

분포 한국, 일본, 유럽

왕관콩꼬투리버섯

Xylaria cornu-damae (Schwein.) Berk.

형태 콩꼬투리버섯과 비슷하다. 포자의 크기는 16~22(25)×5~6㎛으로 대형이다.
생태 여름~가을 / 일반적으로 활엽수의 썩은 고목에서 군생한다.
분포 한국, 일본, 유럽

투명콩꼬투리버섯

Xylaria liquidambaris J.D. Rogers, Y.M. Ju & F. San Martin

형태 자실체는 높이 6㎝, 굵기 1~3㎜로 자루는 긴 것과 짧은 것이 있으며 백색이다. 원통형에서 긴 원추형으로 갈색에서 흑색이며 매우 질기다. 표면은 밋밋하거나 파묻힌 자낭각에 의해서 거칠다. 속은 백색이고 부드럽다. 포자의 크기는 10~15×4~6.5㎛이고 부등의 타원형에서 톱니상의 모양이며 나선 모양의 발아관이 있다. 표면은 매끈하고 갈색이다. 자낭의 크기는 170×6~7㎛로 원통형이며 포자분출구멍은 아미로이드 반응을 보인다.
생태 가을~초겨울 / 떨어진 과실 위에 단생 또는 군생한다. 보통종.
분포 한국, 북아메리카

주사위콩꼬투리버섯

Xylaria cubensis (Montagne) Fr.

형태 자실체는 원통-곤봉형에서 곤봉형으로 되며 보통 분지하지 않는다. 높이는 3~7cm, 폭은 0.5~1cm 정도다. 어릴 때 청동색에서 구리색으로 되며 노쇠하면 흑색으로 된다. 자루는 짧고 흔히 붉은색의 기부로부터 나오며 자낭각은 약간 작은 구멍의 젖꼭지로부터 나와서 거칠다. 미세하게 갈라져서 그물꼴을 이루며 자낭각은 지름이 0.3~0.5mm이다. 자실체의 포자생성부위 높이는 5~30mm, 폭은 2~15mm이며 백색, 노란색 또는 핑크색 등이다. 포자의 크기는 7~13×3.5~6μm로 부등의 타원형이고 분명한 발아관을 가진다. 1-세포성이며 표면은 매끈하고 갈색에서 흑갈색으로 된다. 자낭의 크기는 125~160×6~7μm로 선단은 아미로이드 반응을 나타내며 원통형에서 모자 모양으로 높이 1.5~2μm, 폭 1.5~2μm이다.

생태 늦겨울 / 나무에서 발생하는데 기부에 흑색 털이 있으며 단생한다. 보통종.

분포 한국, 북아메리카, 남아메리카

실콩꼬투리버섯

Xylaria filiformis (Alb. & Schw.) Fr.

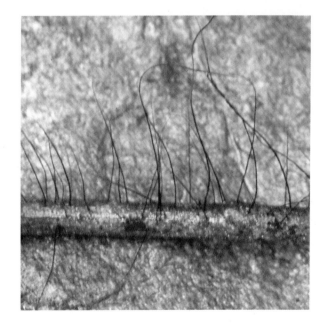

형태 자실체는 높이 3~8cm, 굵기 1mm 정도다. 불규칙하게 눌려 있고 구부러진 가는 철사 모양이며 가지는 없고 드물게 끝이 굽어 있다. 분생자 시기에는 끝이 오렌지색이고 다른 부분은 유백색-검은색이다. 자낭 형성기에는 자루의 가운데 위쪽으로 다소 퉁퉁해지고 사마귀 모양의 결절이 생기면서 갈색-흑갈색이다. 이는 속에 들어 있는 자낭각 때문이다. 내부는 흰색이다. 포자의 크기는 12.5~17×5~6.5μm로 타원형에 표면은 매끈하고 어떤 것은 한쪽 면이 편평하며 끝에서 끝까지 달리는 발아관이 있고 갈색이다. 1~3개의 기름방울이 들어 있다. 자낭의 크기는 117~125×8μm로 8-포자성이고 자낭포자들은 1열로 배열한다. 측사는 관찰되지 않는다.

생태 여름~가을 / 떨어진 나뭇가지, 죽은 초본류나 고사리의 줄기, 때로는 떨어진 낙엽의 엽맥에 난다.

분포 한국, 유럽

463

콩꼬투리버섯

Xylaria hypoxylon (L.) Grev.

형태 자실체는 높이 3~5mm, 굵기 2~6mm로 못 모양이며 끝이 두 가닥에서 여러 가닥의 가지로 갈라진다. 위쪽은 유백색-회색이고 밑동 쪽은 검은색이다. 자루는 원주형이거나 납작하게 눌린 모양 등이다. 자낭 형성기에는 가운데의 위쪽으로 다소 퉁퉁해지면서 사마귀 모양 또는 결절 모양을 이루는데 이는 속에 들어 있는 자낭각 때문이다. 포자의 크기는 12~15×6㎛로 콩 모양에 표면은 매끈하고 흑색이며 발아관이 있다. 1~2개의 기름방울이 들어 있다. 자낭의 크기는 100~150×8㎛로 긴 곤봉형이다. 8-포자성으로 자낭포자들은 1열로 배열하며 선단은 고리 모양이다. 측사는 원통-실 모양이다.

생태 여름~가을 / 일반적으로 활엽수의 죽은 재면(材面)에서 나오며 드물게는 침엽수의 목재 면에서도 발생한다.

분포 한국, 일본, 유럽

긴발콩꼬투리버섯

Xylaria longipes Nitschke

형태 자실체는 불염성의 자루와 통통한 머리(포자생성부위)로 구분된다. 머리는 원통-방망이 모양이며 흔히 굽어 있고 검은 색이다. 표면은 거칠고 미세하게 점상인데 이는 자낭각의 각공 (ostioles)이 돌출되기 때문이다. 자실체의 높이는 3~6cm, 굵기는 0.3~0.8cm이다. 자루는 높이 1~3cm, 굵기 2~5mm이고 원주형이며 흑갈색이다. 위쪽은 밋밋하며 밑동 쪽은 약간 비로드상이면서 굵어진다. 내부는 유백색이다. 포자의 크기는 13~16×5.5~7.5μm로 타원형이나 한쪽 면이 다소 편평하다. 표면은 매끈하고 암갈색이며 발아관이 있고 1~2개의 기름방울이 들어 있다. 자낭의 크기는 130~140×6~7μm로 8-포자성이고 자낭포자들은 1열로 배열하며 선단은 고리를 형성한다. 측사는 실처럼 가늘다.

생태 여름~가을 / 참나무류, 물푸레나무, 단풍나무, 칠엽수 등의 나무껍질이 있는 죽은 가지에 난다. 흔히 잔가지를 많이 버린 곳에서 가지의 땅 쪽에서 나온다.

분포 한국, 유럽

열매콩꼬투리버섯

Xylaria oxyacanthae Tul. & C. Tul.

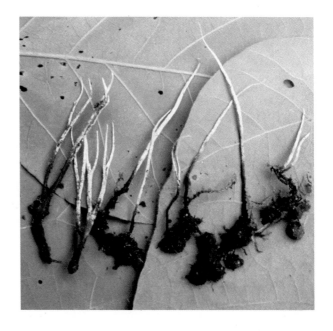

형태 자실체의 높이는 2~5(10)*cm*, 굵기는 1~3*mm*로 불규칙하게
눌려져 있고 실 모양이며 약간 꾸불꾸불하다. 백색이나 밑동은
검은색이다. 원추형의 자낭각이 내재되어 있다. 실콩꼬투리버섯
과 매우 유사한 모양이며 흔히 밑동이나 가지의 중간에서 분지
되기도 한다. 밑동은 열매에 직접 연결되거나 뿌리 모양으로 연
결된다. 포자의 크기는 6~7×2.5~3*μm*이고 방추형이며 암갈색으
로 발아관이 있다. 자낭의 크기는 110~130×8~10*μm*로 곤봉형이
며 8-포자성이고 자낭포자가 불규칙하게 2열로 들어 있다.
생태 봄~여름 / 산사나무, 후박나무 열매에 군생하는 것으로 이
들 기주에서 발생하는 것이 중요한 특징이다.
분포 한국, 유럽

다형콩꼬투리버섯

Xylaria polymorpha (Pers.) Grev.

형태 자실체의 높이는 3~7㎝이고 방망이 모양 또는 거꾸로 된 술병 모양이다. 자실체 전체가 검고 목탄질로 단단하다. 두부와 자루로 구분되며 아래가 가늘고 길다. 자낭각은 부푼 머리 부분의 검은 표층조직 내에 파묻혀 있고 표면에 점 모양의 입(포자분출구멍)을 가지고 있다. 흑색가루의 포자를 방출한다. 포자의 크기는 20~30×6~8㎛이고 아몬드형에서 레몬 모양이지만 한쪽이 납작하고 표면은 매끈하며 갈색이다. 가끔 1개의 기름방울을 함유한다. 곧은 발아관이지만 포자를 관통하지는 않는다.
생태 가을~봄 / 활엽수의 고목이나 살아 있는 나무의 뿌리에 무리지어 나며 부생생활로 목재를 썩힌다. 약용으로 이용하며 목재 부후균으로 백색부후를 일으켜 목재를 분해하여 자연으로 환원시키는 역할을 한다.
분포 한국 등 전 세계
참고 자실체가 손가락 같고 속은 백색이다.

467

꼬챙이콩꼬투리버섯

Xylaria sanchezii Lloyd

형태 자실체의 높이는 8~12cm로 원주형이며 분지하지 않는다. 꼭대기는 예리한 꼬챙이 모양으로 길이가 1cm에 달하는 것도 있다. 표면은 회갈색이고 백색의 무늬가 있으며 결절상에 속은 차 있으며 색은 옅다. 자루의 기부는 휘어지고 가근이 있다. 포자의 크기는 6~9×4~4.6μm로 부등의 타원형에 암갈색이고 광택이 나며 표면은 매끈하다. 자낭은 타원형 또는 난형으로 크기는 400~680×260~450μm이다.

생태 봄~여름 / 숲속의 땅에 산생하며 약용으로 이용한다.

분포 한국, 중국

담배콩꼬투리버섯

Xylaria tabacina (Kickx f.) Berk.

형태 자실체 전체 높이는 3~10*cm*, 지름은 0.5~1.5*cm*이며 막대형의 곤봉상 혹은 타원형으로 나뭇가지 모양을 나타낸다. 표면은 밋밋하고 광택이 나며 연한 황색, 황토색, 다갈색이고 가는 흑색의 반점들이 밀포하며 이것들이 매몰되어 자낭각의 구멍이 된다. 자루 속은 백색이고 섬유질로 되었다가 노후하면 비게 된다. 포자의 크기는 18~24×6~8*μm*로 암갈색이다. 자낭의 크기는 120~130×6~8*μm*이며 원통형으로 8개의 포자가 1열로 배열한다.
생태 여름 / 상록활엽수의 썩은 고목에 단생한다.
분포 한국, 중국, 일본(오키나와), 아열대-열대

망고콩꼬투리버섯

Xylaria magnoliae J.D. Rogers

형태 두부와 자루의 경계가 불분명하다. 자실체는 높이 2~5cm, 굵기는 1~3mm 내외이다. 한 번 분지하고 위쪽으로 가늘며 다소 굴곡된 면이 있다. 어린 것은 끝이 회색, 기부는 흑갈색이며 표면은 처음은 백색에 밋밋하고 가루가 있으나 나중에 흑색이 되고 분상으로 된다. 자낭각은 자좌의 두부와 기부를 제외하고 거의 전체에 형성된다. 표면은 약간 융기한다. 포자의 크기는 11~15×3~5μm이고 부등의 타원형으로 초승달 모양이다. 표면은 매끈하고 연한 노란색이며 발아관은 분명치 않거나 없다. 자낭의 크기는 90~120×6~8μm이며 원통형으로 맨 선단의 포자분출구멍은 아미로이드 반응을 나타낸다.

생태 여름 / 망고의 열매에서 발생한다.

분포 일본, 한국

노랑새기둥버섯

Neolecta vitellina (Bres.) Korf & J.K. Rogers

형태 자실체의 높이는 1~3cm, 굵기는 0.3~0.7cm이며 원통형, 주걱 모양, 혀 모양 등이다. 자실체 전체가 노란색이며 자루의 길이는 0.5~1cm, 굵기는 0.2~0.3cm로 백색에서 황백색이다. 포자의 크기는 6~8×3~4μm이고 타원형으로 투명하며 표면은 매끄럽다.

생태 여름 / 숲속의 비옥한 곳의 이끼류가 있는 땅에 군생한다.

분포 한국, 중국, 유럽

기형새기둥버섯

Neolecta irregularis (Peck) Korf & J.K. Rogers

형태 자실체의 높이는 7.5cm 정도이고 곤봉 모양에서 넓적하게 된다. 높이는 불규칙하고 흔히 비틀리거나 휘어지며 압축되고 둔하게 된다. 가끔 엽편 모양으로 되기도 하며 속은 차 있거나 비어 있다. 위쪽의 임성 부위(포자를 만드는 부위)는 밋밋하고 노란색에서 오렌지-노란색으로 된다. 아래쪽 비임성 부위(포자를 만들지 않는 부위)는 원반 모양이고 자루 같은 것을 형성한다. 표면은 연한 백색에서 연한 노란색으로 되며 살(육질)처럼 질기고 백색에서 연한 노란색으로 된다. 포자의 크기는 5.5~10×3.5~5㎛로 타원형 또는 약간 콩팥 모양이며 표면은 매끈하다. 자낭의 크기는 100~135×5~7㎛로 곤봉-원통형에 8-포자성이고 자낭포자는 1열로 배열하며 투명하다. 멜저액으로 염색하면 아미로이드 반응을 나타낸다. 측사는 관찰되지 않는다.

생태 여름~가을 / 이끼 속 또는 침엽수림의 땅에 단생·산생한다. 먹을 수 있으나 권장할 만한 것은 아니다.

분포 한국(백두산), 북아메리카 등 광범위하게 분포

▍부 록

1. 신종 버섯

한국에서 발견된 신종은 1종이었으며 2009년 대만의 충청자연사박물관에서 개최된 아시아 균학회(AMC2009)와 2010년 영국의 에든버러에서 개최된 국제균학회(IMC9)에서 발표하였다.

녹청색기형버섯

Hypomyces chlrocyaneus D. H. Cho

형태: 균모의 지름은 2.5~2.7cm로 처음엔 둥근 산 모양에서 차차 편평하게 되었다가 마침내 깔때기형이 된다. 균모의 표면은 고르지 않고 스펀지처럼 부드러우며 미세한 털이 나 있는 면모상이다. 처음 백색에서 노란색 또는 흑녹색이 되며 이후 짙은 녹색으로 된다. 낙엽에 덮여 있을 때는 백색이나 햇볕을 받으면 녹청색으로 변색한다. 살은 두껍고 스펀지처럼 물렁거리며 처음은 백색이나 오래되면 황색으로 된다. 자실층은 하면에 분포하며 연한 녹색 또는 회녹색이나 드물게 융기된 주름살이 있고 전체가 회녹색이며 미세한 알갱이가 분포한다. 자실층과 자루와의 경계가 분명치 않다. 자루는 퇴색한 녹색이고 표면에 미세한 알갱이가 있다. 길이는 3~8cm, 굵기는 1~3cm이며 노쇠하면 백색에서 노란색 비슷하게 된다.

472

생태: 여름 / 숲속의 떨어진 낙엽 속에 군생한다.

분포: 한국(지리산 피아골)

Pileus 2.5~7.5*cm* across, convex to plane, finally funnel-shaped. Surface uneven, spongy, fine tomentose, white to yellowish or black greenish, deep greenish, white when covered in fallen leaves, but greenish changed by sun light. Context thick, spongy. Hymenium below of pileus were distributed. Hymenium and stipe were indistinctive. Stipe pallid greenish and black fine granulose. Stipe 3~8*cm* long, 1~3*cm* thick, white to yellowish in age.

Habitat: Gregarious on fallen of forests.

Distribution: Korea(Pia-gol of Mt.Chiri)

Studied specimens: CHO-11068(28 July 2007) collected at Pia-gol of Mt.Chiri National Park at 28 July 2007.

Pileo 2.5~7.5*cm* lato, convexo dein, infundibuliformis. Surface uneven, spongis, tomentose. Carne thick, spongis, albus dein xantho viridulus. Hymenium viridulus, rugolose, granulose. Hymenium and stipe indistinctive. Stipe 3~8*cm* longis, 1~3*cm* crasso, viridulus, granulose, fractus, albus dein xantho.

2. 자낭의 구조

자실체의 모양

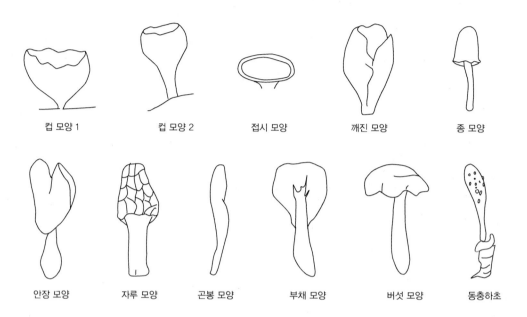

| 컵 모양 1 | 컵 모양 2 | 접시 모양 | 깨진 모양 | 종 모양 |

| 안장 모양 | 자루 모양 | 곤봉 모양 | 부채 모양 | 버섯 모양 | 동충하초 |

자낭반의 모양

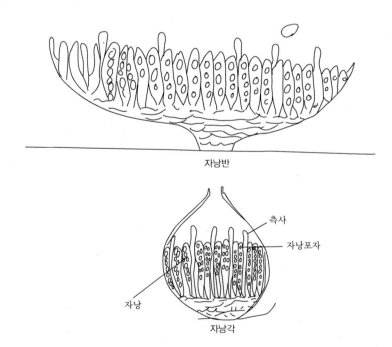

자낭반

측사

자낭포자

자낭

자낭각

곤봉형   막대포자   술타래   2열 배열   무질서 배열   가시형

포자의 모양

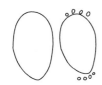

곰보버섯포자   기름방울 함유   게딱지버섯류

격벽   망상   가는형   발아관

측사의 모양

실 모양   분리형   꼭대기곤봉형   꼭대기만곡형

475

3. 용어 해설

2-세포성

포자의 격막에 의해서 포자가 2개로 나눠져 있다는 의미다.

4-포자성, 8-포자성, 16-포자성

자낭에 포자가 각각 4개, 8개, 16개가 들어 있는 것을 말한다.

격막(septum)

균사와 균사 사이를 서로 격리시키는 가로막 또는 포자, 측사 내부에 칸을 형성하는 가로막이다. 균사나 포자 중에는 있는 것도 있고 없는 것도 있다.

관공(tube)

자실층이 주름살 대신 관 모양의 구멍으로 되어 있는 것으로 관공의 표면에 나타난 부분은 구멍(pores)이라 한다.

구근상(bulbous)

자루의 기부(밑동)가 팽대되어 구근 또는 덩이뿌리 모양을 이룬 것으로 괴근상(塊根狀)이라고도 한다.

균계(fungi)

진균(眞菌, 眞核菌; true fungi)에 속한 것을 총칭한다. 담자균문(basidiomycota), 자낭균문(ascomycota), 호상균문(chytridiomycota), 접합균문(zygomycota) 등 6개의 문이 있다. 7개의 문으로 표시한 경우는 소속 불명이 포함된 것이다. 버섯은 담자균문과 자낭균문에 속한 것으로 모양(형태)을 갖춘 것을 말한다.

균근(mycorrhiza)

기주식물인 나무뿌리와 버섯의 균사가 함께 공생하는 것으로 내생균근(endomycorrhiza), 외생균근(ectomycorrhiza), 내외생균근(ectoendomycorrhiza) 등 3가지가 있다. 균근을 형성하는 버섯류는 인공재배가 안 된다.

균륜(균환, fairy ring)

송이버섯 등에서 볼 수 있는 것과 같이 버섯이 둥글게 원형으로 발생하거나 줄 모양으로 발생하는 것을 말한다. 버섯 균사가 바깥쪽으로 퍼지면서 가장자리 끝에서 많은 버섯이 나기 때문에 큰 원 모양으로 보인다.

균모(갓, pileus, cap)

버섯의 머리 윗면이다.

균사(hypha, phyae)

균류의 영양 생장기관으로 실 모양을 이루면서 조직을 만든다. 보통 생물의 세포에 해당되며 세포가 길게 되어서 균사라 부른다.

균사속(rhizomorph)

균사가 모여 끈 모양으로 길게 뻗어 나가서 덩어리 형태로 된 것으로, 특히 뽕나무버섯의 경우 버섯 기부에 긴 균사속이 있다.

균사체(mycelium)

균사는 실 모양으로 생장하는데 균사들이 모여 집단을 만든 것을 균사체라고 한다.

균핵(sclerotium, sclerotia)

균사가 엉켜서 단단한 덩어리의 핵 모양을 이룬 것으로 애기볏짚버섯, 저령 등의 밑동에 형성되기도 한다.

그물눈 모양(망목상, recticulate)

버섯의 갓이나 대 또는 포자의 표면에 그물 눈 모양을 이룬 형태를 이른다.

기물에 직접 부착(sessile, broadly attached)

자실체가 자루 없이 기물에 직접 부착한 것을 말한다.

기본체(gleba)

말불버섯 등의 자실체 내부에 포자를 형성하는 기본 조직이다.

기부(밑동, base)

자루의 아래 끝부분 또는 자낭의 아랫부분을 말한다.

기주(host)

버섯이 발생하기 위한 영양을 얻는 물질 중에서 식물이나 동물에 기생할 경우를 기주라 한다. 기주에는 활물기생성과 사물기생성 2가지가 있다.

기질(sbustrate)

버섯이 자라거나 또는 붙어 있는 물질로, 예를 들어 말굽버섯의 기질은 활엽수 목질이다.

깜부기균아문(ustilaginomycotina)

담자균문이 담자균아문과 녹균아문, 깜부기균아문 등 3개의 아문으로 분리되었다. 깜부기아문에는 옥수수깜부기균, 진달래떡병균 등이 속한다.

꺽쇠(clamp connection)

균사와 균사 사이 격막 한쪽에 꺽쇠 모양으로 서로 연결된 부위로 균사 중에는 연결 꺽쇠가 있는 것도 있고 없는 것도 있어서 분류상 주요한 열쇠가 된다. 자낭균에서는 담자기의 기부에 많다.

난아미로이드(비전분 반응, nonamyloid)

버섯의 포자, 균사 등이 멜저 시약에 의한 정색 반응에서 요오드에 의한 청색-흑청색 반응이 나타나지 않고 무색-담황색으로 나타나는 것을 말한다.

녹균아문(pucciniomycotina)

담자균문이 담자균아문과 녹균아문, 깜부기균아문 등 3개의 아문으로 분리되었다. 녹균아문에는 날개무늬병균, 고약병균 등이 포함되어 있다.

동충하초(cordyceps)

주로 곤충에 기생하는 곤충병리균으로 일부는 식물의 종자 등에서도 난다. 겨울에는 벌레이다가 여름에는 버섯(풀)으로 변한다는 데서 붙여진 이름이다.

둥근산(모양)형(convex)

균모의 표면 모양이 둥근 산처럼 볼록한 것으로 호빵형, 평반구형, 반반구형이라고도 한다.

머리(head, fertile part)

동충하초의 자실체 중에서 자낭각이 분포하는 상부의 팽대해 있는 부분이나 자낭균류 중에서 자루의 위쪽에 자실층을 가지고 팽대해 있는 부분을 말한다.

멜저 시약(melzer's reagent)

버섯의 포자, 낭상체, 균사 및 조직을 염색하여 발색 현상[정색 반응(呈色反應)]의 차이를 비교하는 시약이다. 오오드 0.5g, 요오드화칼륨 1.5g, 증류수 20ml, 클로랄 하이드레이트 20ml를 혼합하여 제조한다.

반배착생(semipilate)

자실체가 기질 표면에 배착생으로 펴지다가 가장자리 일부에 균모가 형성되는 것을 말한다.

배착생(resupinate)

자실체에 갓이 형성되지 않고 기질에 완전히 들러붙어 있는 것을 말한다.

버섯(mushroom, toadstool, fungi)

① 일반적으로 구미(歐美)에서는 식용버섯(mushroom), 독버섯이거나 먹을 수 없는 잡버섯(toadstool)을 구분하고 이를 포괄하는 뜻으로 균류(fungi)를 사용해 왔으며 눈으로 확인할 수 있고 손으로 채집 가능한 것들이 포함된다.

② 최근에는 담자균류와 자낭균류를 모두 포함하여 자실체가 형성한 것을 총칭하기도 한다.

부착물(appendiculate)

균모의 가장자리에 외피막 잔존물이 달라붙어서 늘어져 있는 것을 이른다.

분생자(conidium)

동충하초 등의 분생자병에서 출아, 분열 등에 의해서 무성적으로 생긴 포자이다. 이 포자는 발아하여 새로운 균사로 발육된다.

분생자병(conidiophore)

분생자를 붙이는 균사로 대 모양으로 길게 뻗어 있거나 분지되기도 하며 그 선단 또는 측면에 분생포자를 형성한다.

사물기생(saprophyte)

버섯이 죽은 식물체(목질, 초류, 낙엽 등)나 죽은 동물체 또는 분뇨 등에 발생하여 영양을 섭취하는 것이다.

생태(서식지, habitat)

버섯이 서식하는 장소로 난대, 온대, 고산, 임지 토양, 활엽수 임지, 침엽수 임지, 혼효림 임지, 초지, 목장, 낙엽 위, 살아 있는 수목, 죽은 나무나 풀, 분뇨, 곤충의 몸체, 죽은 버섯 등 다양하다.

섬유상(fibrillose)

균모나 자루의 표면에 미세한 섬유나 미세한 긴 털이 비교적 고르게 배열된 것으로 때로는 섬유 모양의 무늬가 덮여 있는 것이 있다.

소경(sterigma)

담자기의 선단에 포자와 연결되는 작은 막대 또는 침 모양의 돌기로 경자(梗子), 담자뿔이라고도 한다.

소피자(peridiole)

찻잔 버섯류의 컵 모양 자실체 속에 생기는 바둑돌 모양의 기관으로 포자가 들어 있다.

아미로이드(전분 반응, amyloid)

버섯의 포자, 균사 등이 멜저 시약에 포함된 요오드에 의해서 청색, 남색 또는 거의 흑색으로 변하는 정색 반응이다.

오목한 형(concave)

균모의 표면 모양이 오목하게 들어간 형태이다.

위아미로이드(위전분 반응, pseudoamyloid)

버섯의 포자, 균사 등이 멜저 시약에 의해서 갈색-적갈색으로 변하는 정색 반응이다.

자낭(ascus, asci)

자낭균류의 유성생식에 의해서 자낭포자를 형성하는 기관으로 긴 자루 모양이며 그 안에 일반적으로 8개의 자낭포자가 들어 있다.

자낭균문(ascomycota)

이 문의 특징은 자낭의 형성과 자낭포자(ascospore)의 형성이다. 자낭은 자실체의 전체 또는 일부가 자낭과(ascocarp)라고 하는 조직을 만들고 여기에서 형성된다.

자낭과(ascocarp)

자낭을 형성하는 조직을 일괄해서 자낭과라 말한다. 넓은 뜻으로 자낭균류의 자실체를 지칭하기도 한다. 자낭과에는 자낭각(폐자낭각 포함), 자낭반, 자좌 등이 포함된다.

자낭반(apothecium, apothecia)

자낭균류의 자실체 중 주발버섯, 접시버섯과 같이 컵 모양, 접시 모양, 안장 모양, 주걱 모양, 곤봉상 등을 형성하면서 표면에 자실층을 형성한 것으로 자루 대가 있는 것도 있고 없는 것도 있다.

자루(대, stipe stem)

버섯의 줄기에 해당하는 부분으로 균모나 머리 부분을 지탱해준다.

자실체(fruit body)

버섯을 말한다. 자실을 만드는 몸체란 뜻이다. 버섯균의 영양균사가 생장한 후 분화되어 생식기관인 버섯을 형성한 것으로 자실체는 나무의 열매에 해당한다.

자실층(hymenium)

포자가 형성되는 담자기나 자낭이 있는 최상층을 말한다. 일반적으로는 버섯의 주름살, 관공, 침상 돌기, 자낭반 표면 등에 형성된다.

자좌(stoma, stomata)

참나무쇠요버섯, 검은팥버섯 또는 동충하초 등에서 볼 수 있는 것으로 많은 자낭각을 포용하고 있는 조직이다. 자낭각 버섯류의 자실체를 자좌라고 한다.

측사(paraphysis)

자낭 사이에 이상하게 자란 균사가 위로 길게 솟아올라온 것으로 꼭대기가 둥근 것이 많다.

턱받이(고리, annulus, ring)

균모와 자루가 생기면서 자루에 내피막의 일부가 남아서 턱받이를 형성한 것이다.

폐자낭각(cleistothecium)

자낭각 중에서 포자분출공(ostiole)이 없는 자낭각으로 자낭과는 아구형으로 완전히 폐쇄되고 자낭포자를 내보낼 포자분출공이 없다.

포자돌기물(ornament)

포자의 표면에 부착된 돌기물로 점상, 선상, 능선상 또는 그물 모양 등을 만드는 것이다. 많은 포자에 돌기물이 나타나며 분류상 중요한 기준이 되기도 한다.

포자문(spore print)

버섯의 균모나 자실층을 잘라서 흰 종이나 검은 종이 위에 주름살이나 자실층을 아래쪽으로 가도록 얹어 놓으면 포자가 종이 위에 낙하하여 포자의 무늬를 이룬다. 떨어진 포자의 색은 버섯 분류에 주요한 자료가 되는데 포자의 색은 포자문의 색으로 판단한다.

포자분출공(ostiole)

자낭각의 위쪽에 포자를 분출하는 구멍으로 각공(殼孔), 공구(孔口), 유구(有口) 등 다양한 명칭으로 불리고 있다.

활물기생(parasite)

버섯이 살아 있는 식물체나 동물체에 기생하면서 영양을 섭취하는 것을 말한다.

흡습성(hygrophanous)

버섯의 갓이 물기를 오래 유지하면서 진한 색을 나타내는 성질로 물기가 없어지면 연한 색이 된다. 흡수성 또는 습윤성이라고도 한다.

참고문헌

한국

박성식 · 조덕현, 1985, 「무학산 일대의 고등균류(Ⅱ)」, The Journal of Gwangju Health Junior College, Vol.Ⅹ:101-109.

서재철 · 조덕현, 2004, 『제주도 버섯』, 일진사.

성재모, 1996, 『한국의 동충하초』, 교학사.

윤영범 · 현운형, 1989, 『조선포자식물(균류 편 2)』, 과학백과사전종합출판사.

이지열, 1988, 『원색 한국의 버섯』, 아카데미.

이지열, 2007, 『버섯생활백과』, 경원미디어.

이지열 · 조덕현, 1975, 「Notes on Korean Higher Fungi」, Kor. J. Mycol, 3(2):13-18.

이지열 · 조덕현, 1977, 「한국고등균류상(Ⅱ)」, Kor. J. Mycol, 5(2):17-20.

이지열 · 홍순우, 1985, 『한국동식물도감 제28권: 고등균류(버섯 편)』, 문교부.

이태수(감수: 조덕현, 이지열), 2013, 『한국 기록종 버섯의 총정리』, (사)한국산지환경조사연구회.

조덕현, 1997, 『한국의 버섯』, 대원사.

조덕현, 2002, 『버섯』, 지성사.

조덕현, 2003, 『원색 한국의 버섯』, 아카데미서적.

조덕현, 2005, 『나는 버섯을 겪는다』, 한림미디어.

조덕현, 2007, 『조덕현의 재미있는 독버섯이야기』, 양문.

조덕현, 2009, 『한국의 식용 · 독버섯 도감』, 일진사.

조덕현, 2013, 『자연보전 50년사(고등균류(버섯)의 신종발견 이야기)』, 한국자연보전협회.

조덕현, 2014, 『버섯수첩』, 우듬지.

조덕현, 2014, 『백두산의 버섯도감 1』, 한국학술정보.

조덕현, 2014, 『백두산의 버섯도감 2』, 한국학술정보.

조덕현, 1988, 「오대산국립공원 일대의 균류상」, The Report of the KACN, 38:193-226.

조덕현, 1993, 「지리산의 균류상」, The Report of the KACN, 31:229-240.

조덕현, 1995, 「변산반도 국립공원 일대의 균류상」, The Report of the KACN, 34:167-193.

조덕현, 1995, 「소백산 국립공원 일대의 고등균류상」, The Report the KACN, 33:237-259.

조덕현, 1996, 「Notes on the Korean Ascomycetes(Ⅰ)」, Korean J. Plant. Res, 9(3):291-297.

조덕현, 1996, 「Notes on the Korean Ascomycetes(Ⅱ)」, The Chonju Woosuk University, Vol.18:111-121.

조덕현, 1997, 「Notes on the Korean Ascomycetes(Ⅲ)」, KJPR Korean J. Plant. Res, 10(3):265-270.

조덕현, 1997, 「Notes on the Korean Ascomycetes(Ⅳ)」, The Chonju Woosuk University, Vol.19:241-250.

조덕현, 1998, 「Notes on the Korean Ascomycetes(Ⅵ)」, Korean J. Plant Res, Vol.2:126-131.

조덕현, 1999, 「지리산의 균류의 발생분포에 관한 연구(Ⅰ) (1. 균류의 미기록종을 중심으로)」, Korean J. Plant. Res, 2(1):62-68.

조덕현, 2000, 「Notes on the Korean Ascomycetes(Ⅶ)」, Plant Resources, 3(2):118-122.

조덕현, 2001, 「Notes on the Korean Ascomycetes(Ⅷ)」, 한국자원식물학회지, 4(2):107-110.

조덕현, 2002, 「오대산 북사면의 균류다양성과 균류자원」, 한국자연보존협회지, 42:63-88.

조덕현·강춘기·박희진, 1997, 「Notes on the Korean Ascomycetes(Ⅴ)」, Korean J. Plant. Res, 10(4):369-374.

조덕현·김종문, 2001, 「수청리(정읍)천연림 균류다양성과 생태적 균류자원」, 한국자원식물학회지, 6:21-35.

조덕현·김회운, 1995, 「방태산 북사면 일대의 균류상」, The Report of the KACN, 35:223-258.

조덕현·반승언·정재연, 2013, 「무등산국립공원자연자원조사」, 국립공원관리공단, pp.387-422.

조덕현·방극소, 1999, 「선달산, 어래산 일대의 균류다양성과 생태적 균류자원」, The Report the KACN, NO.39:163-182.

조덕현·방극소·조윤만·송기호, 2001, 「민주지산 자연생태계조사」, 충북영동군.

조덕현·송기호, 2001, 「만뢰산 자연생태계조사」, 충북진천군, pp.145-185.

조덕현·이지열, 1979, 「Higher Fungi in the Northern Area of Kyungsangbuk-Do」, Kor. J. Mycol, 7(1):1-7.

조덕현·이종일, 2002, 「Notes on the Korean Ascomycetes(Ⅸ)」, 한국자원식물학회지, Vol.5(2):109-113.

조덕현·이종일, 「Unrecorded Species of Cordyceps used Oriental Medicine Resources」, 한국자원식물학회, 7(2):159-162.

조덕현·이창영, 2000, 「경북 울진군 소광리 천연보호림의 균류다양성과 생태적 균류자원」, The Report the KACN, No.40:57-91.

조덕현·윤의수, 1996, 「방태산 남사면 일대의 균류상」, The Report of the KACN, 37:155-185.

조덕현·조윤만, 2001, 「충주 남산 일대의 균류다양성과 생태적 균류자원」, 자연보전협회지, 41:71-95.

조덕현·정재연, 2013, 「우면상 일대의 균류상」, 한국자연보전연구지, 11(1-2):89-103.

조덕현·정재연·방극소, 2008, 「지리산국립공원자원모니터링」, 국립공원관리공단, pp.295-347.

조덕현·정재연·방극소, 2007, 「지리산국립공원자원모니터링(고등균류)」, 국립공원관리공단, pp.67-121.

Duck-Hyun CHo, 2009, Flora of Mushrooms of Mt.Backdu in Korea, Asian Mycological Congress 2009 (AMC 2009): Symposium Abstracts, B-035(p-109), Chungching (Taiwan).

Duck-Hyun Cho, 2010, Four New Species of Mushrooms from Korea, International Mycologica Congress 9 (IMC9), Edinburgh (U.K).

Park Seung-Sick · Duck-Hyun Cho, 1992, The Mycoflora of Higher Fungi in Mt. Paekdu and Adjacent Areas(Ⅰ), Kor. J. Mycol, 20(1):11-28.

일본 및 중국

黃年來, 1998, 中國大型真菌原色圖鑒, 中國農業出版社.

卯曉嵐, 2000, 中國大型眞菌, 河南科學技術出版社.

五十嵐恒夫, 2009, 北海道 きのこ, 北海道新聞社.

清水大典, 1994, 原色冬蟲夏草圖鑑, 誠文堂新光社.

本鄉次雄 · 上田俊穗 · 伊沢正名, 1994, きのこ 山と溪谷社

Imazeki. R. & T. Hongo, 1989, Colored Illustrations of Mushroom of Japan vol.2. Hoikusha Publishing Co. Ltd.

Kento Katumoto, 1996, Mycological Latin and Nomenclature, The Kanto Branch of the Mycological Society of Japan.

유럽 및 미국

Beug, Michael W., Alan E., · Besstte. Arleen R, 2014, Ascomycetes Fungi of North America, University of Teaxas(Austin).

Breitenbach. J. & Kränzlin, F, 1984, Fungi of Switzerland. Vols.1. Verlag Mykologia, Lucerne.

Buczacki. S, 1992, Mushrooms and Toadstools of Britain and Europe, Harper Collins Publishers.

Cetto Bruno, 1987, Enzyklopadie der Pilze(1-4), BLV Verlagsgesellschaft, Munchen Wein Zurich.mmmm

Dennis E. Desjarin, Michael G. Wood, Fredericka. Stevens, 2015, California, Mushrooms, Timber Press.

Dennis. R.W.G, 1960, British Cup Fungi and Their Allies, The Ray Society.

Dennis. R.W.G, 1981, British Ascomycetes, J. Cramer.

Kirk. P.M, P.F. Cannon, J.C. David & J.A. Stalpers, 2001, Dictionary of the Fungi 10th Edition, CABI Publishing.

Michael R. Davis, Robert Sommer, John A. Menge, 2012, Mushrooms of Weetern North America.

Phillips. R, 1981, Mushroom and other fungi of great Britain & Europe, Ward Lock Ltd. UK.

Phillips. R, 1991, Mushrooms of North America, Little, Brown and Company.

Phillips. R, 2006, Mushrooms, Macmillan.

Spooner. B.M, 1987, Helotiales of Australasia: Geoglossaceae, Orbiliaceae, Sclerotiniaceae, Hyaloscyphaceae, J. Cramer.

Thompson. Peter 1, 2013, Ascomycetes in Color, Xlibris Corporation.

영국, http://www.indexfungorum.org

이태수, http://koreamushroom.kr

조덕현, http://mushroom.ndsl.kr

색 인

488

493